飞机结构与系统原理

刘湘一 主编

U0195121

西北工业大学出版社

西安

【内容简介】 本书的整体内容可归纳为三大部分：基础理论、飞机结构和飞机系统。基础理论部分主要是飞机结构基础和液压与气压传动基础，注重基本概念与基础理论；飞机结构部分主要是机体和起飞着陆系统，重点是各种结构的形式和受力特点；飞机系统部分包括飞行操纵系统、燃油系统、环境控制系统、生命保障系统、防冰与防火系统，重点讲清各系统的工作原理。各个部分相互联系，构成系统而科学的知识体系。

本书可作为高等学校飞行技术类专业本科生的教材，也可供飞行技术领域技术人员参考使用。

图书在版编目(CIP)数据

飞机结构与系统原理/刘湘一主编. —西安:西北工业大学出版社,2023.3
ISBN 978 - 7 - 5612 - 8639 - 5

Ⅰ.①飞… Ⅱ.①刘… Ⅲ.①飞机-结构设计-高等学校-教材 ②飞机系统-高等学校-教材 Ⅳ.①V221

中国国家版本馆 CIP 数据核字(2023)第 058560 号

FEIJI JIEGOU YU XITONG YUANLI
飞 机 结 构 与 系 统 原 理
刘湘一　主编

责任编辑：华一瑾		策划编辑：华一瑾	
责任校对：朱晓娟		装帧设计：李　飞	

出版发行：西北工业大学出版社
通信地址：西安市友谊西路 127 号　　　　邮编：710072
电　　话：(029)88491757,88493844
网　　址：www.nwpup.com
印 刷 者：兴平市博闻印务有限公司
开　　本：787 mm×1 092 mm　　　1/16
印　　张：20.25
字　　数：492 千字
版　　次：2023 年 3 月第 1 版　　　2023 年 3 月第 1 次印刷
书　　号：ISBN 978 - 7 - 5612 - 8639 - 5
定　　价：68.00 元

如有印装问题请与出版社联系调换

《飞机结构与系统原理》
编 写 组

主　编　刘湘一

编　者　刘湘一　郁大照　李　伟　朱飞翔

　　　　杨子江　宋山松

校　对　宋山松

前　言

　　飞机是高度综合的现代科学技术的体现，自诞生以来一直随着科学技术的发展而发展，如今飞机的结构与系统已经发生了深刻的变化。

　　本书依据海军航空大学"航空飞行与指挥（飞行技术）"专业人才培养方案和"飞机结构与系统原理"课程教学计划的要求编写，计划学时为 50 学时，亦可根据具体情况适当调整。

　　本书的内容包括三大部分：基础理论、飞机结构和飞机系统。基础理论部分主要是飞机结构分析基础和液压与气压传动基础，注重基本概念与基础理论；飞机结构部分主要是机体及起落架，重点是各种结构的型式和受力特点；飞机系统部分包括液压系统、冷气系统、操纵系统、燃油系统、环境控制系统、生命保障系统、防冰与防火系统，重点讲清各系统的工作原理。各个部分相互联系，构成系统而科学的知识体系。

　　本书共有 10 章内容，具体编写分工如下：刘湘一主编，其中刘湘一负责编写第一、四、七章及附录，郁大照负责编写第二章，李伟负责编写第五章，朱飞翔负责编写第六、九、十章，杨子江负责编写第三章，宋山松负责编写第八章。全书由刘湘一统稿，宋山松校对，魏东对全书进行了审阅，柳文林提供了部分素材。

　　在本书的编写过程中，参考了大量国内外的著作、期刊、资料和技术文档，在此向原作者表示衷心感谢！

　　由于编者水平所限，加之时间仓促，疏漏之处在所难免，恳请各位读者批评指正。

编　者

2022 年 8 月

目　录

第一章 绪 论

▶**学习重点**

(1)飞机结构与系统的发展历程。

(2)飞机的基本组成。

(3)舰载机的特点。

▶**关键词**

飞机结构 aircraft structure　　　　飞机系统 aircraft system

军用飞机 military aircraft　　　　　舰载机 carrier based aircraft

飞机是 20 世纪最伟大的发明之一。1903 年 12 月 17 日,美国人威尔伯·莱特(Wilbur Wright)和奥维尔·莱特(Orville Wright)兄弟,在北卡罗来纳州试飞成功了一架他们自己设计制造的飞机——"飞行者 1 号"。这架飞机最远飞过 260 m 的距离,相对空气的速度为 48 km/h(对地速度为 16 km/h),留空时间 59 s。莱特兄弟的飞行成功,标志着人们梦寐以求的载人空中持续动力飞行成为现实,人类动力航空史就此拉开了帷幕。

很快飞机就用于军事用途,在 1911 年的意土战争、1912 年的巴尔干战争中,飞机已经开始执行侦察、通信等任务;第一次世界大战期间,出现了早期的空战,飞机成为战场重要的角色;第二次世界大战中,空军成为一个独立的军种参战,参战飞机种类,作战使用规模更是史无前例;第二次世界大战结束后,先进技术的出现推动了航空工业迅猛发展,飞机性能不断提升,空中力量成为常规高技术力量最重要的组成部分,作战样式更加丰富,运用手段更加灵活。

第一节　飞机结构与系统的发展

从 1903 年至今,飞机从最初简单的木头/棉布结构,到现在复杂的多系统高技术集合体,其结构与系统的发展大致可以分为 6 个阶段。

一、19 世纪后期至 1903 年:从滑翔机到飞机

19 世纪后期,人类对飞行的探索热情高涨,空气动力学理论有了长足的进步,出现了风洞、带弯度的翼型等新技术,人类制造了各式各样的飞行器,特别是李林达尔(Lilindar)对滑翔机进行了比较深入的探索,积累了大量的经验。但当时"飞机"的结构与现今意义的飞机

结构仍然有较大的区别。

即使是莱特兄弟在 1903 年试飞成功的"飞行者 1 号",从本质上说是没有机身结构,位于机翼前方的鸭翼和机翼后方的垂尾表面都由纵向的木条支撑着(见图 1-1-1)。虽然飞机的结构是无遮蔽的骨架式设计,但它可以正常工作。"飞行者 1 号"采用了桁架式双翼构型,此构型除了强度高之外,也因为升力面最大,而且通过拉绳改变双翼对角拉线张力卷起翼尖,能适度控制飞机,这是与当时其他飞机最大的不同,其他飞机虽然也能飞行,但只有"飞行者 1 号"可以操控。此后的两年里,莱特兄弟又制造出"飞行者 2 号"和"飞行者 3 号"。它们在结构上大同小异,基本没有太大的变化。直到 1911 年莱特兄弟制造的军用"飞行者 B"飞机,才把升降舵移到后机身,以铰链式副翼取代扭转机翼,并增加轮子供飞机起降。

当时在美国和欧洲已经有许多人成功制造出各种飞行器,虽然外形千奇百怪,但双机翼构型被公认为世界设计标准,杉木成为标准结构材料,杉木夹板螺旋桨也随处可见。优质的杉木在早期供应充足,加工和修理都很容易,单位重量强度比铝好,因此没人考虑用铝。大家都以粗棉布覆盖在飞机外表,由于当时飞机的速度很慢,粗棉布承受气动力负载的情况良好,即使破裂也很容易修理。

图 1-1-1 "飞行者 1 号"飞行结构图

二、1903 年至第一次世界大战结束:从模仿到改进

1903 年之后 10 年内出现的飞机大多模仿莱特兄弟的"飞行者",桁架式双机翼和前置式升降舵,飞行员、发动机、油料等都装在下翼的开放空间上。法国这时出现了新的结构设计概念,有单机翼设计的趋势,由路易·布莱里奥(Louis Bleriot)和雷蒙·索尼耶(Raymond Saulnier)设计的"布莱里奥 11 型"(Bleriot Model XI)就是其中一个著名的例子(见图 1-1-2)。

这架飞机首飞于 1909 年 1 月,最大飞行速度 87.04 km/h,安装一台 25 hp[①]、3 汽缸、气冷式星型发动机,机身采用桁架式木质结构,左右两侧局部覆盖着粗棉布。机翼结构和"飞行者"有相同的薄机翼设计,机翼外表面覆盖粗棉布,上下翼面弯曲弧度很大,机翼前后梁的上下缘都被削薄,使翼肋的上下缘条能跨于翼梁上。由于翼梁强度不足以支撑飞行和降落时的负载,故需要外露式拉力钢线辅助。飞行时升力使翼梁向上弯,上半部拉线不受力,下半部的拉线受张力;降落时机翼的惯性力使机翼向下弯,上半部拉线受张力,下半部拉线不

---

① 1 hp=0.736 kW。

受力。拉线受力时,垂直于翼梁的分力会承担翼梁上的部分剪力负载,这和双翼机的垂直支柱作用一样,不过拉线上的张力有个沿着翼梁指向机身方向的分量,会对翼梁产生压迫的作用,这在当时颇受大家的关注。因为木头材质并不耐压,机翼两端被向内压挤时可能会使机翼破坏。1909 年 6 月 25 日,"布莱里奥 11 型"飞机完成了人类首次动力飞行飞越英吉利海峡的壮举。

图 1-1-2 "布莱里奥 11 型"飞机结构图

同时期法国还出现了多种外形类似的单翼机,德国在 1915 年也有外形与其差不多的福克 E-Ⅲ 单翼机(FokkerE-Ⅲ),在第一次世界大战末期还发展出更先进的内置拉线单翼机。

三、第一次世界大战后至 20 世纪 30 年代:从木布到金属

第一次世界大战期间最重要的两大结构创新是悬臂式机翼和硬壳式机身。不需要任何拉力钢线的机翼被称为悬臂式机翼,其基本架构仍是翼梁与翼肋,但单凭主翼梁的强度就足以支持机翼的飞行负载。第一次世界大战时,第一架实际生产的悬臂式机翼战斗机是当时由荷兰飞机设计师福克(Anthony Fokker)为德国空军所设计的时速为 213 km 的"福克 Dr-Ⅰ"三翼机(见图 1-1-3)。

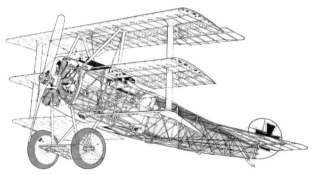

图 1-1-3 福克 Dr-Ⅰ 三翼机

到了 20 世纪 20 年代,由于航空发动机的改进,飞行速度不断增大,从 100 km/h 左右提高到 400 km/h 左右,双翼机阻力大的缺点越来越突出,这与人们提高飞行速度的要求发生了尖锐的矛盾,这个矛盾推动着双翼机向单翼机演变。

但是飞机的外形与结构并不是彼此孤立的,如果只将双翼改为单翼,而不相应地改变机体结构形式,飞机就会太重,反而会降低飞机的飞行性能,这就迫使人们去创造新的结构形

式。经过许多国家的飞机设计师和强度理论家的努力,研究出了单翼机的强度计算方法,计算和试验表明,如果是机体结构中的蒙皮也参与总受力,就可以合理地使用材料,满足结构强度大、重量轻的要求,因此在机体结构中就采用金属材料代替木质材料,采用金属蒙皮代替布质蒙皮,出现了梁式金属薄壁结构。大约从 20 世纪 20 年代中期开始,随着冶金工业的发展和工艺水平的提高,性能优良的金属单翼机便不断出现。到了 20 世纪 30 年代中期,双翼机就基本上被淘汰了,这样随着机体结构由木布构架式演变成了金属薄壁结构。

在双翼机向单翼机过渡时期,为了进一步减小阻力,增大飞行速度,飞机外形的其他方面也有了许多改进,例如在发动机上安装了整流罩,特别是从 20 世纪 30 年代初开始采用了可收放的起落架等等。

随着最大水平速度的提高,飞机的起飞着陆速度和滑跑距离也日益增大,为了缩短滑跑距离,于 1930 年前后在飞机上安装了刹车装置和增升装置襟翼,这些措施使飞机的起落性能有了很大的改善,并促进了飞机速度的继续增大。

在速度较大的飞机和重型飞机上收放起落架、襟翼和操纵机轮刹车需要相当的力量,为飞行员的体力所不及。因此在 20 世纪 30 年代初,参考金属切削机床等机器上的液压传动装置设计制造了飞机液压系统,尔后又采用冷气系统。

四、20 世纪 30 年代至第二次世界大战结束:从简单到复杂

从 20 世纪 30 年代到第二次世界大战结束,这个阶段中飞机的飞行速度又从 400 km/h 左右进一步提高到 750 km/h 左右。飞行速度和高度的提升对飞机结构与系统提出了更多更复杂的需求。

从 20 世纪 30 年代开始,飞机的外形已经演变为张臂式单翼机,此后为了进一步提高飞行速度,人们又对飞机表面进行了一系列的加工改进,例如在飞机表面采用了埋头铆钉,在飞机各部分连接处安装了整流片等等措施,提高了飞机表面的光滑流线程度,进一步减小了飞行阻力。

1933 年 2 月,波音与联合航空推出划时代的民航客机 B-247(见图 1-1-4),这是继"猎户座"之后,再一次在飞机结构设计史上写下新篇章的飞机,它具有全金属、应力蒙皮结构、全包覆式机舱、流线型发动机罩、自动驾驶仪、下单翼布局以及可收放式起落架等。

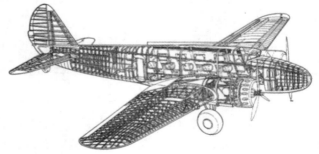

图 1-1-4 B-247 民航客机

由于用户要求提高飞机的升限和航程,飞机设备和系统也有了很大的发展,20 世纪 30 年代末期飞机的飞行高度达到了 10 000~12 000 m,在这样的高度只靠氧气设备已经不能

保障飞行人员的正常工作,因此飞机气密座舱的研究工作便广泛开展起来。直到 1937 年左右,美国、苏联等国家在试验机上开始采用气密座舱,20 世纪 40 年代初期,气密座舱的应用便相当普遍。

为了增大飞机的航程,在 20 世纪 40 年代不少飞机采用了空中加油,使燃料系统有了新的发展。

五、第二次世界大战后至 20 世纪 60 年代:从亚声速到超声速

从第二次世界大战结束到 20 世纪 60 年代,由于喷气式发动机的迅速发展,飞行速度从 750 km/h 左右跃进到 3 000 km/h 左右。

自 1939 年德国研制成第一架涡轮喷气式飞机以后,喷气式飞机很快突破了活塞式飞机的速度记录。1945 年以后喷气式飞机被大量使用,其飞行速度于 1947 年第一次超过了声速。当飞机做跨声速和超声速飞行时,飞机的空气动力特性发生了很大的变化,这就要求相应地改善飞机的外形,因此近声速和跨声速飞机的机翼尾翼越来越薄,出现了后掠机翼和尾翼采用细长的机身。有些跨声速飞机为了减小激波阻力,还根据面积率原理,把机身做成蜂腰型,超声速飞机则采用了三角翼和小展弦比平直机翼以及尖头的细长机身,这样飞机的外形继双翼变单翼之后,又发生了一次重大变革。

改变飞机外形要相应地改变飞机机体结构,而高速飞行也对机体结构的强度、刚度提出了更高的要求,面临着这些问题人们首先研究了后掠翼的结构方法,造出多种结构形式的后掠机翼和尾翼,例如带斜撑梁的复合式结构机翼等,后来又研究制造出三角机翼,在提高机体结构的强度、刚度方面,除了单块式结构应用得越来越广泛外,在许多跨声速和超声速飞机上,为了增加结构的强度、刚度又保持较小的重量,还采取了由两层金属板和夹心层组成的夹层结构。

德国的 Me - 262 是第一架后掠翼喷气式战斗机(见图 1 - 1 - 5),机翼后掠的目的是把超重的 Jumo004 涡轮喷气发动机的重心后移,同时后掠翼也降低了高速时的阻力。P - 80 是美国第一种投入实战的喷气式战斗机。1947 年波音推出全世界第一架后掠翼喷气式轰炸机 B - 47,与随后北美公司的喷气式战斗机 F - 86 的设计相比较,两者的机翼都是后掠 35°。苏联也在 1947 年 12 月推出了后掠翼的米格 - 15。此后,各航空强国竞相发展高空高速战斗机,出现了一大批最大飞行速度达到 2 马赫、升限超过 20 000 m 的飞机。

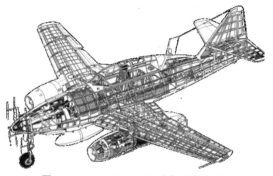

图 1 - 1 - 5　Me - 262 喷气式战斗机

飞行速度由亚声速向跨声速、超声速发展的过程中,对飞机的装置和设备也不断提出新的问题,例如当飞行速度接近声速舵面的空气动力显著增大,单凭飞行员的体力已经难以操纵飞机,于是助力器便应运而生,这一装置的采用是长期以来一直比较简单的飞机操纵系统变得复杂起来,并与液压系统发生了联系,促使液压系统的进一步发展。又如飞行速度接近声速时,高速气流的巨大压力使飞行人员难以在紧急情况下依靠体力脱离飞机,因此第二次世界大战后,静声速和跨声速飞机上广泛采用了利用火箭弹射器,将座椅连同飞行员一起弹离座舱的弹射跳伞装置。而后由于飞行速度继续增大,这一装置又不断改进,并出现了封闭式和分离座舱式弹射跳伞装置,使跳伞装置的面貌大为改观。再如,在跨声速度和超声速飞机上,由于机翼载荷很大,单靠原有的增升减速装置已很难进一步减小飞机的起飞着陆速度和滑跑距离,因而出现了吹气襟翼等增升装置和减速伞等减速装置。此外,为了继续提高飞机的升限,有的飞机采用了完全不依赖大气的再生式气密座舱和喷气式操纵装置。总之飞机的设备和系统有了较大的发展。

伴随着超声速飞行而带来的最大的问题是因空气摩擦产生高热所导致的机体结构强度退化问题。首先,当温度达到100℃时,铝合金的静力强度会大幅度衰退;其次,在120℃的环境下工作100 h后,合金抵抗蠕变(在应力影响下固体材料缓慢永久性地移动或者变形的趋势)的能力会大幅度降低。若飞机超声速飞行时间很短暂,外蒙皮产生的热还来不及传到内部主结构时,这些都不足以造成安全隐患,一旦要长时间飞行,为了防止因高热使结构失去强度,则飞机的结构设计就要有所改变。为了让机体拥有足够的强度和刚性又不至于超重,解决方法是使用蜂窝夹层结构或者耐高温的钛合金。

六、20 世纪 70 年代至今:从翼身分明到融合隐身

从 20 世纪 70 年代开始,由于电子信息技术的发展和空战理念的改变,战斗机从片面追求高空高速转向重点关注中低空的机动性。飞机的结构与系统方面进行了大量创新,产生了一些新的气动布局形式,并且开始注重战斗机的低可探测性。

通常飞机的机翼、机身是单独设计制造结合而成的,在外形上有明显的界线。20 世纪 60 年代末,开始提出翼身融合的概念,身融合是指将飞机的机翼和机身作为一个整体来设计,机身表面连续平滑过渡到机翼表面,二者平面形状剖面形状完全融合为一体(见图 1-1-6)。机身隔框大多采用铝合金或者钛合金通过锻造或铣削整体成形,也有一些构件采用增材制造方式成形。采用翼身融合技术,可以大大减小飞行阻力,并且可以减少很多连接和界面承力部件,不仅减轻了飞机总体结构重量,而且使机身内部空间的利用率提高。

典型的第三代战斗机,比如美国的 F-16、俄罗斯的苏-27、法国的"阵风"等战斗机,都采用了翼身融合技术。

随着探测技术的进步,军用飞机对隐身性能提出了新要求。影响军用飞机突防能力和生存力的主要是雷达隐身技术和红外隐身技术。雷达隐身技术一方面通过合理设计飞机外形,来减弱飞机在雷达接收方向的散射效应,如采用翼身融合体和半埋式座舱,使机身、机翼、座舱平滑过渡,以及采用内埋式弹舱、"S"形弯曲进气道,等等;另一方面是通过在飞机

表面涂覆电磁波吸收材料,降低回波的强度。

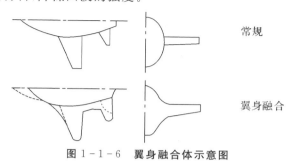

图 1-1-6　**翼身融合体示意图**

美国在 20 世纪 80 年代中期开始服役的 F-117 隐身轰炸机采用独特的多面体外形结构(见图 1-1-7),并涂覆吸波材料,使雷达反射面积降到极低的水平。20 世纪 90 年代末服役的 B-2 隐身战略轰炸机,采用了飞翼机构,取消了垂直尾翼,发动机隐藏在机体内的背部,没有吊舱,机体后缘呈锯齿状,尾喷管呈 V 形,大大降低了被雷达和红外探测到的概率。

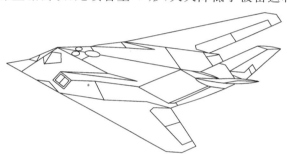

图 1-1-7　**F-117 隐身轰炸机外形示意图**

第二节　飞机基本组成

飞机可分为军用飞机和民用飞机两大类。前者是按各种军事用途设计的飞机,如战斗机(也称歼击机)、强击机(也称攻击机)、轰炸机等;后者则是指各种非军事用途的飞机,包括旅客机、货机、农业机、运动机、救护机以及试验研究机等。本节以军用飞机为例介绍飞机的基本组成。

飞机的基本组成部分主要有机体、动力装置、起落装置、各种工作系统和机载设备等,例如典型舰载战斗机的基本组成,如图 1-2-1 所示。

机体通常由机身、机翼和尾翼组成。机翼是产生升力的部件,改善起飞着陆性能的襟翼和保证横向操纵的副翼也都装在机翼上。机翼的前后缘还设有各种形式的襟翼,用于增加升力或改变机翼升力的分布。

机身处于飞机的中央,将机翼、尾翼、起落装置等连为一个整体,其主要功能是装载设备、容纳成员和货物。但是机身并不是飞机不可缺少的部件,早期飞机仅有一个连接各部件的构架,这样的机身在初级滑翔机和超轻型飞机上可见到。后来为了减少阻力,发展成为流线型的机身,并可以容纳货物、人员和设备等体积较大的载重物。如果飞机足够大,能将人员、货物、燃油等全部装在机翼内部,则可以取消机身,成为飞翼式飞机,简称飞翼。

图 1-2-1　典型舰载战斗机的基本组成

　　尾翼通常在飞机尾部,包括水平尾翼和垂直尾翼两部分。个别飞机的尾翼设计成 V 形,它兼起纵向和航向稳定、操纵的作用,称为 V 形尾翼。一般水平尾翼由固定的水平安定面和可偏转的升降舵组成;垂直尾翼则由固定的垂直安定面和可偏转的方向舵组成。安定面的作用是使飞机具有适当的静稳定性;升降舵和方向舵的作用是进行俯仰和偏航操纵。有些超声速飞机,常将平尾设计成可偏转的一个整体(不分水平安定面和升降舵),称为全动平尾,以便提高超声速飞行时的纵向操纵能力。有的飞机上(主要是变后掠翼飞机)还将全动水平尾翼设计成可以差动偏转的形式,即平尾的左右两半翼不仅可以同向偏转,且可反向偏转,此时可起横向操纵作用,这种形式称为差动平尾。带方向舵的垂直尾翼已能满足超声速飞行时的航向操纵要求,所以较少采用全动垂直尾翼。在有些飞机上,水平尾翼不是装在飞机尾部,而是移到机翼的前面,称为前翼或鸭翼。

　　起飞着陆装置(俗称起落架)是飞机起飞、着陆滑跑和在地面(或舰船甲板)停放、滑行中支持飞机的装置,一般由承力支柱、减震器、带刹车的机轮和收放机构组成。在低速飞机上用不可收放的固定式起落架以减轻重量,在支柱和机轮上有时装整流罩以减少阻力。对于陆地上或舰上起落的飞机使用机轮进行起降,在冰上或雪地起落的飞机用滑橇代替机轮,浮筒式水上飞机则代之以浮筒。

　　动力装置包括产生推力的发动机和一系列保证发动机正常工作所需的附件和系统,其中包括发动机的起动、操纵、固定、燃油、滑油、散热、防火、灭火、进气和排气等装置或系统,其功能是提供推(拉)力,它是飞机飞行的根本保证——使得飞机获得速度和产生升力。

　　燃油系统用来存储满足飞机航程航时的燃油,通过管路向动力装置稳定可靠供油。

　　操纵系统的功能是传递飞行员的操纵指令、驱动操纵面和其他机构以控制飞机飞行姿态,使飞机按照预定的航迹飞行。它由主操纵系统和辅助系统组成。它从飞行员手握的驾驶杆(或驾驶盘)和脚踩的脚蹬开始,通过铺设在机体内壁的拉杆、摇臂、钢索、滑轮等延伸到各个操纵面。辅助操纵系统用来操纵襟翼、调整片、减速板等装置。

环境控制系统、弹射救生系统、氧气系统、抗荷系统用来在飞行过程中营造符合飞行员身体需求的工作环境，并保证特殊情况下，飞行员能够安全离机。

机载设备包括飞行仪表、通信、导航等设备，以及与飞机用途有关的一些机载设备，如战斗机的武器和火控系统、旅客机的客舱生活服务设施等。

飞机各个系统之间存在复杂的交联关系，如图 1-2-2 所示。

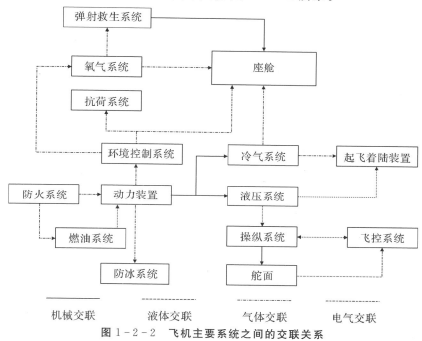

图 1-2-2　飞机主要系统之间的交联关系

第三节　舰载机的特点及发展趋势

海军飞机是海军装备的主要在海洋和濒海上空遂行战斗、训练和保障任务的飞机，是海军实施海上作战的一支主要突击力量和重要保障力量。海军飞机按起降场地，分为海军岸基飞机、舰载飞机和水上飞机；按作战任务，分为海军作战飞机和海军勤务飞机。

海军飞机主要用于夺取海洋和濒海上空制空权，参加反潜、反舰、布雷、扫雷、两栖支援作战和侦察巡逻等任务。岸基战斗机一般航程较近，主要用于近海空中作战；反潜巡逻机、岸基轰炸机和战略侦察机，通常航程较远，具有一定的远海作战能力；舰载机能借助搭载舰艇的续航力，可在岸基飞机航程达不到的海洋上空遂行攻防作战。水上飞机可以在水上起降，能够担负一些特殊任务。

一、海军飞机与空军飞机的区别

从外观上粗看，海军飞机和空军飞机没有多大差别，有的飞机空军装备海军也装备。例如中国的歼-10、"飞豹"，美国的F-35等飞机，空海军都有装备，但是，海军所装备的飞机与空军飞机在很多方面是有着重要差别的。

首先，海军飞机和空军飞机的使命任务不同。海军飞机的主要使命是夺取、控制濒海、海上制空权协同和保障海军其他兵种夺取制海权，保卫领海领空安全和海洋权益，主要是遂行海上作战任务。空军飞机的主要使命是夺取、控制陆上制空权，协同和保障地面兵力的战斗行动，保卫国家的领空安全，主要任务是遂行陆地上空作战。

其次，海军飞机和空军飞机部署和使用环境不同。海军飞机主要部署在沿海或舰艇上，主要在海上进行训练，作战使用环境比空军飞机更严酷，因此海军飞机的要求通常要比空军飞机高，特别是舰载机的要求更高。从装备性能上讲，舰载机突出的要求有垂直/短距起降、大推力、发动机、大的结构强度以及好的加速性和好的操纵跟随性、可以折叠的机翼、装备拦阻钩和弹射钩。海军舰载机动力装置的功率通常要比空军飞机大20%以上，发动机推重比越大，短距起降越容易实现；结构强度主要满足承受起降时的冲击载荷；折叠机翼则满足舰上有限空间的停放；好的加速性和好的操纵跟随性满足起飞爬升和复飞逃逸要求。从训练和作战使用的角度看，海军飞机在海上飞行时，由于少有地标，无参照物可以进行定位，且易受风、海浪、雾、能见度等影响，对飞行员的飞行水平要求非常高，而且往往海天一色，如果训练水平不高，很难区分海和天空，一不小心容易失事，因此海军飞机的事故率也比较高。一旦飞机失事，飞行员落水，受海水温度、海浪、海洋中生物等影响，海上救援也比较困难，飞行员生存率不高。空军飞机主要部署在陆地上，在陆地上进行训练，自然环境不同，影响不同，训练要求也不同。

最后，海军飞机和空军飞机的类型和武器装备也不同。海军飞机有舰载机、水上飞机、反潜巡逻机等专业机种，但没有战略轰炸机。如美海军的P-3C反潜巡逻机、F/A-18E/F舰载战斗机日本海上自卫队的P-1反潜巡逻机、各种反潜直升机等，挂装、使用空舰导弹、反潜鱼雷、水雷、深水炸弹和搜潜、攻潜、海上侦察、救护等武器装备和设备。海军飞机使用的空舰导弹大多是雷达制导的，在对海上目标攻击时，可以通过舰艇与水面雷达反射波的不同对目标进行瞄准和选择。

空军没有舰载机、水上飞机、反潜巡逻机、反潜直升机这些机种，使用的机载攻击武器主要是空地导弹、制导炸弹、各种普通炸弹等，制导武器多以红外、电视、激光制导为主，所打击的目标大多在岸上。除反辐射导弹使用被动雷达制导外，一般不使用雷达制导导弹，因为目标和周围环境的雷达反射没有明显区别难以对目标进行准确瞄准和选择。

需要指出的是，有些国家（地区）的空军飞机也担负海上作战任务，因此，其使命任务、武器装备、作战训练都能够满足海上作战需要，而海军飞机仅仅是舰载机部分（如舰载直升机）。因此这种区别要依据不同国家（地区）的具体情况加以分析。

二、舰载机与海军岸基飞机的区别

舰载机是以航空母舰或其他水面舰船为起飞平台的飞机、直升机的统称。舰载机通常分三类：常规起降舰载机、垂直/短距起降舰载机和舰载直升机。

舰载机与海军岸基飞机都是海军航空兵的重要组成部分,两者既有联系又有区别。总体来说,舰载机与海军岸基飞机的区别主要体现在以下几个方面:一是起降平台不同。舰载机的起降平台是可以在海上机动的航空母舰或其他舰船,而海军岸基飞机的起降平台是岛岸上的机场。二是作战空间不同。由于舰载机可依托载舰在海上进行大范围机动,所以理论上舰载机的作战空间可随载舰任意延伸,作战范围大、空间广,主要在远岸海域遂行作战任务。而海军岸基飞机主要依托岛岸上机场实施机动,其作战范围相对有限,毕竟飞机的作战半径是有限的,不能长时间滞留在空中,因此海军岸基飞机主要在近岸海域遂行作战任务。三是保障依托不同。舰载机通常是远离本土作战,其作战、后勤和装备保障均依托航空母舰编队自身实施。而海军岸基飞机通常在近岸海域作战,依托岸上保障兵力为其提供作战支援保障,后勤、装备保障一般也在机场进行。

其实,舰载机与海军岸基飞机的上述三个方面的区别只是从表面上看,如果深层次分析舰载机与海军岸基飞机区别的话,最终还是体现在双方技术方面的差异。尤其是舰载机的起降技术难度大,使用环境条件复杂,对飞机结构、气动设计、动力装置、材料、飞行控制系统、机载设备等都提出了更高的要求。

第一,从飞机结构来看,舰载机弹射起飞和着舰时,机体要承受的过载高达 4～5,并且舰载机着舰下沉速度是陆基标准的 2 倍以上,着舰瞬间的撞击载荷、拦阻索强制制动载荷,使得舰载机的起落架和机体结构,尤其是与起落架安装密切相关的结构,都需要根据这些客观条件进行重新设计加强,使之能够承受弹射起飞以及拦阻钩、拦阻网拦阻着舰时产生的巨大冲击力,避免结构破坏。因此,舰载机机体结构和起落架要比岸基飞机作相应的加强,重量也相应增加。

第二,从气动设计来看,它是舰载机与航空母舰匹配的最关键特性之一。包括舰载机的机翼设计、减速板和进场着舰迎角等。通过增加机翼面积,采用可变后掠角机翼、增升装置等措施可以减小起飞离舰与着舰速度,以满足短距起降的需要。尤其是着舰速度太高将会带来不安全因素,据有关资料统计,舰载机着舰时发生的事故几乎占事故总数的 80%,因此,为安全起见,舰载机应具有优良的低速性能。另外,为了节省航空母舰的有效空间,舰载机的机翼通常设计成可向上折叠,以便能够存放更多的飞机,并且为了适应机库高度的限制,有些比较高的飞机的垂直尾翼也是可折叠的,美国海军舰载预警机雷达天线罩也可以降下。

实践证明,机翼面积大小会影响舰载机的起飞、着舰和复飞。增大机翼面积可以提高飞机的机动性能,改善舰载机的起飞着舰性能,不过增大机翼面积会带来一些缺点,如增加飞机的重量、费用及占有空间,增加加速时间和降低超声速性能等。美国的新一代舰载机 F－35C 与空军型的 F－35A 相比,翼展增加了约 2.4 m,机翼面积增大了约 19.4 m²,增加幅度高达 45%(见图 1－3－1)。可变后掠角机翼可增强舰载机的气动特性,高速飞行时机翼后掠,起飞着舰时减小后掠角,增大升力系数。美海军 F－14 舰载机采用的就是可变后掠角机翼。增升装置用于协调舰载机的上升性能和低速性能,从而改善起飞与着舰性能。增升装置主要包括边缘襟翼、缝翼、翼缝、下垂副翼及边界层控制等。苏－33 舰载机把苏－27 后缘半翼展的整体式襟副翼改为机翼内侧的两块双开缝增升襟翼,并将副翼移至翼尖处,提高了苏-33的机翼升力,缩短了起飞滑跑距离。此外,许多舰载机装置有减速板,在进场着舰时展开减速板可使舰载机的着舰速度减小,改善飞行航迹稳定性,同时使发动机保持较高的平均功率,从而确保舰载机在逃逸或者复飞时发动机可以很快达到全功率。另外,通过增大舰载机的进场着舰迎角,可以有效地提升升力系数,提高舰载机的起降性能。

参 数	型 号		
		F-35A	F-35B
机长/m	15.7	15.6	15.7
机高/m	4.38	4.38	4.48
翼展/m	10.7	10.7	13.1
机翼面积/m²	42.7	42.7	62.1

图 1-3-1 F-35 装机各型号的参数对比

第三,从动力装置来看,航空母舰甲板的起飞着舰距离有限,对舰载机的发动机提出了更高的要求。从航空母舰上起降,要求舰载机具有优良的低速性能(短距起飞性能),而海上飞行时又必须保证高航速,因此发动机需要具备推重比大、加速性好的性能。如米格-29舰载机装有两台发动机,推重比达1.1,该机低速大迎角状态时性能极佳,从而使其成为起飞速度小,滑跑距离短,能通过滑跃甲板实现自主式超短距起飞。另外,改变发动机的推力迎角可以改善舰载机的气动升力,增大的推力迎角则增大舰载机的动力升力,并且推力及推力迎角还能改善舰载机对下滑航迹的控制,从而提高舰载机着舰航迹的稳定性。

第四,从材料来看,为了适应海上复杂使用环境的需要,舰载机大量采用复合材料。苏-33在飞机蒙皮和部分结构上采用复合材料代替原有的金属材料,不仅降低了飞机的结构重量并且提高了在海上复杂环境使用的抗腐蚀能力,而且复合材料较好的表面连续性也可以降低造价并提高气动性能,对飞机隐身能力也有所帮助。

第五,从飞行控制系统来看,先进的电传飞行控制系统对飞机的静态纵向稳定性要求降低。苏-33舰载机通过加装前翼和使用数字化电传操纵系统,使其纵向静稳定度放宽到15%平均气动弦长,比岸基苏-27的5%有了很大程度的提高,其飞行灵活性和水平机动性能明显改善。在目前装备的舰载战斗机中,苏-33的机动性能与法国海军"阵风M"相当,超过了美国海军的F/A-18E/F。

第六,从机载设备来看,为适应海上复杂使用环境的需要,舰载机的机载设备比岸基飞机要求高,尤其是舰载机要具备更高精度的自主导航设备和更加优良的通信设备。

三、舰载机的发展趋势

当前,各国海军航空兵的舰载机以三代机为主体,四代机陆续开始服役,面向未来海上复杂作战环境,舰载机为提高作战能力,重点应发展以下几个方面的能力。

(一)远航程/长航时

目前舰载机对加油机依赖较强,影响飞机作战半径和续航能力,未来舰载机需要能够提供 1 800 km 以上区域的持续控制能力。美国在持续提升飞机平台能力的同时,在发动机方面开展了大量研究。美国空军已经开展多个项目进行自适应变循环发动机技术研究,持续提升三涵道自适应发动机技术的成熟度,开展了"自适应发动机转化""经济可承受先进涡轮技术""自适应多功能发动机技术"等项目用于发动机原型机的设计、研发和试验。同时,普惠公司还用装备 F-135 发动机核心机的三涵道发动机,对三涵道发动机的性能进行了测试,测试结果达到或超过了预期。

(二)宽频全向隐身

为了在高威胁环境下具有更好的生存能力,未来舰载机将会采用多种技术手段,在频段、角域上都大幅拓展飞机隐身能力。美国的下一代飞机也将宽频全向隐身作为核心能力之一,洛克希德·马丁公司、波音公司、诺斯罗普·格鲁门公司三大武器供应商不约而同地推出了超声速无尾布局方案,并已投入大量资源推动技术发展,目前技术验证机已完成首飞。同时,积极推动核心平台布局技术的攻关,美国国防高级研究计划局(Defense Advanced Research Projects Agency,DARPA)开展主动流控制技术演示验证,实现不依赖舵面的飞行控制。试验中展示了机翼环量控制和射流推矢控制,在改善飞机控制性能的同时还可提升隐身性能。

(三)超声速巡航

未来舰载机在提高隐身性能的同时,超声速巡航能力同样重要。飞机的远航程,需要与其相匹配的飞行速度,才能更好地完成作战任务。美国空军研究实验室完成可变大弯度柔性翼技术飞行演示验证通过改变机翼外形改善气动性能,使飞行器能够适应各种飞行条件和任务。

(四)全向感知

未来战争将是信息化主导的战争,舰载机在软硬件技术的支持下,传感器能力大幅提升,具备全向感知能力。

(五)高效综合能量管理

面向全向探测能力和高能武器,对飞机能量管理技术提出了更高的要求。在系统技术方面,美国空军开展了"兆瓦级战术飞机""飞行器综合能源技术""电力、能源、热综合控制"以及"电力及热综合管理系统演示验证"项目,寻求机载能量系统技术新突破。

(六)智能作战

智能作战能力是未来舰载机新的能力增长点。面向人工智能技术,美国空军正在推进两种新型自主飞行器——Skyborg 和 XQ‐58A,技术发展将聚焦于在指挥控制系统中增加更多的自主和人工智能。

(七)互联互通互操作

未来舰载机作为航空母舰编队的核心节点之一,应能接入航空母舰、天基等其他信息系统,具备跨域互联互通的能力。美国面向作战管理,安排并开展了"忠诚僚机""小精灵""分布式作战管理"等多个协同作战项目的研究。

(八)高密度全方位火力输出

不同于目前的常规动能武器,未来舰载机将具备更先进、更多样化的武器能力。美国空军研发的新型远程空空导弹(AIM‐120)体积更小,重量更轻,飞行速度更快,打击低空目标更有效。美国空军研究实验室开发的新型战斗机微型自卫弹药可提升单架次携带武器数量和单发武器作战效能,增强平台在 A3/AD 环境下面对各种威胁的生存能力,确保美军空中优势。此外,美国空军正在开展"自防护高能激光演示验证"项目以及"下一代紧凑环境激光技术"项目,并通过"紧凑型高能激光子系统评估"项目识别能够提升激光武器效能的工程技术。

▶ 拓展阅读

下一代战斗机什么样?

2007 年 10 月,美国空军率先开始研究下一代战斗机的具体需求。随后,美国海军也在"下一代空中优势"(NGAD)计划框架下,对海军型下一代战斗机的能力需求进行评估。经过前期论证,美国空军和海军分别在 2010 年和 2012 年发布了下一代战斗机信息征询书。波音公司、诺斯罗普·格鲁门公司和洛克希德·马丁公司对此做出积极响应,分别提出下一代战斗机概念方案。波音、洛克希德·马丁方案的特征被概括为"六超",即超扁平外形、超声速巡航、超常规机动、超远程打击、超维度物联、超域界控制。诺格方案则突出隐身、无尾、后掠翼、使用激光武器、能与多个目标交战等特征,称有望带来机动性、速度和隐身的新突破,并强调热管理技术对确保机载激光武器多次快速连续发射的极端重要性。

在《2030 年空中优势》报告中,美国空军对于下一代战斗机的描述是,一种远程、隐身的传感器‐射击平台,并将其命名为"穿透性对空战斗"(Penetrating Counter Air)项目,其核心将是通过网络控制大量的传感器、无人机和其他平台。美国空军希望通过原型机方案促进相关关键技术的发展,并希望能够及早将相关技术整合到 21 世纪 30 年代初服役的新型先进战斗机上。

从目前来看,美国空军的下一代空中优势战机是包含了各类无人驾驶飞机在内的综合空中作战系统,类似于法国/意大利的"未来空战系统"、英国/意大利"暴风雨"系统的"空战云"概念。其技术上的突破也不仅仅是在隐身能力、飞行能力、探测能力等传统战斗机关键要素方面的发展,更有可能是人工智能、自动驾驶、通信网络、定向能武器系统等各类技术的使用。

本 章 小 结

本章介绍了飞机结构与系统的发展历程,以军用飞机为例介绍了飞机的组成,军用飞机一般包括机身、机翼、起飞着陆装置、动力装置、各种工作系统及机载设备,各部分之间相互联系,构成一个庞大而复杂的系统。海军飞机与空军飞机特别是舰载飞机与岸基飞机之间存在诸多的不同,在结构和系统设计方面也有不同的要求。

思 考 题

1.分析军用飞机与民用飞机在结构与系统方面的要求有什么不同。

2.空军飞机如果要执行海上作战任务,需要哪些适海性改进?

3.用思维导图梳理飞机结构与系统发展历程中各阶段的重要创新。

第二章 飞机结构基础

▶学习重点

(1)飞机结构设计思想的演变。

(2)强度、疲劳寿命、刚度、稳定性、气动弹性等基本概念及失效影响。

(3)飞机外载荷类型、特点与结构使用限制。

(4)飞机使用寿命控制指标及含义。

▶关键词

飞机结构 aircraft structure　　　　结构强度 structure strength

结构刚度 structure stiffness　　　　结构稳定性 structure stability

过载 overload　　　　　　　　　　飞行包线 flight envelop

疲劳寿命 fatigue life　　　　　　　使用限制 operational restriction

飞机结构是指飞机上能够承受并传递载荷的系统,包括机翼、尾翼、机身、发动机短舱、起落架以及其他系统的受力部件等部分,它通常由成千上万个零件构成,相互之间没有相对运动,能承受规定的外载荷,并满足一定的强度、刚度、稳定性、寿命和可靠性等要求。在载荷、振动、温度等工作环境下,结构抵抗破坏的能力称为结构强度,抵抗变形的能力称为结构刚度,保持原有受力平衡状态的能力称为结构稳定性。强度、刚度、稳定性是飞机结构承受载荷能力的主要标志,如在外载荷作用下,结构变形超过规定值或失去承载能力,说明飞机结构失效,这直接关系到飞机安全。

飞机在飞行过程中,作用在机体上的外载荷与飞机重量、飞行性能、气功外形、起落装置、气密舱增压特性和飞行操纵控制等因素密切相关,基于结构使用安全考虑,飞行员需要了解飞机结构设计思想和结构疲劳寿命,掌握外载荷、过载、机体受力与结构特点、飞行包线、使用限制等结构强度理论。

第一节 飞机的研制与结构设计

为了完成各种不同的任务,对飞机就有不同的技术要求。对于军用飞机,这些要求称为战术技术要求;对于民用飞机,这些要求称为使用技术要求。这些技术要求,通常用飞机的最大速度、升限、航程或作战半径、着陆距离和起飞距离、载重、机动性指标(如加速性能、最小盘旋半径、爬升性能等)和使用寿命等技术指标表示。还有一些技术要求则属于不能用数据定量地表示的,如是否能全天候飞行、对机场的要求、对飞机使用维修的要求等。飞机设计就是指设计人员综合应用气动、结构、动力、材料、工艺等学科的知识,将飞机设计要求(战术技术要求)转化为一组能完整地描述飞机的参数(飞机形状、尺寸、结构、材料等)的过程。设计一种新型的飞机,从设计方案的提出到投入使用,需要经历很长的时间,是一项很复杂的系统工程。作为飞行员,为安全地操纵飞机,需要了解飞机是如何造出来的,即飞机的研制过程及结构设计要求。

一、飞机的研制过程

飞机的研制过程可以简单地分成下述四个阶段。

(一)拟订技术要求

飞机的技术要求通常确定了飞机的主要性能指标、主要使用条件、机载设备等。飞机技术要求可以由飞机设计单位或飞机订货单位拟订,但是由于飞机的技术要求是一组系统且相互制约的技术指标,所以新飞机的技术要求通常由订货单位和飞机设计单位协商后共同拟订。设计单位必须保证新飞机能达到这些技术要求,订货单位则根据这些要求来验收新飞机。因此,飞机的技术要求是飞机设计的基本依据。

(二)飞机设计过程

飞机设计单位根据已经拟订好的飞机技术要求,进行飞机的总体设计,即把飞机的主要参数、基本外形与部位安排确定下来。此时必须通过仔细的分析、计算和试验,以保证所确定的总体设计能满足飞机的技术要求。在飞机总体设计阶段以后进行的是结构设计阶段。结构设计阶段需绘制完成飞机结构的所有图纸,并使所设计的结构能满足总体设计的要求,当然也应与飞机的技术要求相协调。为使设计出的飞机更符合操纵使用和作战要求,设计单位会邀请飞行员参与到飞机设计过程中。

(三)飞机制造过程

飞机制造工厂根据飞机设计单位提供的全套图纸与技术资料进行制造。飞机制造工厂在制造出整架飞机的结构以后,还应把飞机所需的设备、系统都完整地装好。飞机制造工厂制造出的飞机应能保证满足设计图纸和技术资料规定的要求。这样,由飞机制造工厂首批试制出来的新飞机即可投入试飞和全机强度试验。

(四)飞机的试飞、定型过程

一种新飞机试制出来以后,是不能也不应马上投入使用的。尽管已做了大量的分析、计算、试验等研究工作,但还不能确定这种飞机能否真正投入使用,还必须通过试飞来检验飞机能否确保安全,性能是否满足技术要求。若在试飞过程中发现有缺点或问题,则必须进一步更改设计或改进制造方法。把试飞中出现的问题都排除完毕后,则可把此时的设计图纸与制造方法确定下来,只有通过飞机的试飞过程把一种新飞机初步定型后,方可由飞机制造工厂进行小批量生产。在此过程中,飞行试飞员会根据试飞体验,提出相应的改进建议。

二、飞机结构设计在飞机设计中的地位

飞机结构是体现飞机总体布局、气动外形的技术载体,是飞机各系统实现预定功能的物

理平台,是制约飞机使用可靠性、成本和寿命的主要因素。飞机结构设计是将预定功能变为一组能完整描述飞机参数的过程,因此,在飞机设计技术的发展历程中,结构设计技术一直占有十分重要的地位。

(一)飞机设计的阶段

对于飞机设计乃至研制的阶段划分和各阶段应完成的任务,没有完全统一的表述形式,但实际研发的工作内容是大体相同的。

广义地讲,在整个飞机的研制过程中都涉及飞机设计,因为飞机技术要求的拟订、飞机的制造、飞机的试飞和定型都离不开飞机设计人员的参与,国内军机型号研制过程中,飞行员也会参与飞机的整个研制过程。

狭义地讲,飞机设计通常是指飞机制造所需的技术文件拟定阶段,它一般可分为总体设计和结构设计两大阶段。总体设计主要包括概念设计和初步设计,结构设计主要是详细设计,参与概念设计(总体方案论证)、初步设计,并涉及原型机试制、试飞、批生产准备等,具体过程如图 2-1-1 所示。

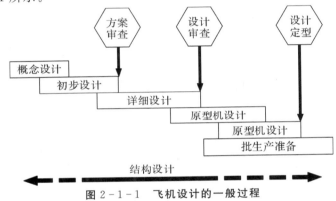

图 2-1-1 飞机设计的一般过程

(二)飞机总体设计主要内容

飞机总体设计主要内容以下几项。

(1)确定战术技术要求或使用技术要求。这些要求可由使用单位提出,或使用单位提出初步意见,再由使用单位与设计单位双方协商确定。对于民用飞机,则经常由设计单位根据发展需要提出。

(3)确定全机主要参数。全机主要参数即全机总重 G、发动机推力 P 和翼载 G/S(S 为机翼面积)。通常这个阶段还初步确定机翼的平面形状。

(3)进一步确定尾翼、机身的初步形状和尺寸,并进行性能估算以校核是否满足原来提出的性能技术指标;若不满足,则反复进行调整。

(4)在上述基础上,画出飞机的三面图(草图)。

(5)进行全机的初步部位安排。把全机内部布置与主要受力构件进行初步安排与协调,画出飞机的部位安排图。给出飞机各部件的质量控制指标。

(三)飞机结构设计

由图 2-1-2 可以看出新机研制中结构设计工作一般要经过方案论证、初步设计、详细设计、试制与试验、试飞与设计定型和生产定型等六个阶段。

　　结构设计是保证飞机结构安全的重要一环，是飞机使用限制的基本依据。其主要任务是进行结构设计（部件设计、零构件设计等），制定出详细的重量计算和强度计算报告；进行零件和构件的强度验算；进行各种必要的试验，如强度和寿命试验、各系统的地面台架试验等。图 2-1-2 给出了各阶段的主要工作内容、完成形式和各阶段之间的关系。

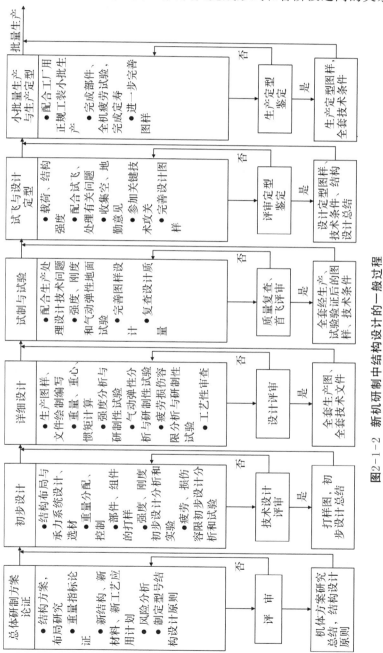

图 2-1-2　新机研制中结构设计的一般过程

在新飞机的研制过程中,往往还要进行相当数量的科研课题的研究,例如飞机的选型问题、主要结构的抗疲劳设计或损伤容限设计等问题。

研制新飞机还与飞机的使用密切相关。在设计过程中既要利用已有的使用经验,又要在飞机的使用过程中不断改进这种新飞机的设计。

三、飞机结构设计的基本要求及其分析

(一)飞机结构设计的基本要求

与其他类型结构相比,飞机结构有其特殊性。首先,对质量特别敏感,飞机本身的质量必须尽可能轻,以便多装人员、货物或装备,因而对结构材料要求高;其次,飞机部件的尺寸大而刚度小,有的飞机机翼长达几十米,本身又是薄壁结构,易变形,因此飞机结构的精确度不易保证;再次,飞机零件的数量特别多,装配工作量大,大型飞机的零件有几万个之多,而铆钉的数量就可达几十万,所以装配特别费时。在飞机结构设计时,设计人员应当使所设计的结构,满足技术要求中规定的对结构的一些基本要求。

1.气动要求

当结构与气动外形有关时,结构设计应使结构构造的外形能满足规定的外形准确度要求和表面质量要求。这些要求主要与气动阻力和升力特性有关。为了保证飞机在气动上具有设定的良好稳定性与操纵性,机翼、尾翼与机身不容许有过大的变形。

2.质量要求

结构应在具有足够的强度、刚度、寿命和可靠性的前提下,使结构质量尽可能轻。

结构设计应保证结构在承受各种规定的载荷状态下,具有足够的强度,不产生不能容许的残余变形;具有足够的刚度与采取其他措施以避免出现不能容许的气动弹性问题与振动问题;应该有好的抗疲劳/断裂破坏能力(飞机的许多结构常处于交变/循环载荷的作用下,容易产生疲劳形式的破坏),具有足够的寿命等,保证飞行安全;应具有高的可靠性和生存力(在规定的时间和规定的条件下,结构能完成规定功能的能力称为结构的可靠性。飞机的可靠性是无故障性、维修性、耐久性和储存性的综合指标)。这一条要求可以简称为最小质量要求,或质量要求。

3.使用维护要求

为了确保飞机的各个部分(包括装在飞机内的电子设备、燃油系统等各个重要设备和系统以及主要结构)能安全、可靠地工作,需要在规定的周期,检查各个需要检查的地方,如发现损伤,则需要进行修理或更换。

缩短维护及检修工作的时间,可以保证飞机随时处于临战状态或者重新起飞状态,可以提高军用飞机的作战使用率和提高民用飞机的使用经济性。为了保证维护、检修工作的高质量、高速度进行,在结构上需要布置合理的分离面与各种开口。

4.工艺性要求

要求飞机结构的工艺性要好,即加工要快、成本要低等。这些需结合机种、产量、需要迫切性与加工条件等因素综合考虑。

(二)对基本要求的分析

上述各项要求之间是互相联系、互相制约的,有些还是相互矛盾的。因此,需分析这些要求之间的相互关系,分清主次,综合考虑。

(1)气动要求是一种"前提性"要求,即设计出的结构必须满足气动要求,并在满足气动条件的前提下,要求结构质量尽量轻、使用方便、工艺性良好等。

例如,在机翼与尾翼的前缘,一般不布置桁条而只布置翼肋,这是因为前缘形状对气动阻力和升力的影响较大。加上桁条后,前缘在受到气动力作用发生变形后截面的形状特性较差,如图 2-1-3 所示。

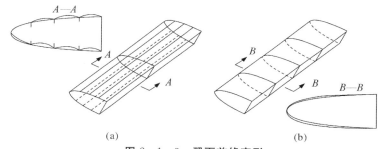

图 2-1-3　翼面前缘变形

(2)使用要求也是一种前提性要求,即根据飞机的机种、使用特点规定了使用、维护要求。因此,要求结构有与之相应的"开敞性",即在结构上必须有相应的设计分离面和开口,以保证维护人员有接近内部装载或内部结构的通道,并使相应结构的拆装迅速、可靠。

(3)工艺要求是一种"条件性和发展性"要求。"条件性"是说结构的工艺性好坏要结合飞机生产的条件,如产品数量、产品工期、加工条件等;"发展性"是针对产品数量和加工条件。某些加工工艺适合小批量生产,某些加工工艺适合大批量生产,某些加工工艺在设计时还不具备,但在生产时可实现。

(4)质量要是飞机结构设计的主要要求。对军用飞机而言,质量与起飞着陆性能有很大关系,与航程及爬升率等机动性指标关系较大,故减轻质量是军用飞机结构设计的主要要求。

四、飞机结构设计思想的演变

飞机结构设计思想是保证飞机结构安全的指导思想,它来源于自然科学相关理论和飞机的使用实践,同时也会受到所处时代的科技水平和生产力水平的制约。飞机设计不断提出的更高、更新的要求促使飞机设计思想不断地的发展与演变,这是飞机发展史上的一大特点。这种演变,对军用飞机而言,主要取决于飞机的作战性能、生存力、生产成本和使用消耗等全寿命成本。飞机结构设计思想的演变过程大致可分为五个阶段。

(一)静强度设计阶段

从飞机设计之初至今,飞机结构设计都应满足最基本的静强度要求。20 世纪 30 年代之前,飞机结构设计则只需满足静强度要求,即结构材料的极限载荷(或称极限承载能力)P_u 应大于或等于应大于飞机的设计载荷 P_d,设计载荷则等于飞机的实际使用载荷 P_e 乘以一个大于 1 的安全系数 f。此设计准则的表达式为

$$P_u \geqslant P_d \qquad\qquad (2-1-1)$$
$$P_d = f \cdot P_e \qquad\qquad (2-1-2)$$

式中:P_d—— 设计载荷;

$\quad P_e$—— 使用载荷;

$\quad f$—— 安全系数;

$\quad P_u$—— 极限载荷。

显然,安全系数就是保证飞机在承受最大使用载荷时,其结构不会破坏而又有一定强度储备的系数。安全系数 f 越大,结构的承载余量越大,也就越安全;但这样会使结构重量增加,降低了飞机的飞行性能。因此,安全系数应根据既保证结构有足够的强度、刚度,又使结构不致过重的原则来确定。对于传统的金属结构,安全系数一般取 1.5;对于先进复合材料结构,安全系数需要在 1.5 的基础上再乘以 1.3,由此来覆盖复合材料在材料制备、结构制造中的分散性。应注意的是,飞机结构的不同零件、构件和部件,其安全系数的值可能是不同的。

(二)静强度和刚度设计阶段

随着飞机飞行速度和技术性能要求的提高,飞机机翼开始采用阻力系数较小的薄翼型和后掠构型,结构刚度相对有所降低,使气动弹性问题日益突出。飞机飞行过程中出现的副翼反效和机翼颤振等问题使飞机设计师意识到飞机结构不仅要有足够的强度,还应该具有足够的刚度,也就是说结构不仅不能破坏,而且也不能发生超过限制的弹性变形。同时还要避免结构固有频率接近激励载荷频率,防止出现振动发散。结构刚度设计准则表达式为

$$\delta \leqslant |\delta| \qquad\qquad (2-1-3)$$

式中:δ——结构在设计载荷下的变形量;

$\quad [\delta]$——允许的结构变形量。

针对气动弹性问题提出的刚度要求表达式为

$$f \cdot V_{max} \leqslant V_{cr} \qquad\qquad (2-1-4)$$

式中:V_{max}—— 飞机的最大飞行速度;

$\quad V_{cr}$—— 飞机结构的颤振临界速度;

$\quad f$—— 安全系数。

采用静强度和刚度设计准则的典型飞机有美国野马(MUSTANG)战斗机、C-47 运输机和英国的彗星(COMET)喷气式客机等。

(三)静强度、刚度和疲劳安全寿命设计阶段

在第二次世界大战后的 10 多年中,世界各国的军用和民用飞机相继出现了因结构疲劳破坏造成的灾难性事故。1953—1954 年期间,"彗星"Ⅰ型客机接连发生了 3 次坠毁事故,

导致彗星客机停飞。后来调查研究表明,由于对增压座舱的结构设计经验不足,长时间飞行以及频繁起降使机体反复承受增压和减压载荷。这种变化的载荷引发金属结构疲劳是"彗星"Ⅰ型客机解体坠毁事故的原因。这是民航历史上首次发生因金属结构疲劳导致的空难事件。彗星客机共有 13 架发生事故而损坏,其中大多数是因金属结构疲劳以及设计方面缺陷造成的。显然,仅考虑飞机结构的静强度和刚度无法保证飞机的安全。

随着飞机飞行速度和高度的增加、高强度和超高强度金属材料的使用,结构疲劳问题日益突出。为防止飞机结构疲劳引起灾难性事故,采用疲劳统计学的高可靠度、大分散系数限制飞机使用寿命,控制危及飞行安全的损伤发生,形成了安全寿命设计思想,其设计准则表达式为

$$N_e \leqslant N_s = N_{ex}/n_f \tag{2-1-5}$$

式中:N_e——飞机实际使用寿命;

$\qquad N_s$——飞机结构的安全寿命;

$\qquad N_{ex}$——结构的疲劳试验寿命;

$\qquad n_f$——疲劳分散系数,一般取 $4 \sim 6$。

安全寿命设计思想基本的思路是,用结构疲劳试验寿命除以安全系数后作为结构的安全寿命,实际使用寿命小于安全寿命,本质上是通过提高疲劳寿命裕度来保证结构的安全的。

(四)静强度、刚度和损伤容限与经济寿命设计阶段

随着航空事业的长足发展,特别是飞机的广泛使用,安全寿命已无法满足用户对飞机长寿命、高可靠性和低维修成本的使用要求。在 20 世纪 60 年代末到 20 世纪 70 年代初的几年中,按照疲劳安全寿命设计的多种美国空军飞机出现了意外的断裂事故,见表 2-1-1。

表 2-1-1　典型的飞机结构疲劳断裂事故

年　份	机　型	疲劳破坏情况	试验寿命	实际破坏寿命
1969	F-111	机翼枢轴接头板断裂	>40 000 h	约 100h
1970	F-5A	机翼中部切面断裂	约 16 000 h	约 1 000 h
1972	KC-135	机翼蒙皮壁板断裂	—	—
1973	F-4	机翼机身接头下耳片断裂	>11 800 h	1 200 h

事实表明,按照安全寿命设计准则设计的飞机结构并不能保证其在安全寿命周期内安全运行。主要原因是这一准则没有考虑结构在使用之前实际上就已经存在初始缺陷。这些缺陷是在材料冶炼、生产制造、运输和装配过程中不可避免地存在或产生的,比如冶炼过程中的气泡在材料冷却固化后成为孔洞,加工过程中留在工件表面的刀痕,运输装配中意外的低能量碰撞等。尽管这些缺陷十分微小,但大大降低了高强度和超高强度合金的断裂韧性。在疲劳载荷作用下,这些缺陷不断扩展,直至最终发生不可控快速扩展,从而造成构件断裂。为了解决这个问题,美国空军于 1971 年在军用规范中提出了安全寿命/破损安全结构设计思想作为过渡措施,并于 1975 年颁布了第一部损伤容限设计规范。结构在规定的未修使用周期内,抵抗由缺陷、裂纹或其他损伤而导致破坏的能力称为损伤容限。具体地说,损伤容

限就是允许结构存在缺陷或其他损伤,但要将这些缺陷或损伤限制在一定的范围内,并保证这些缺陷在下次检查之前不会扩展到使飞机出现灾难性事故。

损伤容限设计思想承认结构在未使用前就存在一定程度的未被发现的初始缺陷、裂纹或其他损伤,通过损伤容限特性分析与试验,对于不可检查结构给出允许的最大初始缺陷,对于可检查结构给出检查周期。

可检查结构设计成破损安全结构,其设计准则为

$$\eta_{fa} \geqslant \eta_e = \eta_d / f \qquad (2-1-6)$$
$$N_{ex,fa}/4 \geqslant H \qquad (2-1-7)$$

式中: η_{fa}—— 含损伤结构的剩余强度系数;

η_e—— 使用剩余强度系数;

η_d—— 设计剩余强度系数;

f—— 强度安全系数;

$N_{ex,fa}$—— 疲劳试验寿命;

H—— 检查周期。

不可检查结构设计成缓慢裂纹扩展结构,其设计准则为

$$N_{a_0 \to a_{cr}} \geqslant N_e = N_{ex}/n \qquad (2-1-8)$$

式中: $N_{a_0 \to a_{cr}}$—— 裂纹从 a_0 扩展到 a_{cr} 时的疲劳寿命;

a_0—— 初始裂纹长度;

a_{cr}—— 临界裂纹长度;

N_{ex}—— 疲劳损伤容限试验寿命;

N—— 损伤容限疲劳分散系数,一般取 2。

20 世纪 80 年代末,美国的飞机结构设计放弃了安全寿命设计思想而采用经济寿命设计思想。所谓经济寿命是指结构实际使用的寿命。结构使用到一定时间后产生了疲劳损伤,需进行修复,如果破损较为严重,不修不能用,再修又不经济,此寿命即为经济寿命。经济寿命与安全寿命相比,其最大的差别是靠损伤容限设计技术保障飞行安全,从而可以充分发挥机体结构的潜力,使飞机获得更长的使用寿命,即在损伤容限设计制定的飞机结构检查措施保障飞行安全的前提下,经济寿命允许结构在使用寿命期间产生损伤裂纹,但通过经济修理可以继续使用。当结构出现的损伤(疲劳、断裂、磨损和腐蚀等)影响飞机的使用功能和飞行安全,而修理又不经济(修理费用超过飞机本身的使用价值)时,则认为机体结构已达到了经济寿命。该经济寿命定义用来判断用户的具体飞机是否到达经济使用的退役寿命是明确的,但为获得用户满意的经济使用寿命,在飞机研制阶段就必须制定飞机结构耐久性/损伤容限设计和评定的具体要求,对经济寿命进行可靠性设计。

(五)可靠性设计阶段

人们对客观世界中物质的认识,总是逐渐由确定性的值向不确定性的分布过渡的。结构工程中对于不确定性的研究,也随着概率与数理统计、随机过程理论的日益完善,以及数学领域中新兴学科的发展而日益深入和广泛。

随着现代科学技术的不断发展,大型工程结构系统(如飞机结构系统)越来越庞大,越来

越复杂,各种不确定性的表现也随之越来越突出。实际结构可靠性工程中经常广泛存在随机、模糊、未知然而有界等多种不确定性信息。可靠性问题的提出,就是源于这些不确定性的存在。随着人们对产品质量要求的日益提高,可靠性逐步成为科学和工程中一个非常重要的概念。

飞机结构在规定的条件下,规定的时间内,完成规定功能的能力称为飞机结构的可靠性。结构可靠性设计思想将各种设计变量看作随机变量,将设计准则转换为随机设计准则。衡量结构可靠性水平的标准包括结构在任意时刻的可靠度 $R(t)$、可靠寿命 $CR(t_r)$、失效率 $\lambda(t)$、有效寿命、平均寿命 MTTF(Mean Time To Fail)、平均无故障工作时间 MTBF(Mean Time Between Fail) 等。若单纯以可靠度作为设计准则,其表达式为

$$R_s \geqslant R_s^* \tag{2-1-9}$$

式中:R_s——结构系统的可靠度;

R_s^*——结构系统的可靠度指标。

目前,可靠性设计思想已经广泛应用于军用和民用飞机结构设计中,进一步提高了飞机结构的安全性。在 F-35、F-22 等新一代战斗机研制过程,美军把可靠性技术作为降低全寿命周期费用的重要工具之一,注重可靠性技术的综合化、自动化、智能化和军民两用化,确保飞机的可靠性水平得到全面提高。近年来,随着我国舰载机、大型军用运输机等新型号相继问世,对可靠性技术也提出了更高的要求

我国的飞机设计也经历了以上演变过程。目前在结构设计中也遵循以上各准则,并制定了相应的规范性文件。根据我国具体情况,新机设计可有两种典型配套方案——安全寿命(疲劳)/损伤容限设计;损伤容限/经济寿命(耐久性)设计,从而形成了包括结构强度(静、动强度)、刚度、损伤容限、安全寿命(疲劳)或经济寿命(耐久性)的结构完整性设计要求。

五、飞机结构试验

为保证飞机安全,设计规范明确规定了飞机在研制、定型的过程中需要进行多种试验。对飞机结构来说,试验包括地面强度试验和飞行试验。通过试验验证的飞机,其安全性会得到有效保证,作为飞行员,在严格遵守结构的使用限制下,可大胆放心操纵使用飞机。

地面试验包括静力学试验、疲劳试验和动力学试验等。静力学试验主要检查飞机结构在使用载荷、设计载荷和破坏载荷作用下的应力状态、安全系数与剩余强度系数,并测量变形,校核刚度,从而判断结构是否满足静强度设计要求。疲劳试验是为了保证飞机在整个使用过程中承受环境和重复载荷的安全性,给出飞机结构在特定交变载荷作用下,结构的应力分布变化、裂纹的形成寿命、扩展寿命和剩余强度数据。动力学试验包括结构动力学特性试验和动强度试验,主要包括结构刚度试验、地面振动试验及起落架落振和摆振试验。此外还包括离散源撞击试验、机体结构的适坠性试等。该类试验可以检查受动载荷的强度和载荷频率、结构变形与损伤情况,并得出结构的冲击强度、交变应力特性和试验寿命等。

除了完善的地面强度试验外,飞机还需要完成飞行试验,主要包括气动试验、飞行载荷试验、各系统的功能可靠性试验等。气动试验主要用于检查飞机低速与高速性能、颤振临界速度范围、操纵性与稳定性。飞行载荷试验主要得出飞行载荷随飞机状态的变化规律,评估飞行载荷与突风载荷强度及对结构的影响。各系统的功能可靠性试验用于检查在各种环境

条件下,飞机长时间飞行过程中各系统的工作状态。

第二节　飞机的外载荷与使用限制

飞机在使用过程中要经历和承受各种各样的正常与非正常载荷。飞机的外载荷是指飞机在起飞、飞行、着陆和地面滑行等使用过程中,作用在机体各部分上的空气动力、重力和地面反力等外力的总称。外载荷的大小取决于飞机的重量、飞行性能、外形的气动特性、起落架的减震特性、座舱增压特性以及操纵控制等诸多因素。在外载作用下飞机结构有可能产生有害的永久变形、裂纹,甚至断裂失效。为此飞机结构设计时对某些飞行参数提出了一般性的限制要求,飞行员使用时不允许超出强度限制范围,从而使飞机结构一直处于安全状态。

一、外载荷的分类

作用在飞机上的外载荷可按不同的方法进行分类。外载荷按使用情况的不同,分为飞行时的外载荷和起飞、着陆、滑行、地面操纵时的外载荷两类。外载荷按力的性质的不同,可以分为两大类:一类是与飞机质量和加速度有关的力,如重力、惯性力等,称为质量力;一类是由物体之间直接接触作用而产生的作用在飞机表面上的力,如气动力、发动机的推力、地面反力等,称为表面力。所谓飞机的外载荷就是质量力和表面力的总称。

按作用方式,载荷主要分为集中载荷和分布载荷。集中载荷是指其作用区域相对于构件的尺寸来说很小,可以简化为集中作用于一点的载荷。分布载荷是指作用区域相对于构件尺寸来说不可忽略,一般作用在一个体积、面积或长度上的载荷。如果分布载荷的作用面积相对较小,可以把它近似看作是集中载荷,这样在工程中可使问题简化。图2-2-1为典型机翼流场和双凸翼型压力分布,双凸翼型上、下翼面为分布吸力,前缘为压力,可见作用于机翼上的空气动力载荷属于分布载荷。吊装在机翼下方的发动机重力对机翼来说则可认为是集中载荷。

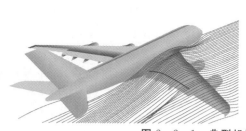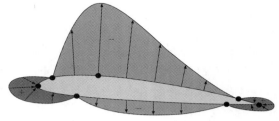

图2-2-1　典型机翼流场和双凸翼型压力分布

根据载荷作用于构件的性质不同,载荷可分为静载荷和动载荷。如果载荷是从零逐渐加载到构件上去的,或者载荷加到构件上后,它的大小和方向不变或变化很小,则这种载荷被称为静载荷。如飞机停放时起落架所承受的载荷,就是一种静载荷;又如,机务人员使用千斤顶顶升飞机时,机体结构顶升点所承受的载荷是逐渐增大的,它也属于静载荷。

如果载荷是突然加到构件上去的,或者载荷加到构件上后,它的大小和方向(或其一)随时间有显著变化,这样的载荷称为动载荷。如飞机着陆时起落架所受到的地面冲击力;飞机增压座舱的余压,在飞行过程中会发生变化,这些都属于动载荷。动载荷对飞机结构造成振动、冲击和疲劳。

二、过载

飞机外载荷只能反映飞机受力的大小和方向,为便于看出飞机在某一飞行状态时受力的严重程度,通常将当时飞机所受到的表面力合力与飞机重力进行比较,这就是过载(全称为载荷因数)。

(一)飞机过载的定义

作用在飞机某方向的表面力的合力与飞机重力的比值,称为该方向的飞机过载,如图 2-2-2所示。

$$n_i = \frac{i\ 方向表面力的合力}{飞机重力}(i = x、y、z) \qquad (2-2-1)$$

1. y 方向(飞机立轴)的过载 n_y

飞机在 y 方向的表面力就是升力 Y,因此飞机 y 方向过载为

$$n_y = \frac{Y}{G} \qquad (2-2-2)$$

2. x 方向(飞机纵轴)的过载 n_y

作用于飞机 x 轴方向的表面力的合力与飞机重力的比值,称为 x 方向的飞机过载。x 方向的表面力为发动机推力 P 和阻力 X,如图 2-2-2所示。因 P 的方向与 x 轴的方向一致,故取正号;X 的方向与 x 轴的方向相反,故取负号。那么

$$n_x = \frac{P-X}{G} \qquad (2-2-3)$$

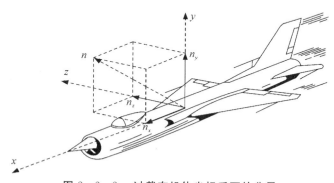

图 2-2-2　过载在机体坐标系下的分量

3. z 方向(飞机横轴)的过载 n_z

作用于飞机 z 轴方向的表面力的合力与飞机重力的比值,称为 z 方向的飞机过载。例如,当飞机侧滑时,作用于 z 轴方向的空气动力 P_z 就是 z 轴方向的表面力,则有

$$n_z = \frac{P_z}{G} \qquad (2-2-4)$$

由于 x 方向除了用火箭助推或制动减速可使瞬时过载较大外,其他情况下过载都很小,而 z 方向除了飞机侧滑时受侧风影响外,其他情况较少产生侧向过载,所以这里对这两个方向上的过载不做详细讨论。在飞机机动飞行或飞行中遇到突风时,y 方向的过载往往很大,对飞机结构的受力影响最严重,因此,下面着重讨论 y 方向的过载 n_y。

n_y 的正、负号与升力的正、负号一致,而升力的正、负号取决于升力与飞机 y 轴(立轴)的关系。如果升力的方向与 y 轴相同,则取正号;反之,则取负号。过载越大,表示升力比飞机重量大得越多,飞机受载越严重。

(二)飞机过载的意义

飞机的过载值表明了飞机总体受力的大小。由 $Y = n_y G$ 可以看出,n_y 越大,作用在飞机上的升力 Y 也越大。设计飞机时,必须在强度和刚度上保证结构能够承受由于过载所产生的载荷,否则,飞机作机动飞行或遭受突风载荷时,安全就无法得到保证。操纵使用飞机时,过载不能超出设计所允许的范围,否则,飞机结构就要产生永久变形,甚至整机破坏。例如,某飞机在飞行中,飞行员由于错觉掉高度,用过载 $n_y = 10$ 的急剧动作将飞机拉起。着陆后,经地面检查发现,该机机翼产生了较大的永久变形:左、右机翼的下反角都减小了,左、右机翼都产生了较大的向前扭转变形,左、右机翼轮舱上蒙皮和左、右机翼的翼刀都有鼓包,左、右翼根整流包皮后缘上翘。

飞机的过载值反映了机动动作的剧烈程度或飞行中所经历的突风大小。图 2-2-3 给出了飞机作特技飞行时的过载,从图中可大致判断出不同飞行状态下飞机的受载情况。无论是歼击机、强击机或大型轰运机,设计时都是选取各自的最大使用过载来设计的,一旦飞机设计制造出来,其强度和刚度就决定了。使用中过载值不允许超过规定的最大使用过载。各型飞机规定的最大使用过载值,可在该型飞机的技术说明书中查到。

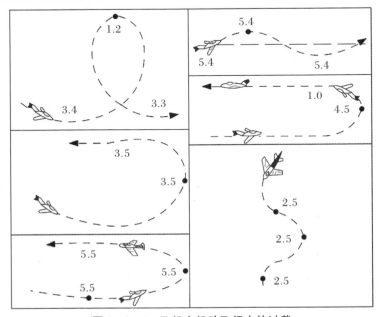

图 2-2-3　飞机在机动飞行中的过载

为使飞行员了解飞机在飞行中受力的大小,早期飞机座舱内装有指示过载的过载表(或加速度表),现代战斗机在平显上给出过载值。飞行中,飞行员应注意过载表的指示,防止飞机过载超过规定值。正过载太大,将出现人体脑部缺血现象,人可承受的最大正过载为＋8;负过载太大,将出现人体脑部充血现象,人可承受的负载不能低于－4,否则眼睛会出现"红视"状态。

三、典型飞行状态下外载荷与过载

在飞行中,作用在飞机上的外载荷与飞行状态(飞行速度、高度和迎角及其变化率等)有关。通常,根据飞行中大气的运动情况,飞机在飞行中经受的载荷可以分为两部分:①在静止空气中运动时受到的载荷,即机动载荷;②在大气紊流中飞行时的载荷,即大气紊流载荷。本节研究飞机在水平等速直线飞行、在垂直平面内机动飞行、在水平面内机动飞行以及在飞行中遇到突风等典型状态下作用在飞机上的外载荷。

(一)水平面内的匀速直线飞行

飞机在等速直线平飞时(见图2-2-4),它所受的力有飞机重力 G、升力 Y、阻力 X 和发动机推力 P。为了简便起见,假定这4个力都通过飞机的重心,而且推力与阻力的方向相反,则作用在飞机上的力的平衡条件为,升力等于飞机的重力,推力等于飞机的阻力,即 $Y=G$,$P=X$。

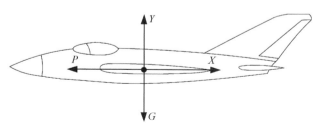

图 2-2-4　等速水平直线飞行

飞机作平飞时若推力大于阻力,飞机就要加速;反之,则减速。由于在飞机加速或减速的同时,驾驶员减小或增大了飞机的迎角,使升力系数减小或增大,因而升力仍然与飞机重力相等。等速直线平飞中,飞机的升力虽然总是与飞机的重力相等.但是,飞行速度不同时,飞机上的气动载荷的分布状态(局部空气动力)是不相同的,如图2-2-5所示。

飞机以低速度平飞时,迎角较大,机翼上表面受到吸力,下表面受到压力,这时的局部气动载荷并不很大;而当飞机以高速度平飞时,迎角较小,对采用双凸翼型的机翼来说,除了前缘要受到很大压力外,上、下表面都要受到很大的吸力。翼型越接近对称形状,机翼上、下表面的局部气动载荷就越大。因此,如果机翼蒙皮刚度不足,在高速飞行时,就会被显著地吸起或压下,产生明显的鼓胀或下陷现象,影响飞机的空气动力性能。机身、座舱盖、弹舱门和舱口盖等部位也会受到类似的吸力作用。飞行速度越大,吸力越大,铆钉和舱门(口盖)锁的受力就越大。因此在飞行中,应严格控制不同条件下的最大平飞速度和飞机的俯仰姿态。

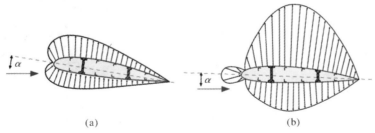

图 2-2-5　不同速度平飞时机翼的局部气动载荷

(a)小速度飞行;(b)大速度飞行

根据过载的定义,飞机等速直线平飞时的过载为

$$n_x = \frac{P - X}{G} = 0 \qquad (2-2-5)$$

$$n_y = \frac{Y}{G} = 1 \qquad (2-2-6)$$

$$n_z = 0 \qquad (2-2-7)$$

(二)垂直平面内的曲线飞行

飞机在垂直平面内作曲线飞行的受载情况如图 2-2-6 所示,作用于飞机的外力仍是飞机的重力、升力、阻力和发动机的推力,但这些外力是不平衡的。

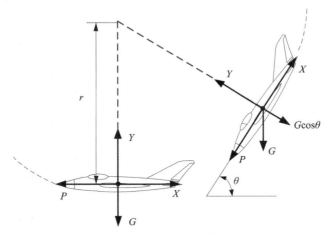

图 2-2-6　垂直平面内的曲线飞行

飞机在如图 2-2-6 所示位置 a 时,把作用力(Y,G,P,X) 和惯性离心力一起投影到飞机运动的径向,其总和应等于零,则动平衡方程可写为

$$Y - G\cos\theta - m\frac{V^2}{r} = 0 \qquad (2-2-8)$$

或

$$Y - G\cos\theta - \frac{G}{g}\frac{V^2}{r} = 0 \qquad (2-2-9)$$

式中：g—— 重力加速度；

V—— 飞行速度；

r—— 飞行轨迹的曲率半径。

由此可以得出

$$Y = G\cos\theta + \frac{G}{g}\frac{V^2}{r} = G\left(\cos\theta + \frac{V^2}{gr}\right) \qquad (2-2-10)$$

$$Y = G\left(1 + \frac{V^2}{gr}\right) \qquad (2-2-11)$$

根据过载的定义，飞机在垂直平面内作曲线飞行时的过载表达式为

$$n_y = \frac{Y}{G} = \frac{V^2}{gr} + \cos\theta \qquad (2-2-12)$$

由于飞机在各个位置的 θ 角不同，飞机的飞行速度和飞行轨迹的曲率半径也不同，所以飞机的过载是经常变化的。从式（2-2-11）可以看出，飞机在垂直平面内作机动飞行俯冲拉起时，升力可能大大地超过飞机的重力。飞机的机动动作越剧烈，升力大于重力越多，飞机受力越严重。在这种情况下，飞机机翼翼根部位往往要承受较大的载荷。当 $\theta = 0°$ 时，n_y 取得极值。其他参数不变的情况下，控制速度、加大曲率半径，可减小受力。

（三）水平面内的曲线飞行

飞机水平转弯或在空中作水平盘旋时，具有一定的倾斜角（坡度）β，如图 2-2-7 所示。这时升力的水平分量 $Y\sin\beta$ 为飞机提供向心力，使飞机做圆周运动；升力的垂直分量 $Y\cos\beta$ 平与飞机重力 G 平衡，保证飞机不掉高度：

$$Y\cos\beta = G \qquad (2-2-13)$$

$$Y\sin\beta = ma_n = m\frac{V^2}{R} \qquad (2-2-14)$$

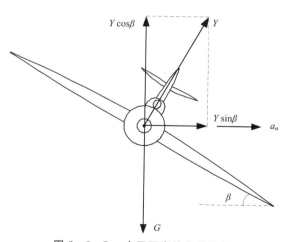

图 2-2-7　水平面内的曲线飞行

飞机的 y 向过载和盘旋半径分别为

$$n_y = \frac{1}{\cos\beta} \qquad (2-2-15)$$

$$R = \frac{V^2}{g\sqrt{n_y^2-1}} \qquad (2-2-16)$$

从以上分析可见，飞机水平转弯时，$\cos\beta$ 总是小于1，故升力总是大于飞机的重力；倾斜角越大，$\cos\beta$ 越小，因而升力越大。实际飞行中，由于受到发动机推力和机翼临界迎角的限制，飞机能够产生的升力是有限的，所以飞机转弯的倾斜角也是有限制的。目前一般歼击机正常转弯的最大倾斜角为 $75° \sim 80°$，飞机升力为飞机重力的 $4 \sim 6$ 倍。一般运输机正常转弯的最大倾斜角为 $30° \sim 40°$，飞机升力为飞机重力的 $1.16 \sim 1.31$ 倍。因此，水平转弯时，所需升力随坡度增大而增大，控制坡度则可减小结构受力。升力大则要求发动机功率和机翼临界迎角大，飞行中绝不能任意压大坡度转弯而导致失速。

综上所述，曲线飞行中，飞机的受力往往很大，而且力的大小与飞行速度、曲率半径有关，或与转弯倾斜角有关。正常情况下，飞行员必须按照规定的速度、坡度等数据柔和地操纵飞机，以免飞机受力过大。

四、在大气紊流中的飞行载荷

以上分析的飞机飞行载荷，都是依照飞行特性等主观因素决定的，在实际的飞行中，大气状态是变化的，比如气流会出现水平或垂直运动，称为大气紊流（或突风）。突风的速度能达到 $15 \sim 20$ m/s（雷雨中可达 50 m/s），可能使飞机承受很大的过载。任一突风均可分解为水平突风、垂直突风和侧向突风。

（一）水平突风载荷

水平突风（逆风或顺风）又称航向突风。飞机在水平等速直线飞行中遇到水平突风时，相对于飞机的气流速度等于原来的平飞速度 V_0 加上水平突风速度 ΔV，如图 2-2-8 所示。

$$V = V_0 + \Delta V \qquad (2-2-17)$$

此时升力为

$$Y = C_y \frac{1}{2}\rho(V_0 + \Delta V)^2 S \qquad (2-2-18)$$

展开后略去二阶微量 ΔV^2（ΔV 相对于 V_0 是微量），得

$$Y = C_y \frac{1}{2}\rho(V_0 + \Delta V)^2 S = C_y \frac{1}{2}\rho V_0{}^2 S + C_y\rho V_0\Delta V S = Y_0 + \Delta Y \qquad (2-2-19)$$

由于水平突风速度 ΔV 比飞机的平飞速度 V_0 小得多，即使在很强烈的水平突风中，$\Delta V/V_0$ 的数值也不会超过 0.15，所以升力增加很小，即 ΔY 很小。但在飞机起飞、着陆时，绝不能忽视顺风产生的负升力增量，它可导致飞机突然掉高度。

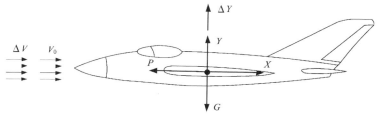

图 2-2-8 飞机遇到水平突风时受载

（二）垂直突风载荷

垂直突风不仅改变相对气流的速度大小，而且改变方向，导致迎角发生变化，使升力改变量较大。

当飞机以速度 V_0 平飞时，如果遇到速度为 W 的垂直突风，如图 2-2-9 所示。

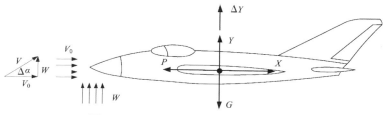

图 2-2-9 飞机遇到垂直突风时受载

合成气流的速度 V 不仅在数值上要比 V_0 大，而且方向也发生了变化，相当于迎角有了一个增量 $\Delta\alpha$，其数值为

$$\Delta\alpha \approx \frac{W}{V_0} \qquad (2-2-20)$$

由于 W 比 V_0 小得多，所以速度大小的变化可以略去不计，即 $V = V_0$。此时升力的增量 ΔY 主要取决于 $\Delta\alpha$，即

$$\Delta Y = C_y^\alpha \Delta\alpha \frac{1}{2}\rho V_0^2 S = C_y^\alpha \frac{W}{V_0} \frac{1}{2}\rho V_0^2 S = C_y^\alpha \frac{1}{2}\rho V_0 W S \qquad (2-2-21)$$

飞机遇到上升或下降突风时的总升力为

$$Y = Y_0 + \Delta Y = C_y(\alpha_0 + \Delta\alpha)\frac{\rho V^2}{2}S \qquad (2-2-22)$$

式中：Y_0——飞机水平等速直线平飞时的升力；

C_y^α——升力系数曲线（直线段）的斜率；

V_0——水平等速直线飞行的速度；

W——垂直突风速度（向上为正，向下为负）；

S——机翼面积。

实际上，突风的作用对飞机的影响不是突然发生的（迎角和升力不会发生突变），突风过载在计算时要乘以一个垂直突风衰减系数 $K(K<1)$。

若突风作用前飞机正在做匀速直线水平飞行，即突风作用前过载为 1，则突风作用后的过载为

$$n_y = 1 \pm \frac{C_y^\alpha \rho v W}{2G/S} K \quad (\text{上突风取“＋”，下突风取“－”}) \qquad (2-2-23)$$

当飞机遇到比较强烈的垂直上升突风时，其升力可达飞机重力的 5 倍；遇到垂直下降突风时，升力可能变成负值。对于战斗机，突风载荷通常在其设计范围内；对于机动性较差的重型飞机，垂直突风的影响十分显著，需要重点考虑。

侧向突风将使飞机产生侧滑同时作用于垂直尾翼而产生附加空气功力，是民用运输机垂尾强度设计时必须考虑的问题。在大气紊流区飞行时常常是垂直、航向与侧向突风同时作用，导致飞机产生剧烈颠簸。

五、着陆载荷

飞机着陆接地时的速度可分解为水平分速和垂直分速。由于水平分速是在着陆滑跑过程中逐渐减小的，因此飞机受到的水平方向载荷不大；垂直分速是在飞机与地面撞击后很短的时间内减小为零的，故飞机受到的垂直方向撞击力较大。飞机着陆接地时承受的载荷，主要就是作用于起落架的垂直撞击力。飞机接地时垂直方向的着陆过载，定义为起落架的实际着陆载荷 P_{ld} 与飞机静止停放于地面时起落架的停机载荷 P_{st} 的比值，即

$$n_y = \frac{P_{ld}}{P_{st}} K = \frac{G + N_y - Y_{ld}}{G} \qquad (2-2-24)$$

式中：n_y——着陆时飞机的 y 向惯性力；

Y_{ld}——着陆时飞机上的升力。

一般情况下，着陆过载最大可达到 3～4。飞机在地面的运动情况是多种多样的，因而飞机在地面机动时也可能出现 n_x（如起落架与地面撞击或机轮刹车时）和 n_z（如侧滑着陆），如图 2-2-10 所示。

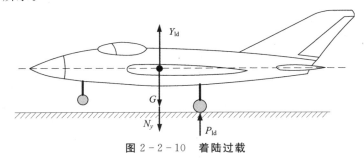

图 2-2-10　着陆过载

六、其他载荷

飞机的其他载荷主要包括热载荷、噪声（声振）载荷、鸟撞载荷和瞬时响应载荷等。

（一）热载荷

飞机飞行时，外部或内部热源会加热结构。外部热源有气动加热和太阳辐射，内部热源包括飞机上的各种会产生热量的设备，如动力装置、电子设备、电气设备等。一般来说飞机飞行高度小于 40 km 时可忽略太阳的辐射热，此时飞行器的温度状态主要由气动加热情况决定。当飞机以超声速飞行时，靠近流线体表面的气流由于摩擦和压缩被阻滞，特别是附面

层区域的空气会受到强烈的阻滞,热量从此处通过对流的方式进入结构,使结构温度升高。美国的 SR - 71 高空侦察机在设计试飞阶段就出现过由于气动加热导致超声速飞行时油箱破裂漏油的情况。气动加热对结构的影响表现在很多方面,结构温度的升高会导致材料机械性能衰退,引起材料发生蠕变、结构失稳、刚度和承载能力下降等问题。在热载荷频繁作用时,结构还可能发生热疲劳现象,导致结构刚度和强度下降。

(二)噪声(声振)载荷

噪声主要有动力装置噪声(包括螺旋桨、转子、涡轮风扇、压气机、喷气等所产生的噪声)、空气动力噪声(包括附面层压力波动、尾流噪声、激波振荡噪声等)以及机炮、火箭、导弹发射时产生的噪声等。据某型机实测结果表明,沿机尾罩外缘线成 30°角,距外缘线 2 m 处测得全推力状态时的声压高达 162.1 dB。在这样恶劣的高温、高声强环境下,结构经常出现铆钉松动、螺钉飞弹等现象,机翼整体油箱密封更易出现泄漏,严重影响飞机飞行安全和出勤率。

(三)鸟撞载荷

飞鸟撞击飞机,由于相对速度大,鸟又有一定的质量,因而会把结构(主要是飞行员座舱罩风挡玻璃)撞伤,飞鸟还可能经进气道被吸入发动机内,这些情况均将造成严重危害,并可能伤人员,导致严重事故。鸟撞也会对复合材料结构造成低能量冲击,引起层合结构分层以及强度、刚度剧烈下降的严重后果,必须予以考虑。现在的设计规范普遍规定了鸟撞载荷的设计要求。例如:有的规范规定,飞机在 2 000 m 以下最大设计飞行速度飞行时,飞机风挡及其支撑结构应能承受 7.8 kg 的飞鸟撞击而不致穿透,并要尽量防止撞坏的碎片伤害人员。同时对发动机进气道的鸟撞载荷指标也做了规定,避免影响飞机的飞行安全。

(四)瞬时响应载荷

瞬时响应载荷如起飞助推、外挂物的投放、弹射、拦阻等对飞机结构作用的载荷。

七、飞机的使用限制

由前面分析可知,飞机设计时所确定的结构强度与飞机飞行时可以承受的外载荷、过载等密切相关。为保证飞行安全,需要对飞机的飞行速度范围、高度范围、飞行载荷、飞行环境等提出一些限制,以免发生结构损坏、解体、失速等影响飞行安全的事故或事故征候。为此《飞机结构强度规范》对某些飞行参数提出了一般性的限制要求,而具体机型的《飞机飞行手册》则给出了明确的飞行限制参数,要求飞行员严格掌握。

通过前面的分析知道,飞机的升力 Y 等于飞机的过载 n_y 乘以飞机的重力 G,即

$$Y = n_y G \qquad (2-2-25)$$

同时由空气动力学知识可知

$$Y = C_y \frac{1}{2} \rho V^2 S \qquad (2-2-26)$$

因此得到

$$n_y G = C_y \frac{1}{2} \rho V^2 S \qquad (2-2-27)$$

如果等式右边用当量速度表示,则

$$n_y G = C_y \frac{1}{2} \rho_0 V_d^2 S \qquad\qquad (2-2-28)$$

式中

$$V_d = \sqrt{\frac{\rho_H}{\rho_0}} V_H$$

从式(2-2-28)可以看出,作用在飞机上的载荷与过载 n_y、飞机的重力 G、升力系数 C_y、海平面上的大气密度 ρ_0、当量速度 V_d 以及机翼的面积 S 等参数相关。其中 G、ρ_0、S 是不变的,而 n_y、C_y,及 V_d 是千变万化的,但它们的变化范围也要受到客观条件的限制。故把 n_y、C_y 及 V_d 的使用限制值称为飞行限制参数。

这些飞行限制参数是开展飞机结构强度设计的主要依据。飞行中不应超过规定的最大值,否则会导致飞机因受力过大而受损和空气动力性能的恶化,直接危及飞行安全。

(一)过载限制

过载 n_y 的限制参数称为最大使用过载,用 $n_{y\,max.\,sy}$ 表示。$n_{y\,max.\,sy}$ 的大小与飞机的飞行战斗性能和飞机结构的受力、设备的正常工作以及人员的生理机能等均有很大关系。$n_{y\,max.\,sy}$ 选得愈大,飞机作机动的能力就愈强,可急剧俯冲拉起、急跃升、大坡度盘旋,以实施突击,或快速有效地作第二次攻击。但是过载大了,结构受力就大,结构重量就会增加,各种机载设备也要在很大的惯性力作用下工作,对设备的要求也要提高,这样反过来又会影响整个飞机的飞行、战斗性能。

对歼击机、强击机来说,要求机动性越高越好。因此,从需要来说当然希望 $n_{y\,max.\,sy}$ 尽可能大些。但飞行员承受过载的能力受到生理条件的限制。试验表明,飞行员承受过载的能力与飞行员的身体素质、姿势和过载作用的时间有关。一般歼击机、强击机飞行员采用坐姿,过载作用时间 1.2 s 以上可以承受正向过载为 8~10,负向过载为 4~5。过载作用时间越短,则人体越能忍受较大的过载而不造成身体伤害。所以设计这类飞机设计时,一般最大使用过载取为 7~8,最小使用过载取为 -4。

中、轻型轰炸(半机动)飞机,不做剧烈的机动动作,它需要的最大使用过载值比歼击机、强击机的最大使用过载小,达不到飞行员生理条件的最大限制。最大使用过载一般是根据战术、技术要求来确定的。一般规定的最大使用过载为 4~6,最小使用过载为 -4~-3。

(二)速度限制

飞机平飞时能达到的最大速压称为最大平飞速压 q_{max},在俯冲终了时容许获得的最大速压,叫最大允许速压 $q_{max,max}$;与最大允许速压相对应的速度,叫最大允许速度 $V_{max,max}$。歼击机的最大允许速压,一般为最大平飞速压的 1.2~1.5 倍。

飞行速压代表着飞机表面承受的局部气动载荷(吸力或压力)的严重程度。速压越大,飞机受载越严重,对结构的要求就越高。如果飞机结构强度和刚度不足,蒙皮就会产生不允许的变形,甚至撕裂骨架,同时还可能产生副翼反效和机翼、尾翼颤振等现象。最大允许速压 $q_{max,max}$ 主要是根据飞机在执行战斗或其他任务的飞行中必须具有的速度性能来确定的,是飞机结构设计的主要依据之一,已定型飞机的结构强度是有限的,为保持飞机性能和飞行安全,必须对飞行速压加以限制。

速压是随着飞行速度和空气密度的增大而增大的,一般飞机在中空或低空俯冲时可能达到最大允许速压。$q_{max,max}$ 通常都高于 q_{max}。战斗机的 $q_{max,max}$ 一般为 q_{max} 的 1.2~1.5 倍,轰运飞机在中、低空下滑时可能达到最大允许速压。

同型飞机在飞行条件不同时,最大允许速压也不一样。飞机在飞行条件不同时最大允许速压也不一样。例如:某飞机不带副油箱飞行时,最大允许速压为(7 500×9.807)Pa,与此对应的飞行速度为 1 250 km/h;带副油箱飞行时,最大允许速压为(4 830×9.807)Pa,与此对应的飞行速度为 1 000 km/h。

各型飞机的最大使用过载、最大允许速压和各飞行高度上的最大允许速度,均可从《飞机技术说明书》和《飞机飞行手册》中查得。

(三)迎角限制

由空气动力学知识可知,增大飞机的迎角可以增加升力系数,但当迎角增加到临界迎角时,C_y 达到最大值 C_{ymax},如果迎角继续增大,C_y 不但不增大,反而减小。负迎角的情况也是这样,迎角减少到一定程度,C_y 就会达到极限值 C_{ymax},所以升力系数只能在 C_{ymax} 和 C_{ymin} 之间变化。因此,飞机最大升力系数 C_{ymax} 的值是根据临界迎角 α_{lj} 确定。

(四)飞机在飞行中的严重受载情况

从强度分析的观点,往往是关注飞机在飞行中受载最严重的一些情况。前面已经讨论了飞机的最大使用过载 $n_{ymax,sy}$ 和最大允许速度 $V_{max,max}$,显然 $n_{ymax,sy}$ 和 $V_{max,max}$ 决定了作用在飞机上的载荷的大小,但是还未能说明载荷在飞机的部件上是如何分布的。而载荷的分布情况,对于飞机的受力同样是一个很重要的因素。例如,图 2-2-11 表示某一根悬臂梁的受载情况。第一种情况的载荷 P_a 虽大于第二种情况的 P_b,但由于载荷分布不同,对这根梁来说,第二种受载情况更为严重。

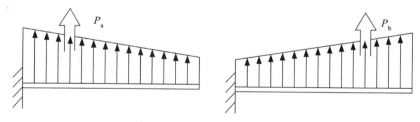

图 2-2-11　悬臂梁受载情况

同样,飞机在某些飞行状态下,虽然飞机的过载或速压没有达到最大值,但由于载荷分布情况不同,某些局部部位的受力仍可能十分严重。可见,确定飞机的严重受载情况,只知道飞机的最大使用过载和最大允许速压还不够,还必须知道载荷的具体分布情况。飞机载荷的分布,主要取决于迎角 α 和飞行马赫数 Ma。迎角 α 和飞行马赫数 Ma 不同,飞机各部分受力严重程度也不同。而在 Ma 一定的条件下,同一翼型的机翼,气动载荷的分布就主要决定于机翼的迎角,而迎角与升力系数的大小是对应的,因而载荷分布情况可以用升力系数的大小来反映。因此要确定飞机的严重受载情况,需要同时考察过载、速度和升力系数的变化。

飞机在飞行过程中经历的情况千差万别,它可以做各种各样的机动飞行动作。在这些千变万化的飞行状态中,过载、速度和升力系数都是随时变化的。如何从这些千变万化的情况中确定最严重的受载情况,怎么根据飞机的使用情况来判断飞机哪些部位可能产生永久变形或损坏,这些对于飞行人员使用飞机是非常重要的问题。

1. 严重受载情况的确定

为了确定严重的受载情况,首先讨论飞机可能的飞行状态。飞行员操纵飞机进行机动飞行,虽然飞行状态各种各样,但飞机的飞行状态还是受到各个方面的限制。下面以歼击机为例来说明。

(1)由于飞行员的生理条件的限制,允许达到的过载是有限的。飞机的机动飞行只能限制在 $n_{y\max,sy}$ 和 $n_{y\min,sy}$ 之间。

(2)飞机的飞行速度也是有限制的。飞机水平飞行时的当量速度不能超过平飞最大当量速度 $V_{d,\max}$,俯冲时的当量速度不能超过最大允许当量速度 $V_{d,\max,\max}$。

(3)飞机的升力系数也是有限制的。因为飞行迎角超过了正、负临界迎角以后,飞机就要失速,所以飞行迎角只能在正、负临界迎角之间变化,而对应的升力系数也只能在 $C_{y\max}$ 和 $C_{y\min}$ 之间变化。

根据这些限制条件,下面讨论飞机的机动飞行包线和严重受载情况。

1)机动飞行包线和严重受载情况。以飞机过载为纵坐标,当量速度为横坐标,根据上述限制绘制图形,如图 2-2-12 所示。

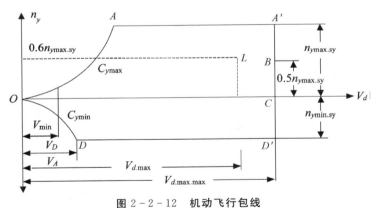

图 2-2-12 机动飞行包线

图中 AA' 直线表示 $n_{y\max,sy}$;DD' 直线表示 $n_{y\min,sy}$;$A'D'$ 直线表示俯冲终止时的最大去允许当量速度 $V_{d,\max,\max}$。

将 $C_{y\max}$ 的值代入式(2-2-28)可得

$$n_y = C_{y\max}\frac{1}{2}\rho_0 V_d^2 S/G \qquad (2-2-29)$$

式中,n_y 与 V_d 成正斜率的抛物线关系,如图 2-2-12 中 OA。将 $C_{y\min}$ 代入式(2-2-28),

可作出负斜率的抛物线 OD。这些直线和曲线分别交 $AA'DD'$，构成一封闭包线 $OAA'DD'O$，飞机允许的机动飞行状态都被限制在这一包线内，因此，这条包线就叫作"机动飞行包线"。这一包线实际上也就代表了机动飞行时所允许的范围，是机动飞行的边界线。显然边界上的 A、A'、D、D'点，是机动飞行的严重受载情况，分别称为情况 A、情况 A'、情况 D 和情况 D'。

除以上基本的严重受载情况之外，在某些特殊情况下，虽然总的载荷较小，但由于载荷分布特殊，飞机某些部位的受力，可能比上述四种情况更为严重。因此，对于歼击机、强击机来说，还有 B、C、L 等补充受载情况，也属于机动飞行中的严重受载情况，分别称为情况 B、情况 C 和情况 L。这些受载情况的具体分析将随后进行。

2)突风过载飞行包线和严重受载情况。轰运飞机飞行遇到突风时，也会发生严重受载情况，受突风引起的过载、最大允许速压和升力系数限制也有一个包线，称为突风过载飞行包线。

强度规范规定了三种不同飞行速度，V_B 为最大突风强度的设计速度，V_C 为设计巡航速度，V_D 为设计俯冲速度。图 2-2-13 就是在上述三种速度下遇到突风时的突风过载飞行包线 B'、C'、D'、E'、F'、G'点是飞机遇到突风时的严重受载情况。

B'点表示低速飞行遇到向上大突风情况，对应速度为；G'点表示低速飞行时遇到向下大突风情况；C'点和 F'点分别表示在设计巡航速度飞行时遇到向上、向下中等突风情况；D'点和 E'点表示设计俯冲速度飞行时遇到小突风的情况。

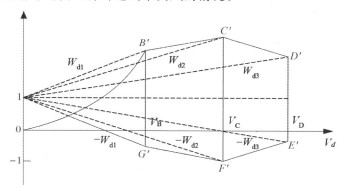

图 2-2-13　突风过载飞行包线

2.严重受载情况的载荷特点

图 2-2-14 描绘了与各种严重受载情况相应的飞行轨迹。

下面来分析各严重受载情况的特点，即载荷的大小、载荷的方向和载荷的分布规律。

（1）正向严重受载情况。

1)情况 A。飞机以临界迎角作曲线飞行，其过载达到最大的使用过载，这种受载情况称为情况 A。在这种情况下，有

$$C_{yA} = C_{ymax} \tag{2-2-30}$$

$$n_{yA} = n_{ymax.sy} \tag{2-2-31}$$

$$V_{d,A} = \sqrt{\frac{2n_{ymax.sy}G}{\rho_0 C_{ymax}S}} \qquad (2-2-32)$$

当飞机改出俯冲,做急跃升时或平飞中遇到强烈的上升气流,都可能出现情况 A。

2)情况 A'。飞机以较小迎角和最大允许速度作曲线飞行,其过载达到最大使用过载,这种受载情况称为情况 A',在这种情况下,有

$$n_{yA'} = n_{ymax.sy} \qquad (2-2-33)$$

$$V_{d,A'} = V_{d,max,max} \qquad (2-2-34)$$

$$C_{yA'} = \frac{2n_{ymax.sy}G}{\rho_0 SV_{d,max,max}^2} \qquad (2-2-35)$$

当飞机从高速俯冲中改出时,可能出现情况 A'。

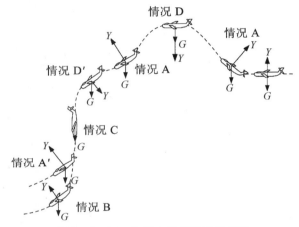

图 2-2-14　飞行中的严重受载情况

在情况 A 和 A'中,作用在机翼上的总载荷的大小和方向,基本上是相同的,它们的使用过载都达到了最大值,因而都是结构承受正向载荷的最严重的受载情况,都会使机翼产生向上的弯曲变形和扭转变形,相应的机身将产生下沉。但情况 A 和情况 A'的载荷分布规律是不相同的:情况 A 属于大迎角、小速度曲线飞行,是低速飞行;情况 A'是小迎角、大速度飞行,是高速飞行。风洞试验结果表明,这两种情况的气动载荷沿翼剖面的分布规律是不相同的。情况 A 的载荷在前缘部分比较集中(压力中心靠近前缘),机翼前缘和前梁受力较严重。情况 A'的载荷分布比较均匀(压力中心稍靠后),机翼后缘、后梁和操纵面受力比较严重(见图 2-2-15)。

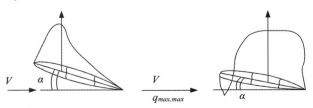

图 2-2-15　情况 A 和情况 A'
(a)情况 A;(b)情况 A'

另外,由于情况 A 和 A′的迎角不同,机身(或发动机短舱)对气动载荷沿翼展方向分布的影响也不同(见图 2-2-16)。在升力总值不变的情况下,对于小迎角(情况 A),机翼外段的升力要显著增加,所以情况 A′比情况 A 使机翼受到更大的弯矩,机翼的纵向构件和机翼接头受力更加严重,机翼的弯曲和扭转变形也更严重。

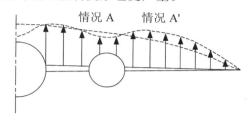

图 2-2-16　情况 A 和情况 A′时载荷的展向分布

(2)反向严重受载情况。

1)情况 D。飞机以负的临界迎角作曲线飞行,其过载达到负的最大值,这种受载情况称为情况 D,在这种情况下,有

$$C_{yD} = C_{ymin} \tag{2-2-36}$$

$$n_{yD} = n_{ymin.sy} \tag{2-2-37}$$

$$V_{dD} = \sqrt{\frac{2n_{ymin.sy}G}{\rho_0 C_{ymin}S}} \tag{2-2-38}$$

2)情况 D′。飞机以小的迎角和最大允许速度作曲线飞行,其过载达到了负的最大值,这种受载情况称为情况 D′,在这种情况下,有

$$n_{yD'} = n_{ymin.sy} \tag{2-2-39}$$

$$V_{dD'} = V_{d.max,max} \tag{2-2-40}$$

$$C_{yD'} = \frac{2n_{ymin.sy}G}{\rho_0 SV_{d.max,max}^2} \tag{2-2-41}$$

情况 D 和 D′可能在猛推杆使飞机进入俯冲时出现,情况 D 的进入速度比情况 D′的进入速度小。这两种情况是承受反向载荷最严重的情况,其使用过载都达到了负的最大值,因此,机翼将产生向下的弯曲变形和扭转变形,相应的机身将产生上翘。但情况 D 和 D′的载荷分布也是不相同的(见图 2-2-17),其差别与情况 A 和情况 A′的差别相似,因而机翼所受弯矩和扭矩也不相同。

图 2-2-17　情况 D 和情况 D′

情况 D、情况 D′和情况 A、情况 A′载荷方向相反,因此,原来受拉的构件变成受压,机翼下表面的某些构件,如蒙皮、桁条等可能失去稳定性。

(3)载荷分布特殊的几种严重受载情况。

1)情况 B。飞机以小迎角和最大允许速度作曲线飞行,并偏转副翼的受载情况,称为情况 B,在这种情况下,有

$$n_{yB} = 0.5 n_{ymax. sy} \tag{2-2-42}$$

$$V_{dB} = V_{d,max,max} \tag{2-2-43}$$

$$C_{yB} = \frac{n_{ymax. sy} G}{\rho_0 S V_{d,max,max}^2} \tag{2-2-44}$$

情况 B 在飞机改出俯冲并偏转副翼时可能遇到,这种情况的使用过载虽然不很大,但由于迎角比情况 A' 更小,再加上偏转副翼,压力中心更向后移(图 2-2-18)。因此,机翼后梁、后缘和操纵面受力严重,并且机翼还要受到较大的扭矩。

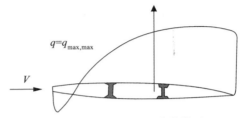

图 2-2-18 情况 B 载荷情形

2)情况 C。飞机在垂直俯冲中,达到最大允许速度时偏转副翼的受载情况,称为情况 C。在这种情况下,有

$$C_{yC} = 0 \tag{2-2-45}$$

$$n_{yC} = 0 \tag{2-2-46}$$

$$V_{dC} = V_{d,max,max} \tag{2-2-47}$$

在情况 C 中,虽然飞机的升力等于零,但因偏转副翼,飞机要受到严重的扭转作用。对于不对称翼形的机翼来说,飞机以大速度俯冲时,机翼上作用很大的气动力矩,因而在情况 C 中,机翼受到的扭转作用可能更为严重(见图 2-2-19)。

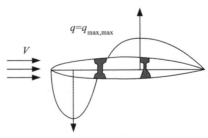

图 2-2-19 情况 C 载荷情形

3)情况 L。飞机以最大平飞速度飞行,并急剧偏转副翼进行滚转的受载情况,称为情况 L,在这种情况下,有

$$n_{yL} = 0.6 n_{ymax. sy} \tag{2-2-48}$$

$$V_{dL} = V_{d,max} \tag{2-2-49}$$

$$C_{yL} = \frac{1.2 n_{ymax. sy} G}{\rho_0 S V_{d,max,max}^2} \tag{2-2-50}$$

情况 L 是机动飞机副翼的严重受载情况。此情况由于急剧偏转副翼,使副翼上的载荷

大大增加。

这里要强调指出,飞机在高空大马赫数飞行时,其最大使用过载和最大允许速度都会受到平尾(或升降舵)最大偏角的限制,达不到情况 A′和情况 D′的严重受载程度,使得实际包线要略小于图 2-2-12 的包线范围。上述 7 种严重受载情况,基本概括了战斗机各种各样的受载情形,根据这些严重受载情况,操纵使用飞机时,必须根据限制参数要求,保证飞机结构在这些载荷作用下不产生结构破坏或永久变形。

第三节　飞机结构强度评估

飞机结构在设计时就必须满足用户提出的强度要求,因此必须对结构强度进行计算和评估,以保证达到设计指标。在对飞机结构进行维修时也要进行强度评估,以保证不削弱结构强度,从而使飞机结构一直处于安全状态。对于飞行人员而言,通过学习飞机结构度评估过程及方法,可以了解飞机结构在外载下的变形特点,什么条件下才会产生破坏,以及结构稳定性和气动弹性问题对飞行操纵的影响及消除方法,有助于对上述问题的理解和分析解决。

一、基本概念

(一)构件在载荷作用下的变形

构件在载荷作用下,其尺寸和形状都会有不同程度的改变,这种尺寸和形状的改变叫作变形。载荷去掉后能消失的变形叫弹性变形;不能消失的变形叫永久变形(或残余变形)。

构件承受载荷的情况不同,它所产生的变形形式也不一样,基本的变形包括拉伸、压缩、剪切、扭转和弯曲五种。飞机结构受力时,各构件的变形往往是比较复杂的,常常是几种变形的组合,称为复合变形。从飞机安全使用的角度来说,飞机结构只允许发生弹性变形,并且弹性变形的数值不能超限。飞机使用多年后,结构难免会发生微小的塑性变形,可以通过飞机水平测量等方法来对这种残余变形进行宏观评估,只要残余变形的数值在技术手册规定的范围内,则认为飞机的结构仍然能够安全承载。

(二)内力和应力的概念

当构件受到外力作用而变形时,材料分子之间的距离发生变化,这时分子之间会产生一种反抗变形、力图使分子间的距离恢复原状的力,这种力叫内力。内力,是用来抵抗外力与变形,并力图使变形部分复原的力;外力是使结构发生形变作用的力。

要判断构件受力的严重程度,仅知道内力的大小是不够的。构件在外力作用下,作用在单位截面积上的内力称为应力。对应内力最大值,应力也有一个最大值,称为容许应力。结构受到的应力大于容许应力时,就会被破坏。

(三)强度、刚度、稳定性和疲劳寿命

1.强度

构件在传力过程中,横截面上的应力要随着载荷的增大而增大。在截面上的应力增大

到一定限度后,构件就会损坏(产生显著的永久变形或断裂)。构件在外力作用下,抵抗破坏(或断裂)的能力称为构件的强度。构件的强度越大,表示它开始损坏时所受的载荷越大。为了使构件在规定的载荷作用下工作可靠,应保证它具有足够的强度。

2.刚度

具有足够强度的构件,若在载荷作用下发生较大的弹性变形而影响正常工作,也是不允许的。因此,构件还应具有足够的抵抗变形的能力。构件在外力作用下抵抗变形的能力称为构件的刚度。构件的刚度越大,在一定的载荷作用下产生的变形越小。图 2-3-1 所示为空气动力作用下典型运输机的弹性变形。由于运输机采用具有静稳定性的传统气动布局,机翼向上发生弯曲的同时,水平尾翼在气动力作用下向下弯曲,为飞机提供配平载荷。

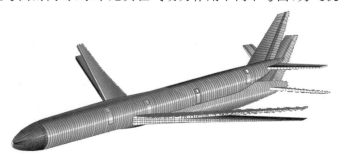

图 2-3-1 飞机在气动力作用下的典型弹性变形

3.稳定性

构件在外力作用下保持其原有平衡状态的能力称为构件的稳定性。细长杆和薄壁结构受压后易突然失去原有的平衡形式,这种现象叫作失去稳定性,简称失稳,有时也称为屈曲。飞机的机翼上壁板在飞行时需要着重考虑受压失稳问题,壁板失稳时蒙皮会发生褶皱现象,桁条可能发生局部失稳或总体失稳。除了受压结构可能会出现失稳现象外,在扭矩或弯矩作用下的构件也可能发生失稳现象。图 2-3-2(a)所示为一个管件受扭失稳的情况,管件表面由于剪切发生了明显的褶皱,无法维持初始的剪切平衡状态。飞机的机翼和机身在飞行中都可能受到扭矩的作用,增加蒙皮厚度可以有效提高结构的扭转刚度,进而提高抵抗扭转失稳的能力。图 2-3-2(b)所示为一根管件在两端集中载荷作用下发生弯曲失稳的情况。

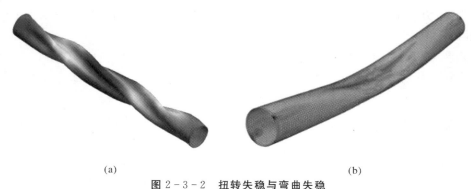

(a)   (b)

图 2-3-2 扭转失稳与弯曲失稳

要保证构件正常工作,构件必须具有足够的强度、刚度和稳定性。构件的强度、刚度、稳定性与其材料的性质、截面尺寸和形状有关。另外构件的强度和刚度还与使用、维护的条件有关。使用过程中,应根据技术手册的要求和构件的性质、受力特点等,注意保持其强度和刚度。

4.疲劳寿命

飞机结构的疲劳寿命是指结构从投入使用到最后发生疲劳断裂所经历的飞行次数(或飞行小时数)。由于结构材料强度的原因,所有飞机都有其结构寿命,而飞机结构的疲劳断裂,是指飞机结构的关键部位发生了疲劳破坏,所以飞机结构的疲劳寿命又是以关键部件的疲劳寿命为代表的。飞机结构的关键部件有时可能不止一个,这时它们的疲劳寿命相等为最佳,否则,只能以其中疲劳寿命最小者为代表。

飞机寿命主要用飞机的飞行小时数、起落次数和日历时间这三个指标来衡量,它们是同时累计的,以先到者为准。在整个寿命内,飞机还规定有不同的定检、中修和大修周期,以保证飞机安全、状态良好。鉴于飞机结构有设计安全余量、飞机使用密度和过载不够大、现役飞机可用数量不足等原因多数飞机在服役过程中还会对其进行延寿。飞行使用过程中,延寿飞机的过载和机动性等要求明显低于新机,必须引起飞行员的高度注意。

(四)飞机结构承受的主要应力

飞机结构承受的应力主要可分为以下 5 种:拉伸应力、压缩应力、扭转应力(扭矩)、剪切应力、弯曲应力(弯矩),如图 2 - 3 - 3 所示。

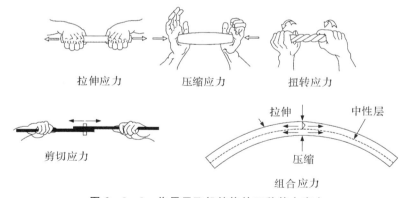

图 2 - 3 - 3　作用于飞机结构的五种基本应力

拉伸应力方向指向结构横截面的外法线方向,压缩应力方向指向结构横截面的内法线方向,这两种应力都属于正应力(σ),使结构发生正应变(ε)。正应变会改变结构的尺寸,但不会使结构的形状发生变化。扭矩使结构发生扭转变形,在结构的截面上产生扭转剪切应力(τ),使结构发生剪应变(γ)。剪应变会使结构的形状发生变化。剪力会在结构截面导致剪切应力,是抵抗试图引起材料某一层与相邻一层产生相对错动之力的应力,该应力与扭矩造成的剪应力有相同的特征,但会造成不同的结构破坏形式。弯曲应力是由弯矩引起的应力,是压缩应力和拉伸应力的组合。当杆件发生如图2-3-3所示的上凸状弯曲时,中性层的材料既不受拉也不受压(即不产生正应变),中性层上方的材料被拉长,受拉应力;中性层下方的材料被压缩,产生压缩应力,在小变形假设条件下,可以认为这里的拉伸应力和压缩应力都是沿梁的轴线方向的。

二、飞机基本结构元件

作用在飞机上的载荷是由飞机结构来承受的,而飞机结构是由许多构件组成的。飞机机体结构大多是薄壁结构,基本上由板、杆组成。各构件在结构中应根据它们的传力特性进行最佳的组合,使它们分别承担最符合各自受力特点的载荷,这样才能使结构重量最轻。

判断一个构件能否传递某种载荷,就要看该构件在此种载荷下是否满足强度要求或是否会产生过大的变形(超过了容许的变形量)。下面分析飞机上的各种典型元件的承力特性。

(一)杆

只能承受(或传递)沿杆轴向的分散力或集中力,即只受正应力。机翼中的桁条、翼梁缘条就属此类元件。因为杆的抗弯能力很小,故认为它不能承受弯矩,或只能承受很小的弯矩(如桁条上局部气动载荷引起的弯矩)。

(二)薄板

一块薄板适宜承受在板平面内的分布载荷,包括剪流和拉伸应力,如图2-3-4(a)(b)所示。在薄板受压特别是受剪时,必须考虑稳定性问题。一般来说,当薄板没有加强件加强时,承压的能力比承拉的能力小得多。同时要注意薄板不适宜受集中力,这是因为板的厚度较薄,很易撕裂。所以要传递板平面内的集中力就必须附加一构件,将集中力扩散成分布剪流,如图2-3-4(c)所示。机翼中的墙、翼梁和翼肋的腹板常简化成薄板。厚板则能直接受一定的集中力。

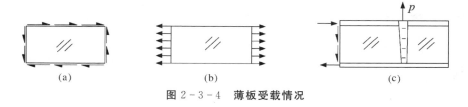

| (a) | (b) | (c) |

图2-3-4 薄板受载情况

(三)平面板杆结构

它由位于同一平面内的板、杆组成,适宜承受作用在该平面内的载荷。因杆宜于受轴向力,因此可沿板杆结构中的任何杆件加以沿杆轴方向的力。如果某一节点为两根不同方向的杆的交点时,则可在此节点上加以在该平面内任意方向上的集中力。板杆结构中的矩形板(或梯形板)则有两种受载情况。

一种情况是板、杆之间只能相互传递剪流[见图 2-3-5(a)]。假如板将拉伸应力传给杆时,则从图 2-3-5(b)可知,必定会使杆受到一横向载荷而引起弯矩,这将与杆不能受弯的假设相悖。由此还可推知,当板杆结构为三角形时,由于不应有横向载荷传给杆,则此三角形薄板周边上只能承受纯剪流。又根据板的受力平衡可知,因为此时对任一顶点的力矩不能平衡,所以三角形薄板将不能受剪力,这类三角形板杆结构中的板不受载(见图 2-3-6)。但对于三角形厚板来说,当其板边能受正应力时,还是能受剪力的。

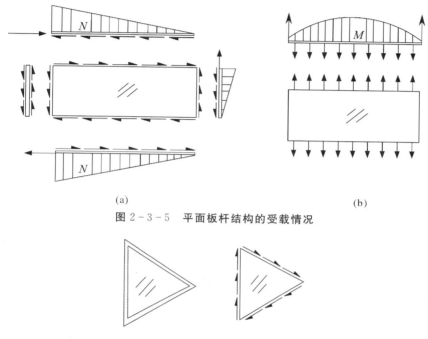

(a)   (b)

图 2-3-5 平面板杆结构的受载情况

图 2-3-6 三角形板杆结构板不受载

另一种是板受拉应力的受载情况。此时若板能直接受拉,而不把此力以横向载荷形式给杆时(见图 2-3-7)则板可以受此拉伸应力。

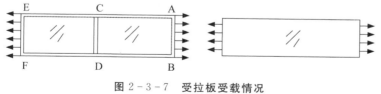

图 2-3-7 受拉板受载情况

(四)平面梁

平面梁可以是薄壁结构组合梁,也可以是整体梁,它适于承受梁平面内的载荷。图 2-3-8(a)为一由腹板和上、下缘条组成的薄壁翼梁。在传力分析中可以近似认为,腹板只受分布流形式的剪力。而缘条作为杆元受轴向力,上、下两缘条分别受拉和受压,即可承受梁平面的弯矩。平面环形框也是平面梁的一种,如图 2-3-8(b)所示。

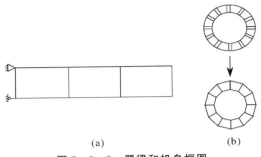

(a)　　　　　　　　　　　(b)

图 2-3-8　翼梁和机身框图

(五)厚壁筒与空间薄壁结构

厚壁筒与空间薄壁结构(如带腹板的封闭周缘的薄壁梁、盒式结构等)经过合理的安排,可承受空间任意方向的力(见图 2-3-9)。

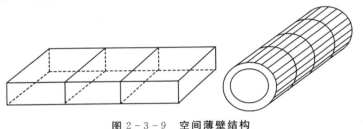

图 2-3-9　空间薄壁结构

三、飞机结构静强度评估

根据静强度设计准则

$$\sigma \leqslant \sigma_s(\sigma_b) \quad 或者 \quad \sigma_e \leqslant \sigma_s(\sigma_b)$$

式中:$\sigma_e = f(\sigma, \tau)$——当量应力或复合应力;

　　　σ_s——材料的屈服极限。

当 $\sigma_s \geqslant \sigma_s$ 时,构件将产生显著的永久变形;当 $\sigma_s \geqslant \sigma_b$ 时,构件断裂。

由于构件应力达到材料的屈服极限而产生永久变形后,构件就失去正常工作的能力,显然,这对飞机结构是不允许的。因此,飞机结构强度和刚度规范规定:在最大使用载荷作用下,结构元件中的最大使用应力 σ_{sy} 不得超过材料的屈服极限,即

$$\sigma_{\max. sy} \leqslant \sigma_s \tag{2-3-1}$$

为了满足式(2-3-1)的要求,强度和刚度规范又规定

$$\sigma_{sj} \leqslant \sigma_b \tag{2-3-2}$$

其中

$$\sigma_{sj} = \sigma_{\max. sy} \cdot f \tag{2-3-3}$$

式中:f——安全系数。

从上面分析可以看出,在飞机使用过程中,飞机结构不仅不应破坏,而且主要构件还不应产生显著的永久变形,甚至弹性变形也要在一定的限度之内。也就是说,飞机结构应该具有一定的承载余量。很明显,安全系数就是保证飞机在承受最大使用载荷时,其结构不会破

坏而又有一定强度储备的系数。安全系数 f 越大,结构的承载余量越大,也就越安全,但这样会使结构重量增加,降低了飞机的飞行性能。因此,安全系数应根据既保证结构有足够的强度、刚度,又使结构不致过重的原则来确定。由于飞机结构中用得最多的材料是铝合金和合金钢,它们的强度极限为屈服极限的 1.3～1.5 倍,所以目前飞机结构的安全系数也大多在这一范围内。这样,在满足式(2-3-2)后,即可满足式(2-3-1),式(2-3-1)称为静强度准则,或静强度判据,或静强度条件。

四、飞机结构刚度评估

飞机结构设计既要满足强度要求又需考虑刚度要求。飞机结构的刚度要求,一般是在使用载荷下,结构的变形小于或等于许可变形,即

$$\delta_i \leqslant [\delta_i] \qquad\qquad (2-3-4)$$

式中: δ_i——结构在 i 节点或截面处的变形,该变形可以是线位移,也可以是角位移;

$[\delta_i]$——结构在此处的许可位移。

另外,在某些情况下(如为防止机翼发生颤振)对结构的刚度分布以及翼剖面刚心位置需提出一定要求。

(一)飞机结构刚度对飞机的影响

(1)飞机结构刚度对飞机结构受力的影响。由于机翼、机身等均为高度静不定的结构,传力按刚度分配,因此刚度大小决定了受力构件的载荷大小。在某些情况下,如果因为相邻构件的刚度不匹配比较严重,在变形协调条件下会出现附加载荷。另外如果结构刚度不足,在疲劳载荷下反复变形过大,将导致结构的疲劳破坏。

(2)飞机结构刚度对飞机操纵性的影响。对于某些附件的支撑结构或操纵面悬挂臂的支撑结构应有一定刚度要求,以免操纵面卡死,同时保证助力器等附件工作的精确性。操纵系统本身刚度不足还会造成操纵滞后,甚至不到位。

(3)飞机结构刚度对飞机振动的影响。系统或结构的共振特性直接与该系统或结构的固有频率有关,也即与系统或结构的刚度特性有关。

(4)飞机结构刚度对飞机气动特性的影响。为了保证飞机各部件具有设计时所预期的气动特性(升力特性、阻力特性、力矩特性),就要求机翼、尾翼及机身等具有足够的总体刚度。例如:离翼根一定距离处的翼剖面的扭转变形,不允许超过某限制角度;机翼挠度不应超过某允许值。另外还有局部刚度要求,特别对于高速飞机,机翼表面的凹凸变形将会严重影响气动特性。

(5)飞机结构刚度对飞机气动弹性的影响。在高、亚声速飞行时,如果机翼的刚度不足或刚心位置不当,会引起结构出现气动弹性问题,以下将具体分析阐述该问题。

(二)气动弹性问题

由于空气动力、弹性力和结构惯性力的相互作用,可能引起飞机部件破坏或失效的各种典型问题,统称为气动弹性问题。气动弹性问题包括机翼的扭转扩大,副翼或舵面的操纵反效,机翼、尾翼、机身的颤振等。扭转扩大和操纵反效属静气动弹性问题,而颤振除空气动力和结构弹性外,还与振动加速度和由此产生的结构惯性力有关,属动气动弹性问题。以下分

别阐述这两类问题。

1. **静气动弹性问题**

（1）机翼的扭转扩大。取机翼的一个典型剖面。该剖面上有三个重要的点，即剖面的空气动力焦点、重心与刚心（机翼扭转时绕刚心转动），如图 2-3-10 所示。

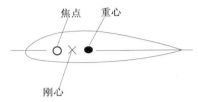

图 2-3-10　机翼三心位置示意图

亚声速飞行时，焦点在翼弦 $25\%\sim28\%$ 处，刚心在翼弦 $38\%\sim40\%$，即焦点在前、刚心在后。假设飞行时飞机遇扰动上升气流，导致飞机迎角增大，产生一附加升力 ΔY 作用在焦点上，剖面在 $\Delta Y \cdot da$ 的作用下将产生扭转变形 $\Delta\theta$，此时扭转气动力矩 $\Delta Y \cdot da$ 与扭转产生的弹性恢复力矩 M_k 可看作是相等的，扰动消失后该扭转变形的发展趋势有两种可能：一是附加的扭转变形愈来愈大；二是附加的扭转变形愈来愈小直致消失。现具体分析一下发展过程（见图 2-3-11），附加扭转变形 $\Delta\theta$ 引起该剖面的迎角增加 $\Delta\alpha$，因此气动升力有一增量 ΔY。显然，ΔY 对刚心产生的气动力矩 M_a 如果大于弹性恢复力矩 M_k，则扭转变形愈来愈大，形成扭转扩大；反之，如果 M_a 小于 M_k，则附加扭转变形愈来愈小。

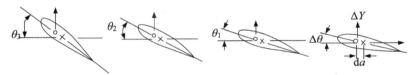

图 2-3-11　机翼扭转扩大示意图

由于超声速飞行时焦点已显著后移，故超声速飞行时出现扭转扩大的可能性较小。另外，为防止扭转扩大，可以将刚心前移，同时提高机翼的刚度。

（2）副翼反效。副翼和舵面都有操纵反效的问题。现以副翼反效为例加以说明。如图 2-3-12 所示，现操纵副翼下偏 δ，使机翼翼段上产生附加升力 ΔY_a（即操纵力），ΔY_a 又要产生一个附加的低头力矩，使翼段迎角减小，产生一个负升力 ΔY_k，显然正常的操纵应使 $\Delta Y_a > \Delta Y_k$，否则即出现所谓的操纵反效。

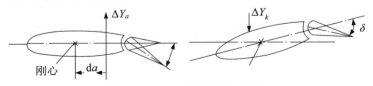

图 2-3-12　副翼反效示意图

2. **动气动弹性问题——颤振**

颤振是气动翼面的一种自激振动，由有关部件的空气动力、惯性力和弹性特性的综合作用引起。当飞行速度 $V<V_{cr}$（颤振临界速度）时，振动受到阻尼而衰减；当 $V=V_{cr}$ 时，振动以等幅特征进行；当 $V>V_{cr}$ 时，振动将发散，导致结构破坏。

　　下面以机翼弯扭颤振为例，分析其物理过程。

　　取一典型翼剖面，剖面上的三心位置仍参见图 2-3-10。假设由于某一原因（如突风）使机翼产生了弯曲变形，翼剖面由扰动前的平衡位置移至 0 位[见图 2-3-13(a)]。扰动消失后，由于机翼弯曲引起的弹性力将使该剖面向上移动（可以假设弹性力通过刚心，故弹性力并不能使翼剖面扭转）。剖面从 0 位至 2 位，弹性力由最大到零，故向上加速度也由最大到零，同时由于加速度向上，故作用在重心的惯性力 F_i 向下，F_i 对刚心产生一抬头力矩，使翼剖面又产生一附加的迎角，附加的气动升力 ΔY_a 又进一步使翼剖面抬头。至 2 位时，翼剖面向上速度为最大，产生的扭转变形也最大。越过 2 位后，弹性力向下（弹性力始终指向平衡位置，故又称为弹性恢复力），加速度向下，惯性力向上，此时向上的惯性力使翼剖面低头，附加的气动升力 ΔY_a 则逐渐减小。至位置 4 时，翼剖面扭转变形为零、速度为零，但向下弹性力最大，向下运动的情况如图 2-3-13(b)所示。图 2-3-13(c)则将弯扭颤振与飞行距离结合起来，看起来更形象。

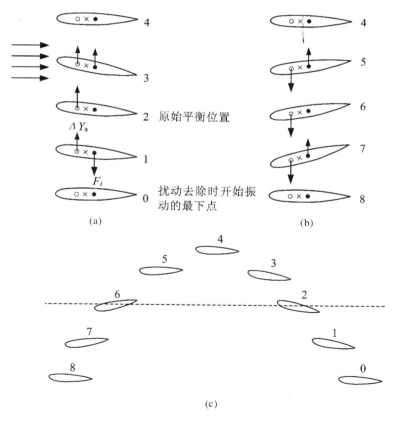

图 2-3-13　机翼弯扭颤振示意图

(a)向上运动；(b)向下运动；(c)结合飞行距离标出

五、飞机结构疲劳强度评估

前面讨论了静载荷条件下的强度问题,即结构的破坏是由于结构受到的实际应力超过了构件的强度极限 σ_b 所造成的。然而,在实际使用过程中,飞机结构经常承受交变载荷,构件长期在交变载荷作用下,即使其最大工作应力远小于强度极限 σ_b,甚至比屈服极限 σ_s 还小,就可能发生断裂破坏。这种由交变应力引起的破坏称为疲劳破坏。

疲劳破坏是目前航空工程中一个十分突出的问题。据统计,飞机结构在外场使用中发生的断裂问题 80% 以上都是因疲劳而引起的,因此疲劳强度在飞机结构强度分析中占有重要地位。

(一)飞机结构疲劳载荷

飞机结构在服役中受到的载荷是不规则的。飞机在每次飞行中一般都需要经过以下几个过程:起飞滑行、爬升、巡航(包括作各种机动飞行)、下降、着陆撞击、着陆滑行。图2-3-14为飞机一次飞行所受到的载荷-时间历程示意图。

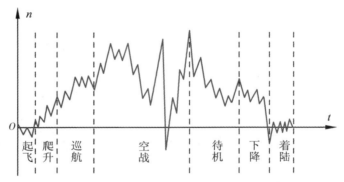

图 2-3-14 飞行一次飞行所受到的载荷—时间历程示意图

人们把这种变化着的载荷称为疲劳载荷,因为在上述每个过程中飞机都要经受疲劳载荷,所以,飞机结构的疲劳载荷必须包括地面滑行交变载荷、突风交变载荷、机动交变载荷、着陆撞击交变载荷等。此外,还有飞机由地面到空中、再由空中到地面所经受的不同水平的载荷,即所谓地-空-地循环载荷。在以上几种疲劳载荷中,对歼击机影响最大的是机动交变载荷、着陆撞击交变载荷和地面滑行交变载荷;而突风交变载荷是对运输机、轰炸机影响最大的一种载荷。不同载荷对飞机结构的影响是不同的,表2-3-1给出了各种疲劳载荷对飞机结构部位的影响程度。

表 2-3-1 各种疲劳载荷对飞机结构部位的影响

部位类型	机翼						起落架	机身			尾翼
	中段	内翼	外翼	缝翼	襟翼	副翼扰流片		前段	中段	后段	
机动	—	—	—	△	△	△	—	—	—	—	△
突风	△	△	△	—	—	—	—	△	△	△	△

续 表

部位类型	机 翼						起落架	机 身			尾翼
	中段	内翼	外翼	缝翼	襟翼	副翼扰流片		前段	中段	后段	
地-空-地	△	△	△	△	△	—	—	△	△	△	△
地面载荷	—	—	—	—	—	△		—	—	—	—
座舱增压	—	—	—	—	—	—		△	△	△	—
声振疲劳	—	—	—	—	—	—		—	△	△	—

注：△表示严重。

相应地，所承受的应力也是变化的。把相应的应力称为疲劳应力，而把载荷和应力随时间变化的历程则分别称为载荷谱和应力谱。

应力由某一数值开始，经过变化又回到这一数值所经过的时间间隔称为变化周期，习惯上以符号 T 表示。应力的每一周期性变化过程称为一个应力循环，应力循环一般可用循环中的最大应力 S_{max}、最小应力 S_{min} 和周期 T（或它的倒数即频率 f）来描述，如图 2-3-17 所示。

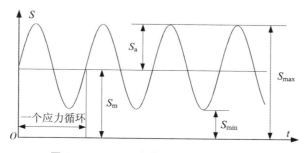

图 2-3-15　正弦曲线规律变化的应力谱

疲劳应力有时又可定义为在两个极限之间随时间作周期性交替变化的应力，故又称为交变应力或循环应力。其中，代数值最大的叫作最大应力 S_{max}，代数值最小的叫作最小应力 S_{min}。最大应力和最小应力的代数平均值叫作平均应力 S_{m}，它是应力循环中不变的静态分量。

(二)疲劳破坏的特征

材料在交变载荷（应力或应变）作用下，由于某点或某些点产生了局部的永久结构变化，从而在一定的循环次数以后形成裂纹或发生断裂的过程称为疲劳。由于材料所受到的这种载荷与静载荷相比有着本质的区别，所以疲劳破坏和静力破坏相比存在着本质的不同，主要有以下特征：

(1)在静载荷作用下，当构件中的静应力小于材料的屈服极限（σ_{s}）或强度极限（σ_{b}）时，不会发生静力破坏；而受交变载荷作用，构件中的交变应力在远小于强度极限，甚至小于屈服极限的情况下，疲劳破坏也可能发生。

(2)静力破坏通常有明显的塑性变形产生，而疲劳破坏在宏观上均表现为无明显塑性变形迹象(不管是脆性材料或塑性材料),故疲劳断裂常表现为低应力类脆性断裂。这一特征使疲劳破坏具有更大的危险性。

(3)静力破坏的抗力主要取决于材料本身的整体性能;而疲劳破坏常具有局部性质,并不牵涉到整个结构的所有材料。局部改变细节设计或工艺措施,即可较明显地增加疲劳寿命。因此,结构或构件的抗疲劳破坏的能力不仅取决于所用的材料,而且敏感地取决于构件的形状、尺寸、连接配合形式、表面状态和环境条件等。

(4)静力破坏是在一次最大载荷作用下的破坏,而疲劳破坏是一个累积损伤的过程,要经历一定的时间历程,甚至是很长的时间历程。实践已经证明,疲劳断裂由三个过程组成,即裂纹(成核)形成,裂纹扩展,裂纹扩展到临界尺寸时的快速(不稳定)断裂。

(5)在静力破坏的断口上,通常只呈现粗粒状或纤维状特征;而在疲劳破坏的断口上,总是呈现出三个区域特征,即疲劳裂纹起源点(常称疲劳源),疲劳裂纹扩展区(常称平滑区)与快速断裂区或瞬时破断区(常称粗粒状区)。图2-3-16(a)(b)为磨床砂轮轴和一个航空发动机压气机叶片的典型断口。由于疲劳破坏断口在宏观和微观上均有其特征,特别是宏观特征经外场目视检查即能观察,这可以帮助我们分析判断是否属于疲劳破坏。

图 2-3-16　疲劳断口

(a)磨床砂轮轴;(b)航空发动机压气机叶片

(三)疲劳破坏的过程

疲劳断裂是在多次交变载荷作用下造成的断裂。尽管疲劳现象十分复杂,但一般总是有裂纹成核、裂纹稳定扩展和临界扩展的过程。裂纹的稳定扩展又可分为微观裂纹扩展和宏观裂纹扩展两个阶段。

(1)裂纹成核阶段。疲劳裂纹的萌生是由局部塑性应力集中所引起的。有三种裂纹萌生方式:①滑移带开裂;②晶界和孪晶界开裂;③夹杂物与基体的界面开裂。其中滑移带开裂不但是最常见的疲劳裂纹萌生方式,也是三种萌生方式中最基本的一种。材料如果没有夹杂物和缺陷或者其他切口之类的应力集中源,那么裂纹成核通常是在构件表面。因为表面区域处于平面应力状态,有利于塑性滑移,虽然最高应力低于低应力脆断的临界应力和材料屈服极限,但在材料中的方位有利的晶粒仍可达到屈服条件而产生滑移变形。交变载荷造成循环应变,使微区产生反复的滑移过程,多次反复滑移过程造成如图2-3-17所示的那种滑移带挤出和挤入而形成微裂纹,并由此开始微观裂纹的稳定扩展阶段。裂纹成核阶段的损伤尺寸,一般最大相当一两个晶粒,即 $10^{-4} \sim 10^{-5}$ mm 数量级大小。

(2)微观裂纹扩展阶段。在这一阶段裂纹仍沿滑移面扩展。裂纹在滑移带上萌生以后,首先沿着切应力最大的活性面扩展,具有一定的结晶学特性。在单轴应力下,即沿着与外加应力成接近45°角的滑移面扩展,这种切变形式的扩展称为第Ⅰ阶段裂纹扩展。在滑移带上往往萌生有很多条微裂纹,在继续施加循环载荷的过程中,这些微裂纹扩展并相互连接。但绝大多数裂纹很早就停止扩展,只有少数几条能超过几十个微米的长度。微裂纹扩展到一个晶粒或两个晶粒的深度以后,裂纹的扩展方向由开始时与外加应力成接近45°角的方向,逐渐转向与拉伸应力垂直的方向。这种拉伸形式的裂纹扩展,称为第Ⅱ阶段裂纹扩展。微观裂纹扩展阶段,裂纹扩展很慢,其速率以"Å/循环"来计算($1 \text{ Å} = 10^{-7} \text{ mm}$)。

(3)宏观裂纹扩展阶段。从第Ⅱ裂纹扩展阶段逐渐而渡而来的宏观裂纹扩展阶段,裂纹扩展速率增加,一般以"μm/循环"来计算($1 \text{ } \mu m = 10^{-3} \text{ mm}$),裂纹传播的方向与拉应力垂直。

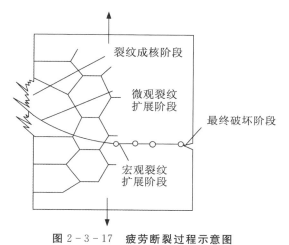

图 2-3-17　疲劳断裂过程示意图

(4)最后断裂阶段。当裂纹足够大时,产生疲劳破坏的最终阶段,即出现裂纹的临界扩展而断裂。它和前两个阶段不同,是在瞬间突然发生的。但从疲劳的全过程来说,则仍是渐进式的,是由损伤逐渐积累所引起的。

以上所述是软金属材料光滑试件的典型疲劳断裂过程。对于高强度材料,由于屈服强度高,缺口敏感性大,以及内部夹杂多,往往直接在宏观的应力集中部位裂纹成核,并且沿夹杂与基本界面首先裂开,由此开始宏观裂纹稳定扩展阶段,而没有倾斜的微观裂纹扩展阶段。

(四)持久极限

材料或构件抵抗疲劳破坏的能力称为疲劳强度,其大小是用疲劳极限(在高循环疲劳时用持久极限)来衡量的,它是材料机械性能的一个重要指标,其定义为:在一定的循环特征下,材料可以承受无限次应力循环而不发生破坏的最大应力,称为在这一循环特征下的持久极限或疲劳极限,用 S_e 表示。

在工程应用中,传统的方法是规定一个足够大的有限循环次数 N_L,在一定的循环特征下材料承受 N_L 次应力循环而不发生破坏的最大应力作为材料在该循环特征下的持久极限。为了与前面所说的持久极限加以区别,有时也称为条件持久极限或实用持久极限。疲劳试验常根据这一规定的有限循环次数 N_L 来进行。N_L 的大小通常规定为：对结构钢和其他铁基合金是 10^7；对非铁基合金是 10^8；对于各种结构元件有时取为 2×10^6。当然，这种规定仅是建议性的。

（五）材料疲劳性能曲线

疲劳失效前所经历的应力或应变循环次数称为疲劳寿命，一般用 N 来表示。为了评价和估算疲劳寿命或疲劳强疲劳失效以前所经历的应力或应变循环度，需要建立外载荷与寿命的关系。试验表明，试样的疲劳寿命取决于材料的机械性能和施加的应力水平。反映这种外加应力水平和标准试样疲劳寿命之间关系的曲线称为材料的 $S-N$ 曲线，或称沃勒（Wohler）曲线。

$S-N$ 曲线是用若干个标准试件，在一定的平均应力 S_m（或在一定的循环特征 R）、不同的应力幅 S_a（或不同的最大应力 S_{max}）下进行疲劳试验，测出试件断裂时的循环次数 N，然后把试验结果画在以 S_a（或 S_{max}）为纵坐标、以 N 为横坐标的图纸上，连接这些点就得到相应于该 S_m（或该 R）时的一条 $S-N$ 曲线。

多数 $S-N$ 曲线是画在 S-$\lg N$ 坐标上的。图 $2-3-18$ 是我国钢材 GC-4（棒材）光滑试件的 $S-N$ 曲线。从图中可以看出，N 值大到一定的数值后就变为平直线，与此平直线相对应的最大应力即为持久极限。一条完整的 $S-N$ 曲线，其横坐标的范围从 $N=1/4$ 到 $N \geqslant N_L$。$N=1/4$ 所对应的破坏应力被假定相当于静载或单调加载的强度极限 σ_b；$N \geqslant N_L$ 所对应的应力则对应于疲劳极限 S_e（N_L 为相应于材料的持久极限时的循环次数）。

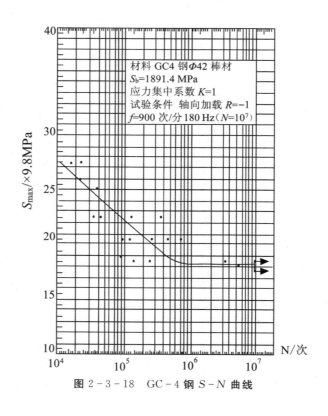

图 $2-3-18$ GC-4 钢 $S-N$ 曲线

图 2 - 3 - 19 把一条 $S - N$ 曲线分成了三段,包括低循环疲劳(LCF)区、高循环疲劳(HCF)区以及亚疲劳极限(SF)区。前两者即分别称为低周疲劳区和高周疲劳区。$S - N$ 曲线也可能会有不连续的情况,这是与材料有关的。把金属的疲劳现象分成高循环疲劳和低循环疲劳是有实际意义的。因为在低循环疲劳与高循环疲劳中,材料会显示出不同的性质。在低应力、高循环疲劳情况下,材料的应力-应变关系是线性的。在高应力、低循环疲劳情况下,材料会出现宏观的屈服,应力-应变关系不再是线性的了,特别是材料所呈现的循环应变硬化或循环应变软化使应力-应变之间的关系更加复杂化了。低循环疲劳问题的研究,在工程中有着很大的实际意义,因为许多实际结构,如直升机旋翼系统、航空发动机等,就存在着低循环破坏现象。

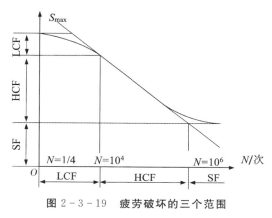

图 2 - 3 - 19　疲劳破坏的三个范围

(六)飞机疲劳载荷谱

疲劳破坏过程是一个损伤累积的过程。因此,分析疲劳强度时所关心的不是静强度分析时所关心的最大载荷,而是实际结构在整个使用过程中对疲劳强度有影响的各级载荷的大小及其出现的次数(最好还能计及作用的次序),即飞机的承载性质与时间的关系。我们就把用来表示飞机的承载性质与时间关系的图线、表格、数据等,称为飞机的疲劳载荷谱,或称为载荷—时间历程。表 2 - 3 - 2 给出了某型战斗机 100 飞行小时内的疲劳载荷谱。

表 2 - 3 - 2　某战斗机 100 飞行小时的机动载荷谱

级　别	最大过载	最小过载	出现次数
1	2.5	0.80	1 370
2	3.5	0.60	104
3	4.5	0.25	304
4	6.0	−0.40	20
5	7.0	−1.00	2
6	8.0	−1.50	20

载荷大小、循环次数和排列顺序,是疲劳载荷谱的三个主要成分。对同类机件进行多次

实测表明,载荷大小和循环次数一般可以比较稳定地再现,但每个载荷作用的先后次序则是在一定范围内随机地出现。而人们在预计疲劳寿命时,又只能从这无限的可能顺序中挑选出一种确定的载荷谱情况作为依据,这就需要对载荷谱进行精心的编排,而判定编排的合理与否则要看它能否较好地反映该类构件的疲劳损伤情况。

飞机在使用中除了承受复杂载荷外,还会遭受化学、温热和气候等各种环境因素的侵袭致使结构被腐蚀,严重降低了材料疲劳性能缩短了使用寿命故必须考虑重复载荷和使用环境综合作用的影响,也就是耐久性。一般用环境谱来描述飞机的使用环境,它是环境强度随时间的变化历程。虽然飞机的飞行使用寿命很长但日历寿命相对而言并不长飞机寿命有相当长的时间是在地面消耗掉的,因此使用环境谱必须计入飞机地面停放的影响。

(七)疲劳累积损伤理论及应用

前面介绍了描述材料疲劳性能的 $S-N$ 曲线。在常幅载荷作用下,可以应用有关的 $S-N$ 曲线预计材料或构件的循环疲劳寿命。在实际工程中,结构材料往往受到复杂的变幅疲劳载荷的作用,在这种情况下,为了估计结构构件的疲劳寿命,只有相应的 $S-N$ 曲线是远远不够的。例如,某一构件承受两个不同交变应力 S_1 和 S_2 的作用,且知道每小时中 S_1 作用 n_1 次,S_2 作用了 n_2 次。通过该构件相应的 $S-N$ 曲线,可以分别找出在 S_1 单独作用时,构件到破坏所能承受的循环次数为 N_1,在 S_2 单独作用时,构件到破坏所能承受的循环次数为 N_2,但仍然不能确定在 S_1 和 S_2 同时作用的疲劳寿命是多少。因此,为了预计在复杂疲劳载荷作用下的疲劳寿命,除了上面介绍过的 $S-N$ 曲线外,还必须借助疲劳累积损伤理论。

对于疲劳累积损伤规律,人们从宏观到微观已进行过多年研究,提出了数十种累积损伤假设,但是在工程上真正有实用价值并已被广泛应用的并不多。本节着重介绍工程上常用的线性累积损伤理论。

直到目前,工程上仍被广泛采用的累积损伤理论,是由德国人帕尔姆格林(Palmgram)于 1924 年和美国人迈纳(Miner)于 1945 年所提出的(这种累积损伤理论在国外文献中常称为 Palmgram-Miner 理论,或简称为 Miner 理论)。它的基本假设是:各级交变应力引起的疲劳损伤可以分别计算,然后再线性叠加起来。而某级应力水平 S_i 造成的疲劳损伤,与该应力水平所施加的循环次数 n_i 和在同一应力水平下直至发生破坏时所需的循环次数 N_i 的比值成正比,即与比值 n_i/N_i 成正比例。比值 n_i/N_i 一般称为循环比或损伤比。很显然,如果是单级加载,循环比等于 1 时出现破坏;如果是多级加载,则认为总损伤等于各循环比(或损伤比)的总和,且当循环比总和等于 1 时发生破坏。用公式来表示即为

$$\sum \frac{n_i}{N_i} = \frac{n_1}{N_1} + \frac{n_2}{N_2} + \frac{n_3}{N_3} + \cdots = 1 \qquad (2-3-15)$$

式(2-3-15)是多级循环加载下的破坏条件,也是线性累积损伤理论的计算公式。有了这个公式,再加上所需的 $S-N$ 曲线,就可以进行疲劳寿命估算了。

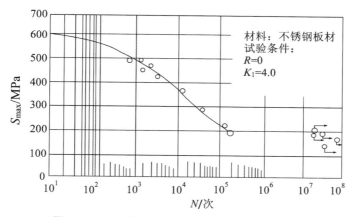

图 2 - 3 - 20　某不锈钢板试验得到的 S-N 曲线

【例 2 - 1】　一个飞机零件用一种不锈钢板制造,理论应力集中系数 K_t 为 4.0,用试验得到的 S-N 曲线如图 2 - 3 - 20 所示。根据实测统计,每次飞行遭遇的应力历程如下:0～420 MPa 有 1 次;0～350 MPa 有 10 次;0～210 MPa 有 200 次;0～140 MPa 有 1 000 次。

求　零件破坏前可以飞行的次数。

解　由 S-N 图查得

0～420 MPa 应力作用下破坏时的循环数:$N_1=3.5\times10^3$ 次

0～350 MPa 应力作用下破坏时的循环数:$N_2=1.2\times10^4$ 次

0～210 MPa 应力作用下破坏时的循环数:$N_3=1.7\times10^5$ 次

0～140 MPa 应力作用下破坏时的循环数:$N_1\gg10^8$ 次

计算结果如表 2 - 3 - 3 所示。

表 2 - 3 - 3　计算结果

S_{min}～S_{max}/MPa	n_i	N_i	n_i/N_i
0～420	1	3.5×10^3	$0.285\ 7\times10^{-3}$
0～350	10	1.2×10^4	$0.833\ 3\times10^{-3}$
0～210	200	1.7×10^5	1.176×10^{-3}
0～140	1 000	$\gg10^8$	—

$$\sum\frac{n_i}{N_i}=2.295\ 5\times10^{-3}$$

由表 2 - 3 - 3 可见,每次飞行的总损伤为

$$\sum\frac{n_i}{N_i}=2.295\ 5\times10^{-3}$$

若零件破坏前能飞 L 次,则由

$$L\times2.295\ 5\times10^{-3}=1$$

可得

$$L=\frac{1}{2.295\ 5\times10^{-3}}=436（次）$$

显然，计算得到的是该零件破坏前可能飞行次数的平均值。由于疲劳数据的分散性，实际使用中，该零件破坏前可能进行的飞行次数将在 436 次上下波动。通过每次飞行的平均时间，就可折算出零件破坏前可能飞行的平均小时数。上面的计算分析是基于一个机群或单机的平均载荷历程，与实际飞行有一定的差距，随着飞参监控技术的发展，基于单机实际载荷历程进行计算，可精确确定单机的剩余疲劳寿命。

六、飞机使用寿命控制

同其他产品一样，飞机也有使用寿命限制，这一指标在飞机拟定技术要求时就已确定。飞机使用寿命一般定义为机体结构在规定条件下，从开始使用到规定的使用极限工作时间（以飞行小时数或起落数表示）或日历持续时间（以日历年表示），两者以先达到者为准。如某飞机技术说明书给出其总寿命为 20 年/3 000 飞行小时/4 000 当量起落，这三个值任何一个达到要求，就说明飞机到达使用寿命。陆基飞机一般以飞行小时数和日历持续时间为使用寿命限制指标；对舰载飞机，起落架寿命消耗较快，增加了当量起落控制指标，对舰载飞机进行寿命控制。当量起落是指飞机的每个算术起落数在经过等损伤疲劳折算后的当量值，其中算术起落下定义为飞机进行 FCLP 着舰训练过程中的每一次接地（触舰）。

▶拓展阅读

莱特兄弟的思维突破

若说这世界上有什么航空故事听起来神乎其技，也许非莱特兄弟发明飞机莫属。

之所以说神奇，是因为莱特兄弟的身份与他们达成的目标之间差距实在太大。两个人并非那个时代最顶尖的科技工作者，他们只上到高中毕业就回家创业，靠修自行车谋生。相比于同时代的其他探索者，莱特兄弟并不十分努力：从 1899 年正式着手第一架模型机的制造，到 1903 年一飞冲天，仅仅花了不到 5 年时间，进行了几百次试飞就成功了。

这个速度实在令他们的竞争者汗颜。要知道，在整个 19 世纪后半叶，发明比空气重且自带动力的飞行器可是个热门项目，多少人用尽毕生的时间、精力、金钱甚至以生命为代价都未成功。

这里面其实藏着一个至关重要的思维突破。莱特兄弟在着手设计飞机前，先是孜孜不倦地学习先辈的成果，如乔治·凯利士的理论、奥托·李林达的滑翔笔记。在彻底弄懂之后，再基于相关理论着手设计飞机。因此，你会发现一个很有趣的现象——莱特兄弟的飞机是同时代所有设计中最不像鸟的。

更了不起的是，即使有了这样靠谱的设计，莱特兄弟依然没有草率地试飞：他们十分超前地想到了先打造一个风洞，并在其中进行了上千次实验，校正了不少前人留下的飞行数据。在风洞实验成熟后，才在自然环境下试飞。通过试飞，莱特兄弟发现了飞机不合理的结构设计。莱特兄弟对飞机结构改进后，成功地进行了试验飞行，并得到了美国军方的认可和采购。

　　决定莱特兄弟成功的关键,其实是那些常为人所忽视的"小品格":勤奋之前的理性、勇敢之前的谨慎、拼搏之中的勤于思考。

本 章 小 结

　　本章主要介绍飞机结构设计及强度评估方面的基本概念和飞机外载荷特点及使用限制。飞机结构设计是飞机设计过程中最基础的工作,随着技术的进步,飞机结构设计思想经历了五个阶段的演化,在长期的工程实践过程中,形成了比较完善的设计流程和设计准则。飞机在飞行过程中,受到重力、升力、阻力和发动机推力等载荷的作用,这些载荷都要通过各种类型的结构元件来传递和承担。特别是金属构件在受到交变载荷作用时,会产生疲劳破坏,对飞行安全有重要影响。

思 考 题

　　1.试归纳疲劳安全寿命设计、损伤容限设计和耐久性设计思想之间的主要区别。

　　2.飞机状态在什么情况下载荷因数大于1、小于1、等于1和为负值?

　　3.试分析起落航线各个阶段的载荷的情况。

　　4.试分析舰载机在陆基起降和舰基起降受载情况有什么不同。

　　5.试分析典型飞行状态外载荷、过载与疲劳载荷之间的关系。

　　6.根据飞机结构寿命估算方法和对称机动飞行包线,驾驶新机和驾驶延寿飞机在飞行限制参数方面有哪些差异需要引起飞行员的高度重视?

　　7.以流程图或框图形式试归纳从机体外载荷、各组成构件内力与传递、不同结构形式特点到设计思想、再到飞行过程中结构强度限制之间的知识点脉络。

　　8.容易造成飞机结构损伤的非正常情况主要有哪些?

　　9.为保证飞机结构安全,在飞行中有哪些使用限制要求?

　　10.舰载飞机的使用寿命指标为什么加上起落架起落次数限制?

第三章　液压与气压传动基础

▶学习重点

(1)液压传动基本原理,液压系统基本组成。

(2)常见液压油的种类、性质与流动特性。

(3)液压元件分类、功用与工作原理。

(4)液压源基本组成与工作特点。

(5)气压系统基本组成、工作原理、典型供压部分结构组成与工作特点。

▶关键词

液压系统 hydraulic system　　　　　液压油 hydraulic oil

液压泵 hydraulic pump　　　　　　液压作动筒 hydraulic actuating cylinder

安全阀 safety valve　　　　　　　蓄压器 accumulator

气压传动系统 pneumatic system　　　气压源 pneumatic supply

液压与气压传动技术在航空上的应用,是 20 世纪 40 年代以来的事,在飞机起落架收放系统、操纵系统、刹车系统及发动机某型部件的工作中都起到重要作用。不断改进的液压助力器用于飞机舵面的操纵不仅减轻了飞行员的体力消耗,而且由于助力器操纵克服了飞机在跨声速飞行时舵面气动力引起操纵杆力变化的不可操纵性,使飞机由亚声速跨入了超声速的飞行。相较气压传动,液压传动技术应用较多,本章重点介绍液压传动有关内容。

第一节　液压传动基本知识

液压传动是以有压流体(液体)作为工作介质传递和控制能量的一种形式,由各种液压附件组成不同功能的基本控制回路完成一定的传动动作将若干基本控制回路组合起来,就构成了完整的液压系统。

一、基本概念

(一)液体静压力

如图 3-1-1 所示,在处于静止状态的液体中,取一团任意形状的液体,这团液体由于承受了质量力以及周围液体通过它的周界面所加诸力的综合结果,仍可保持相对平衡状态,将该团液体分成上、下两部分,并取下半部为分离体,在分离面上,必须加以上半部分液体对分离体的作用力,而在分离面中 m 点周围微小面积 ΔA 上,必定作用有一个力为 ΔF,在 ΔA 面积上的液体平均压力应为 $\Delta F/\Delta A$。当 ΔA 无限地向 m 点缩小时,则 $\Delta F/\Delta A$ 的极限值即为 m 点的液体静压力,并以 p 表示之。这样,某一点上液体静压力的表达式可写为

$$p = \lim_{\Delta A \to 0} \frac{\Delta F}{\Delta A}$$

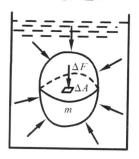

图 3-1-1 液体内部的作用

液体静压力就是表示作用在单位面积上的力,在工程应用中称为压力,在物理学中称为压强。

(二)液体压力的单位

用来衡量压力大小的单位很多,在国际单位制中用 N/m^2(或称为 Pa,帕斯卡)作为压力单位,允许与 Pa 一起使用的有 kPa、MPa、bar、kgf/cm^2、标准大气压(atm)等;英制压力单位是 psi(pounds per square inch,磅力/吋^2)。上述各个单位的换算关系可见表 3-1-1。

表 3-1-1 压力单位的换算

帕 Pa	巴 bar	千克力/厘米^2 kgf/cm^2	磅力/吋^2 psi	标准大气压 atm
1×10^5	1	1.019 7	14.504	0.986 9
9.8×10^4	0.980 7	1	14.223	0.967 8
$0.689\ 5 \times 10^4$	0.068 95	0.070 3	1	0.068 05
$1.013\ 3 \times 10^5$	1.013 3	1.033 2	14.692	1
1.33×10^2	1.33×10^{-3}	0.001 36	0.019 33	0.001 32

(三)静压力基本方程

为了进一步说明液体静压力的性质,可以推导出一个基本方程。如图 3-1-2 所示,在静止液体内截取一液柱,其底面积为 A,高为 h。作用于液柱侧面上的压力应垂直于侧面,故无铅直方向的分力,这样,在铅直方向上的作用力平衡方程为

$$pA = p_0 A + G \qquad (3-1-1)$$

或

$$p = p_0 + \rho g h \qquad (3-1-2)$$

式中:p_0——自由液面上的外压力;

G——所截取液柱的重量;

ρ——液体的密度。

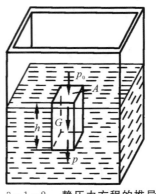

3-1-2　**静压力方程的推导**

式（3-1-2）就是液体静压力基本方程。它的物理意义是：自由液面下深度为 h 处液体静压力 p 的大小，等于自由液面上的外压力 p_0 与底面单位面积上液柱重量之和。如果外压力 p_0 不变，则液体中任何一点的静压力只与该点离自由液面的高度有关。反之，若外压力改变一个数值，则液体内任何一点的静压力都会无变化地改变同样的数值。

（四）帕斯卡原理

设有一密闭容器，如图 3-1-3 所示，容器的一部分边界是活塞，外力 F 通过小活塞向容器内的液体加压。外力作用在活塞边界液体上的压力为 p。当边界压力增加某个数量时，则容器内各点液体的压力亦将增加同样的数量。由此可得出结论：密闭容器中的静止液体，由于部分边界上承受外力作用而产生的液体静压力，将均匀地传递到液体内所有各点上去。这就是著名的帕斯卡原理。液压系统正是根据这个基本原理而应用于实践的。

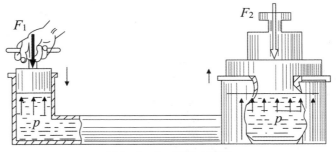

图 3-1-3　**帕斯卡原理**

（五）流量

要完成一定的传动动作，仅靠油被传力是不够的，还必须使油液不断地向执行机构运动方向流动，单位时间内流入执行元件的油液体积称为流量 Q。

如图 3-1-3 所示的模型，设小活塞的位移为 L_1，大活塞的位移为 L_2，若不考虑液体的可压缩性、泄漏损失和缸体、管件的变形，则小缸体减少的油液体积 V_1，应等于大缸体增加的油液体积 V_2，即

$$A_1 L_1 = A_2 L_2 \tag{3-1-3}$$

将式（3-1-3）两端同除以活塞运动的时间 t，得

$$A_1 \frac{L_1}{t} = A_2 \frac{L_2}{t} \tag{3-1-4}$$

$A \dfrac{L}{t}$ 的物理意义是单位时间内,液体流过截面面积为 A 的体积,即流 Q,则有

$$v = \frac{L}{t} = \frac{Q}{A} \tag{3-1-5}$$

因此可以得出,当活塞面积 A 一定时,活塞的运动速度 v 取决于输入液压缸的流量 Q,流量越大活塞运动速度越快,即传动速度取决于流量。只要连续调节输入液压缸的流量 Q,就可以连续调节活塞的运动速度,从而实现传动部件液压无级调速。

(六)功率

如果液压传动过程中油液压力不变,且不考虑油液在管路中流动时的能量损失和渗漏等,则油液对活塞所做的功 W 由下式给出:

$$W = pA_2 L_2 = pV_2 \tag{3-1-6}$$

油液在时间 t 内对活塞所做的功,即液压传动功率 P 为

$$P = \frac{W}{t} = p\frac{V_2}{t} = pQ_2 \tag{3-1-7}$$

因此可以得出,液压传动功率的大小,取决于系统的工作压力(即油液压力)和流量。目前,随着飞机的质量和飞行速度的不断提高,液压系统传动部分的负载也相应增大,同时液压传动的速度也要求加快,因此液压系统的传动功率在日益增大。

提高系统的工作压力或增大油液流量均可以提高传动功率,但从减轻质量的角度来看,提高系统的工作压力比较有利,因为工作压力提高后,尽管作动筒和导管壁的厚度必须增加,但作动筒等附件的尺寸可以减小,所以与增大流量相比,系统总的质量较轻。因此现代飞机液压系统的工作压力越来越高。另外,系统的工作压力又受限于现有的密封技术。

二、液压系统的基本组成

图 3-1-4 是日常所用液压千斤顶原理图。当关闭阀门上提手柄时,单向活门 1 关闭,单向活门 2 打开吸油。当压下手柄时,单向活门 2 关闭,单向活门 1 打开,小活塞上压力传至大活塞,托起大活塞上的巨大作用力。千斤顶是最简单的液压系统。它有油箱、动力源(即手操纵小活塞)、执行机构(即大活塞),以及控制阀等组成。控制阀用来控制油液流动方向。

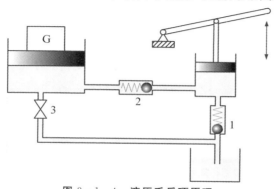

图 3-1-4　液压千斤顶原理

通过液压千斤顶工作循环的完整过程,可基本确定液压传动系统的组成如下。

(一)动力元件

将机械能转换成液体压力能输入系统内的装置,在上述液压千斤顶中,由小活塞、单向活门 2 和单向活门 1 构成了具有阀式配流机构的液压泵。

(二)执行元件

将液体的压力能转换成机械能由系统向外输出的装置,液压千斤顶中的大活塞即实现了这一功能。在其他液压系统中的执行元件可能是输出直线往复运动的液压缸(航空领域常称作动筒),也可能是输出旋转运动的液压马达。

(三)控制元件

控制液体的压力、流量和流动方向使执行元件输出特定的作用力、运动速度和运动方向的元件。例如,液压千斤顶中的截止阀即可象征性地实现减小输出力、降低输出速度并改变大活塞的运动方向。

(四)辅助元件

除去上述 3 种元件以外,能够盛放、过滤液体,连通、连接其他元件的所有元件均为液压系统的辅助元件,如液压油箱、液压油滤、蓄压器、压力表及各种管件、接头等。

(五)传动介质

传递能量的液体,即工作油液。在液压系统中,是指各种液压油。

不论系统复杂程度如何,液压系统都是由上述四种元件和传动介质所构成的,缺少任何一种元件,都会导致系统工作不正常或功能不健全。

三、液压传动的优缺点

液压系统和机械系统、电气系统相比,有许多优点,使液压系统在飞机上得到广泛应用。同时也存在一些缺点,使其应用受到一定限制。

(一)液压系统的优点

1. 功率重量比大

同样功率的液压泵、液压马达或活塞,其重量比电动机要小得多。这是液压系统在航空上获得广泛应用的主要原因之一。发电机和电动机的功率重量比一般仅为 16.8 W/N,稀土电机功率重量比可以达到 225 W/N。而液压泵和液压马达的功率重量比却普遍为 168 W/N,在航空航天上应用的液压泵和液压马达功率重量比高达 675 W/N。特别地,一般直线式电机的力质量比仅为 130 N/kg,而液压活塞的力质量比可达 13 000 N/kg,是直线式电机的 100 倍。随着密封技术和加工工艺的发展,液压系统的压力还在继续提高,功率重量比还会进一步提高。

2.容易实现各种传动运动

液压动力元件既可以作直线往复运动(用活塞),也可以做旋转运动(用马达)。正转反转均可,还可停止不转而承受负载。

3.负载特性好

这是指负载变化时,引起的输出速度或输出位移变化小,运动平稳。

4.快速性好

液压动力元件功率重量比大,相对重量小,即惯性小,而液压作用力大,油液可压缩性小。这使动力元件的启动停止、加速减速容易,即响应性能好。根据测定,液压控制的时间常数 0.1~0.001 s,而电力拖动的时间常数为 0.5~0.01 s。

5.容易实现调速

调速范围大,且可无级调速。

6.有很大的功率放大系数

例如液压位置伺服机构,其活塞输出力以吨计,而输入作用只需克服伺服阀摩擦力,这种摩擦力常以 g 计,所以其功率放大因子以 10^6 计。这使小小的电信号输入控制大功率输出成为可能。

7.易实现热平衡

液压系统以热容量大的液体作为工作介质,流动液会及时将局部生热量带定并散失掉,避免局部高温。

8.液体本身的润滑作用

机械摩擦及其引起的局部高温是机械寿命的主要限制因素之一,因而机械需要复杂的润滑系统。液压系统介质本身具有润滑作用,减少了摩擦损耗,提高了元件寿命。

这些优点促进了液压传动与控制在航空上的应用和发展。

(二)液压系统的缺点

1.结构复杂,工艺要求高

液压元件结构复杂,配合间隙要求严格,加工精度要求很高,因而生产成本高,价格昂贵。

2.信号传达变换不如电

液压系统的位移、压力、流量和温度信号的采集、传递、变换不如电。要用专门的传感器将这些信号变成电信号,作信号变换和处理。所以在有液压控制的自动控制系统中,执行机构采用液压,而信号部分用电。

3.管路连接复杂

使用维护困难。

4.不宜高温环境

采用液体介质和橡胶塑料密封件,要求合适的温度环境,高温易引起泄漏,泄漏使系统产生更多的热量。过高的温度使油液变质,橡胶塑料密封件老化,缩短返修寿命,增加维修费用。

5.液压元件对介质污染敏感

油液污染严重影响液压设备工作的可靠性,因而污染控制成为使用维修的重要内容,使使用维修工作复杂化,费用上升。

第二节　液　压　油

液压系统使用的工作介质简称液压油。液压油主要用于传递和分配油液压力去传动各种部件,因此液压油应该具备可压缩性小、合适的黏性、较好的稳定性、抗燃性好以及较好的流动特性。为了确保飞机液压系统的正常工作,制造厂商明确规定了最合适的液压油种类。

一、液压油种类

为了避免液压系统中非金属元件的损坏以及确保系统的正常工作,必须使用正确类型的液压油。当向飞机液压系统加油时,应使用飞机维护手册中规定的液压油牌号,或者使用油箱或附件的标牌上所规定的液压油牌号。

(一)植物基液压油

植物基液压油(例如 MIL - H - 7644)由蓖麻油和酒精组成,有强烈的酒精气味,它与汽车刹车油液相似,但它们不能互换,这种油液用在早期的老式飞机上。植物基液压油通常染成蓝色,以便识别。植物基液压油适用于天然橡胶密封件和软管,假如这些密封件上沾染有石油基液压油或磷酸酯基液压油,则密封件将发生膨胀、损坏,以致密封失效。使用植物基液压油的系统可用酒精冲洗。植物基液压油易燃,防火性能不好,现在用得较少。

(二)矿物基液压油

矿物基液压油是经过特殊加工而成的石油型精制矿物油,矿物基液压油基本上是煤油类型的石油产品,通过加入不同添加剂制成不同牌号的矿物基液压油,具有润滑性能好、无腐蚀、不导电、成本低等特点。矿物基液压油的化学性质稳定,随着温度变化,黏度变化很小。矿物基液压油主要用于起落架减震支柱和小型飞机液压系统。矿物基液压油通常被染成红色,以便识别,因而又俗称"红油"。矿物基液压油适用于氯丁橡胶密封件和软管,使用中注意不能与植物基和磷酸酯基液压油混合。使用矿物基液压油的系统可用石油、矿物油、溶剂油来清洗。军用飞机上常用的矿物基液压油有 HY - 10、HY - 15,其中 HY - 10 型为旧标准下的航空 10 号液压油，一些老机型常常沿用该型液压油；HY-15 为新标准下的航空 15 号液压油，在很多新机型上使用较为广泛。

聚 α 烯烃基液压油（MIL-H-83282）是经过加氢处理的烃类液压油，这种液压油同样适用于氯丁橡胶密封件和软管，可以与 MIL-H-5606 牌号的矿物基液压油互换，相比于 MIL-H-5606 牌号的矿物基液压油，聚 α 烯烃基液压油具有更好的防火性能，但其低温性能较差，低温时黏性较大，为了确保系统正常工作，通常其环境温度不能低于 -40℃。在满足环境温度要求的条件下，小型飞机可以选择防火性能更好的聚 α 烯烃基液压油。

（三）磷酸酯基液压油

磷酸酯基合成液压油是一种性能优良的抗燃液压油，这种非石油基的合成液压油具有防火特性，它于二战后才开始用于飞机液压系统。将磷酸酯基液压油喷向超高温的焊接火焰进行耐火试验，它不会持续燃烧，偶尔会出现闪燃。试验证明，磷酸酯基合成液压油不助燃，仅在超高温的情况下出现闪燃。这种液压油之所以不会传播火焰是因为它的燃烧被限定在热源附近，一旦除去热源或油液流动离开热源，就不会发生闪燃或持续燃烧。

目前常用的是Ⅳ型和Ⅴ型磷酸酯基液压油（美国空军将液压油分为 6 种类型），两种液压油都是以基础油＋磷酸酯＋各种添加剂（包括改善黏度、酸接受体、抑制氧化、抑制腐蚀、消除泡沫、抗氧化等）所组成的。Ⅳ型航空液压油密度低，具有较好的低温工作特性和低腐蚀性，主要用于现代大型民用运输机上；Ⅴ型航空液压油热稳定好，在高温下具有较好的水解稳定性和氧化降解作用。

磷酸酯基液压油为浅紫色，具有毒性，在维护过程中要做好防护措施，且容易从大气中吸收水分而被污染，因此必须要良好密封。磷酸酯基液压油适用于异丁橡胶密封件和软管。使用磷酸酯基液压油的系统可以用三氯乙烯来冲洗。目前，磷酸酯基液压油多用于民用飞机、大型运输机和航母液压系统。

二、液压油的基本性质

（一）压缩性

液体的压缩性，是指液体所受的压力增大时其体积缩小的一种性质。一定体积的液体，在压力增量相同的情况下，体积的缩小量越小，则说明其压缩性越小。

其大小用容积压缩系数 β_p 表示，其定义为：增加一单位压力时所发生的容积相对变化量，即

$$\beta_p = -\frac{\dfrac{\mathrm{d}V}{V}}{\mathrm{d}p} = -\frac{1}{V}\frac{\mathrm{d}V}{\mathrm{d}p} \tag{3-2-1}$$

液体弹性的大小用容积弹性系数表示，E_l 它在数值上等于容积压缩系数的倒数，即

$$E_l = \frac{1}{\beta_p} = = -\frac{\mathrm{d}p}{\dfrac{\mathrm{d}V}{V}} \tag{3-2-2}$$

试验证明,任何液体都是可压缩的,但可压缩的程度一般很小。例如,一种常用的YH-10液压油,在温度为20℃的条件下,压力增加1 kgf/cm²,其体积仅比压力增加前的体积小1/12 500。因此,通常都认为液体是不可压缩的。

为了迅速传递压力,液压油的压缩性应尽可能小一些。液压油本身的压缩性是可以满足这一要求的。但是,如果液压油中含有气泡,其压缩性将显著增大,这样就会引起传动迟缓,甚至是液压系统的工作受到破坏。因此,要求液压油中不含有气泡。

(二)黏性

液体在管道内流动时,液体分子间的内聚力以及液体与管壁之间的附着力阻碍其分子间的相对运动而产生一种内摩擦力的现象称为液体的黏性。当液体流动时,由于液体与固体壁面的附着力及流体本身的特性使流体在流通截面上的速度分布不均。如图3-2-1所示为平行平板间液体黏性示意图,设上平板以速度 u_0 向右运动,下平板固定,紧贴在上平板的油液粘附于上平板,以速度 u_0 运动,紧贴于下平板的油液黏附于下平板,其速度为零,中间油液的速度按线性分布。由于相邻流体层之间的速度差,运动较快的液体层带动运动较慢的液体层,运动较慢的液体层阻滞运动较快的液体层,相邻流层间由于黏性就产生内摩擦力的作用。黏性是液体流动时内部产生摩擦力的一种性质。

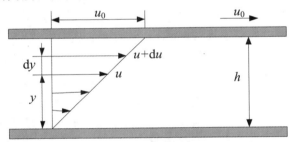

图3-2-1 平行平板间液体黏性示意图

任何液体流动时,内部都会产生摩擦力,这种内摩擦力的大小用黏度来表示。常用的黏度表示方式有动力黏度、运动黏度等。动力黏度 μ 就是牛顿内摩擦系数,有明确的物理意义,表示两相邻液体层以单位速度变化率流动时,在单位接触面积上所产生的内摩擦力的大小。动力黏度 ν 是动力黏度和液体密度的比值,无明确的物理意义,国际标准组织(ISO)规定统一采用运动黏度来表示油的黏度。

一般说来,当液体所受的压力增大时,其分子之间的距离缩小,内聚力增加,黏性变大;当温度升高时,内聚力减小,因而黏度亦随之减小。

液体的黏度可用恩氏黏度测量,即测出200 mL的液体流过黏度计的小孔所需的时间,与同体积的温度为20℃的水流过同一小孔的时间的比值。这个比值的单位是"恩氏度",用符号°E表示。恩氏黏度越大,表示液体的黏度越大,它在流动中内部产生的摩擦力也越大。恩氏黏度与运动黏度之间有固定的换算关系。

液压油黏度的大小,直接影响着系统的工作质量。黏度过大,则油液流动迟缓,会使传动动作变慢,同时还会过多地消耗液压泵功率;反之,黏度过小,油液容易渗漏,又会使系统压力不足。因此,液压油黏度应适当,并且其黏度随温度的变化量应尽量小。

液压油黏度大小受温度和压力的双重影响。液压油黏度随温度升高而减小,随温度的降低而增大。这是由于引起黏性的主要原因是分子间的内聚力,当温度升高时,内聚力减小,因而黏度主要取决于分子间的动量交换,当温度升高时,动量交换增加,因而气体的黏度也随着温升而有所增大,反之亦然。

当液压油所受压力增大时,其分子之间的距离减小,内聚力增大,黏性随之变大。一般来讲,当压力小于 20 MPa 时,黏度变化不大,并且与压力变化基本呈线性关系,通常不予考虑。当压力很高时,黏度将急剧增大。例如:压力从 0 MPa 升高到 150 MPa,矿物液压油的黏度将增大 17 倍。

(三)润滑性

液体的润滑性,是指液体能够在两个附件的摩擦面之间形成一层"油膜"的特性。这层"油膜"遮盖着附件的表面,使零件间摩擦力减小并减少零件表面的磨损。

各种液体所能形成的"油膜"的厚度和牢固程度是不同的,因此它们的润滑能力也不同。"油膜"越厚,它对摩擦面上的不平滑部分就遮盖得越多,同时,摩擦面间各液层的相对流动速度也越小,所以附件表面的磨损和附件之间的摩擦力都越小,即液体的润滑性越好。"油膜"越牢固,在工作载荷作用下,"油膜"就越不容易破裂,液体的润滑性越好。在液体中加入适量的添加剂(如硬脂酸,含硫、磷的化合物等),可以改善它的润滑性。液压系统是利用液压油来润滑的所以液压油必须有良好的润滑性。

(四)空气溶解性

目前,液压系统中常用的工作液,都具有溶解空气和其他气体的能力,这个问题往往被人们所忽视了。

当压力降低或温度升高时,溶解于液体中的气体将分解出来,分解出来的气体仍留在液体中,结成许多小气泡,形成工作液和空气的混合物。液体中溶解气体,压力降低时气体又从液体中分解出来成为气泡藏在液体内部的这种性质,严重影响液压系统的正常工作,使液压泵效率下降,甚至引起整个系统发生噪声和振动。

(五)机械稳定性

液体的机械稳定性,是指液体在长时间的高压作用(主要是挤压作用)下,保持其原有的物理性质(如黏性、润滑性等)的能力。液体的机械稳定性越好,在受到长时间的高压作用后,其物理性质的变化越小。

液压油应具有良好的机械稳定性。因为液压油经常要在高压作用下通过一些附件的小孔和缝隙,如果它的机械稳定性不好,在使用过程中,黏度会很快减小,以致影响系统的工作。

(六)化学安定性

液体的化学安定性,主要是指液体抗氧化的能力。液压油内或多或少地含有一些空气,在使用过程中必然会逐渐氧化。油液的温度会越高,它的氧化就越剧烈。油液受到扰动时,它与空气的接触面积增大,因而氧化也会加剧。油液氧化后,会产生一些黏稠的沉淀物,使油液的流动阻力增大,并使附件受到腐蚀,而腐蚀物又会使油更快地变质。

如果油液中含有尘土、金属末、油漆等杂质,不仅会使油孔堵塞、附件磨损加剧,而且这些杂质还能起催化作用,使油液加速氧化。因此,液压油应具有良好的化学安定性,并且不含杂质。

除了上述各项要求外,液压油还应该是中性的,即不带酸性或碱性,以免腐蚀系统的金属导管和附件;液压油的闪点要高,以减少油液的挥发,并且一旦系统破损,也不容易着火。此外,液压油应没有毒性,以免给保管和维护工作造成困难。

(七)热膨胀性

热膨胀性是指液体在温度升高时容积增大的性质。它的大小用容积膨胀系数表示 β_t,其定义为增加一单位温度时所发生的液体容积相对变化量,即

$$\beta_t = \frac{\mathrm{d}V}{V} / \mathrm{d}t = \frac{1}{V} \frac{\mathrm{d}V}{\mathrm{d}t} \qquad (3-2-3)$$

从工程实用的观点来看,可认为 β_t 是取决于流体本身而与压力及温度无关的常数。

三、液压油的流动特性

液体处于流动状态时,其内部的各变量之间将遵循一定的规律变化,这些规律常常是研究液压系统或附件性能的基础。

(一)压力损失

液体在管路中流动时的能量损失,具体表现为管路中液体压力的降低,因此,这种能量损失又称为压力损失。液体的压力损失包括沿程损失 $\Delta p_{沿程}$ 和局部损失 $\Delta p_{局部}$ 两部分。

沿程损失是由于液体在管路中流动时各层液体之间存在着黏性摩擦而引起的压力损失。这里取出如图3-2-2所示的一段导管来看,在水平方向,液体沿轴向的流速是不变的,而沿半径方向的流速是变化的。在半径为 R 的导管内取一微小液柱,当这一微小液柱在压力 p_1 推动下向右流动时,不仅要克服右边压力 p_2 的阻挡,还要克服流速慢的外油液对它内摩擦力 Δp,要保持油液沿轴向的等速流动,必须 $p_1 = p_2 + \Delta p$。就是说 p_1 要比 p_2 大一个 Δp,Δp 就是油液沿导管流动时的沿程损失。

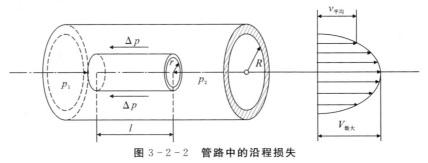

图 3-2-2 管路中的沿程损失

试验证明,管路越长、管径越细、液体的密度和黏度越大、流速越大、管壁越粗糙,则沿程损失越大。沿程损失与这些因素的变化关系可用公式表示为

$$\Delta p_{沿程} = \lambda \frac{l}{d} \frac{\rho v^2}{2} \qquad (3-2-4)$$

式中:λ—— 沿程阻力系数它与液体的黏度、管壁粗糙度有关;

　　　ρ—— 油液的密度;

　　　v—— 液体的流速;

　　　l—— 油液流过管路的长度;

　　　d—— 管路的直径。

局部损失是由于液体的流动方向或管路的截面形状发生急剧变化(如液体流过弯曲的导管或流过附件等)而引起的压力损失。

液体的流动方向或截面形状突然改变时,产生压力损失的主要原因是:①液体通过某一弯曲导管见图 3-2-3(a)或孔口见图 3-2-3(b)时,要产生程度不同的漩涡,旋转着的液体与邻近液体之间产生黏性摩擦,因而消耗了能量;②由于上述漩涡的影响,前后液体的流动受到干扰,增大了能量损失。从局部损失产生的原因可知,若油液旋涡越严重,局部损失就越大,反之就越小。影响漩涡程度的因素可用公式表示为

$$\Delta p_{局部} = \xi \frac{\rho v^2}{2} \qquad (3-2-5)$$

式中:ξ—— 局部阻力系数;

　　　ρ—— 油液的密度;

　　　v—— 油液在管路中的流速。

它的大小主要决定于附件、接头或导管等的构造形式。在截面形状改变越大或方向变化越剧烈的部位局部阻力系数也越大。局部阻力系数的大小,一般通过试验测定。

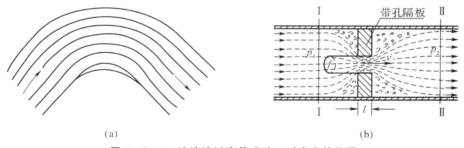

(a)　　　　　　　　　　　　(b)

图 3-2-3　油液流过弯管或孔口时产生的旋涡

(a)弯管;(b)孔口

(二)液体的节流

在很短的液流通道上,对液体的过流截面突然加以限制的流动现象称为节流,由上节管路流动的压力损失分析可知,对于整个液压系统来说,压力损失会造成系统中能量的损耗,因而通常总是设法减少这种损失。然而,在某些情况下,却要利用产生压力损失的原理,来达到各种目的。例如,广泛采用迫使液体流过小孔或小槽的方法,使之产生较大的压力损失,来达到控制传动部件的运动速度、协调各运动部件之间的传动动作、减弱系统压力脉动

等目的,这种带有小孔或小槽的元件或附件,就称为节流装置,如图 3-2-4 所示。

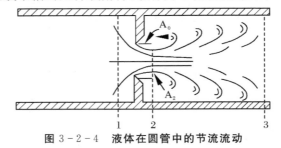

图 3-2-4　液体在圆管中的节流流动

(三)液体在间隙中的流动

1. 固定平行面间的间隙流动

如图 3-2-5 所示,假设组成间隙的两个平面互相平行,且固定不动,液体在间隙中的流动是由两端压力差造成的。

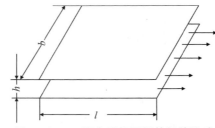

图 3-2-5　固定平行面间的间隙流动

间隙中的流量与压力差的关系为

$$Q = \frac{b\Delta p h^3}{12\mu l} \tag{3-2-6}$$

式中:b—— 缝隙宽度;

$\qquad h$—— 缝隙高度;

$\qquad \mu$—— 动力黏度;

$\qquad l$—— 为缝隙宽度;

$\qquad \Delta p$—— 两端压力差。

由式(3-2-6)可知,平行板间缝隙的流量与缝隙高度的立方成比例,即缝隙的大小对流量(或泄漏量)的影响很大。

缝隙轴线方向上的压力分布为

$$\Delta p = \frac{12\mu l}{b h^3} Q \tag{3-2-7}$$

即平行缝隙进出口之间的压力差与进出口的距离 l 成正比。

2. 有相对运动平行面间的间隙流动

假设两块平行板中的上板保持固定不动,如图 3-2-5 所示,下板相对上板以 v 的速度运动,这时液体在运动平行面间隙中的流动,实际上是两种流动情况的叠加:一是在有压力差情况下,液体通过固定平行面间隙的流动;二是在无压力差情况下,由于黏性摩擦的作用,液体随运动平板的移动而流动。

流量分布特性为

$$Q = \frac{\Delta p b h^3}{12\mu l} \pm \frac{vhb}{2} \qquad (3-2-8)$$

3. 同心柱面间的间隙流动

由柱形零件组成的环形间隙和平面间隙的差别仅在于间隙的截面形状不同,把平面间隙卷成圆筒形状,就变成同心柱面间隙了,如图 3-2-6 所示,取 $b = \pi d$ 代入公式,即得到柱面间的流量公式

$$Q = \frac{\pi d h^3}{12\mu l} \Delta p \qquad (3-2-9)$$

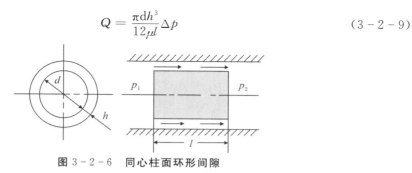

图 3-2-6　同心柱面环形间隙

(四)液压冲击与气穴现象

液压冲击和气穴现象是管路系统中两个有害的现象,常常引起振动、噪声甚至损坏设备的后果,一般总是希望在管路系统中尽量消除或减弱这两种现象。

在液压系统中,由于某种原因,液体压力在一瞬间会突然升高,产生很高的压力峰值,这种现象称为液压冲击,如图 3-2-7 所示。产生管中流速突然变化的最常见的原因有:阀门的突然打开或关闭,负载的突然停止或起动,调节管路压力的压力阀的突然关闭或打开等。这些都可能在管路系统中引起液压冲击现象。产生液压冲击的本质是动量变化引起冲量,管路中的液体因突然停止运动而导致动能向压力能的瞬时转变。液压冲击的压力峰值往往比正常工作压力高好几倍,且常伴有巨大的振动和噪声,使液压系统产生温升,有时会使一些液压元件或管件损坏,并使某些液压元件(如压力继电器、液压控制阀等)产生误动作,导致设备损坏。

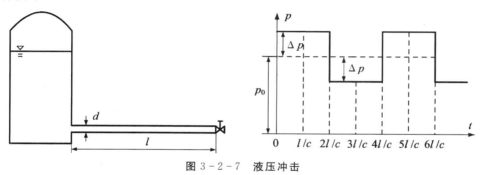

图 3-2-7　液压冲击

要减小液压冲击力,目前一般用以下几种方法:缩短管路长度,适当延长关闭(或)开阀时间,适当限制管中速度,适当选用大管径,采用弹性管,在发生液压冲击的元件附近设置蓄能器,等等。

在飞机液压系统中,当油液内含有大量气泡时,会使系统的工作介质由液体变为液气混合体,造成容积弹性系数大大降低,甚至会使液压泵等附件产生气穴现象,严重地影响系统的正常工作,尤其会降低系统在高空工作的可靠性和破坏液压伺服机构的稳定性。

由于液体本身的蒸发沸腾,溶解在液体中的气体离散,以及由外界混入大量气体,都会使液体中存在大量气泡,都可能使系统发生气穴现象。但是,外界空气混入液体是可以设法防止和消除的,而液体的沸腾和液体中的气体离散在一定条件之下却是要发生的。

一般来说,液压泵是系统中容易产生气穴的部位。因为泵的吸油口往往是系统中压力最低的部位,较易使空气离散。液压泵产生气穴现象时,其供油量会显著减小,甚至会使供油中断。严重的气穴现象引起泵出口压力的急剧变化而产生振动。对于作动筒等的执行机构,活塞在顺载情况下运动时,由于油液来不及补充,一边工作腔的压力迅速降低,因而也可能产生气穴,作动筒内的油液混有气体而产生气泡时,会破坏油液流动的连续性,从而出现输出运动的爬行现象。当液压泵排出的油液含有大量气泡时,在高压管路中气泡受到压缩,周围的油液便高速流向原来由气泡所占据的空间,从而引起激烈的液压撞击,在高压的液气混合体冲击下,附件和导管的内壁表层受到腐蚀而剥落,这种情况称为气蚀,并使液压油因污染而提前更换。当油液因存在气泡而变成液气混合体时,其黏度会相应增大。

保持油箱油量正常和增压良好,是预防系统产生气穴的重要措施在液压舵机等主要的伺服装置中,设有防气穴安全阀,以便当执行机构工作腔的压力降低到一定程度时,防气穴阀立即开启,及时补充油液。

第三节　液压元件

液压系统组成元件主要包括动力元件、执行元件、控制元件和辅助元件等,各元件通过各种管路连接在一起,组成液压系统,相互配合,完成传动工作。

一、液压动力元件

液压动力元件通常称为液压泵,是液压系统的"心脏"。它通常由飞机上的发动机或专门的电动机带动工作,它的功用是将发动机(或电动机)带动它转动的机械能,转变成系统的液压能。供压部分工作是否正常很大程度上取决于液压泵的工作好坏。

飞机液压系统的动力元件均为容积式液压泵,通过密封容积的变换,向液压系统提供具有一定压力和流量的油液,并根据传动需要自动(或与压力调节附件配合)调节供油量。

(一)液压泵的种类

液压泵种类加多,按其结构形式分类如下:

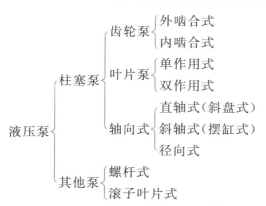

在转速不变的条件下,有的液压泵流量可以调节,有的则不能调节。因此,液压泵又可按其流量能否调节,分为变流量泵和定流量泵两类。

飞机上常用的液压泵主要有齿轮泵和柱塞泵我们重点研究柱塞泵。

(二)液压泵性能参数

1.压力

(1)工作压力:液压泵实际工作时的输出压力称为工作压力,即油液克服阻力而建立起来的压力。工作压力的大小取决于外负载的大小和排油管路上的压力损失,如果液压系统中没有负载,相当于泵输出的油液直接流回油箱,系统压力就不能建立。若有负载作用,系统液体必然会产生一定的压力,这样才能推动部件运动。外负载增大,油压随之增大,泵的工作压力也升高。液压泵的工作压力与流量无关。

(2)额定压力:液压泵在正常工作条件下,按试验标准规定连续运转的最高压力称为液压泵的额定压力,工作中压力超过额定值就称为过载。

(3)最高允许压力:在超过额定压力的条件下,根据试验标准规定,允许液压泵短暂运行的最高压力值,称为液压泵的最高允许压力。

2.排量和流量

(1)排量 q:在没有泄漏的情况下,液压泵每转一周,由其密封容积几何尺寸变化计算而得的排出液体的体积叫液压泵的排量。排量可调节的液压泵称为变量泵;排量恒定的液压泵则称为定量泵。

(2)理论流量 Q_t:理论流量是指在不考虑液压泵的泄漏流量的情况下,在单位时间内所排出的油液体积。液压泵的理论流量与压力无关,工作压力为 0 时,实际测得的流量可近似作为其理论流量。显然,如果液压泵的排量为 q,其主轴转速为 n,则该液压泵的理论流量 Q_t 为

$$Q_t = qn \tag{3-3-1}$$

(3)实际流量 Q:液压泵在某一具体工况下,单位时间内实际排出的油液体积称为实际流量。液压泵在运转过程中,泵出口压力不等于 0,因而存在部分油液的泄漏,使实际流量

小于理论流量。因此,实际流量 Q 等于理论流量 Q_t 减去泄漏流量 ΔQ,即

$$Q = Q_t - \Delta Q \qquad (3-3-2)$$

(4)额定流量 Q_n:额定流量是指液压泵在额定转速和额定压力下输出的流量。

3. 功率和效率

(1)液压泵的功率损失。液压泵在进行能量转换时总有功率损失,因此输出功率小于输入功率。两者之差值即为功率损失,液压泵的功率损失包括容积损失和机械损失两部分。

容积损失是指液压泵流量上的损失,由于液压泵内部高压腔的泄漏、油液的压缩以及在吸油过程中由于吸油阻力太大、油液黏度大以及液压泵转速高等原因而导致油液不能全部充满密封工作腔,液压泵的实际输出流量总是小于其理论流量,因此当泵的压力增大时,输出的实际流量就会减小。液压泵的容积损失用容积效率来表示,它等于液压泵的实际输出流量 Q 与其理论流量 Q_t 之比

$$\eta_V = \frac{Q}{Q_t} = \frac{Q_t - \Delta Q}{Q_t} = 1 - \frac{\Delta Q}{Q_t} \qquad (3-3-3)$$

式中:ΔQ——某一工作压力下液压泵的流量损失,即泄漏量。

液压泵的容积效率随着液压泵工作压力的增大而减小,且随液压泵的结构类型不同而异,但恒小于1。

机械损失是指液压泵在转矩上的损失。液压泵的实际输入转矩 T,总是大于理论上所需要的转矩 T_t,其主要原因是由于液压泵内部相对运动部件之间因机械摩擦而引起的摩擦转矩损失以及液体的黏性而引起的摩擦损失。液压泵的机械损失用机械效率表示,它等于液压泵的理论转矩 T_t 与实际输入转矩 T 之比,设转矩损失为 ΔT,则液压泵的机械效率为

$$\eta_m = \frac{T_t}{T} = \frac{T_t}{T_t + \Delta T} = 1 - \frac{\Delta T}{T_t + \Delta T} \qquad (3-3-4)$$

(2)液压泵的功率。输入功率 P_i:液压泵的输入功率是指作用在液压泵主轴上的机械功率,当输入转矩为 T,角速度为 ω 时,有

$$P_i = T\omega \qquad (3-3-5)$$

输出功率 P:液压泵的输出功率是指液压泵在工作过程中的实际吸、压油口间的压差 p 和输出流量 Q 的乘积,即

$$P = pQ \qquad (3-3-6)$$

(3)液压泵的总效率。液压泵的总效率是指液压泵的实际输出功率与其输入功率的比值,即

$$\eta = \frac{P}{P_i} = \frac{pQ}{T\omega} = \frac{pQ\eta_V}{\frac{T_t\omega}{\eta_m}} = \eta_V \eta_m \qquad (3-3-7)$$

式(3-3-7)中理论输入功率 $T_t\omega$ 等于理论输出功率 pQ_t。由式(3-3-7)可知,液压泵的总效率等于其容积效率与机械效率的乘积。

（三）齿轮泵

常用的齿轮泵由壳体和一对齿轮(主动齿轮和被动齿轮)两个基本部分组成(见图3-3-1)。此外,还有轴承和密封装置等。

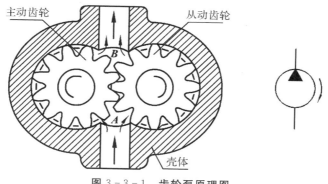

图3-3-1　齿轮泵原理图

当主动齿轮顺时针方向转动时,从动齿轮便被带着反时针方向转动。当主动齿轮沿顺时针方向旋转时,从动齿轮沿逆时针方向旋转,下方吸油腔由于相互啮合的齿轮逐渐脱开,密封工作容积逐渐增大,形成部分真空,外界油液进入齿轮泵下方的吸油室 A 处,将齿间槽充满,并随着齿轮旋转,沿齿轮泵左右两侧内壁,把油液带到上方压油室内。在压油室 B 处,由于轮齿在这里逐渐进入啮合,密封工作腔容积不断减小,油液便被挤出去。在齿轮泵工作过程中,只要两齿轮旋转方向不变,其吸油、压油室的位置就确定不变。

齿轮泵的齿谷容积和齿数不能改变,因此其转速不变的情况下流量是不可调节的。此外,它的效率比柱塞泵低。但是齿轮泵的构造简单、体积小、重量轻、工作可靠。现代飞机液压系统采用齿轮泵的并不多,只有在系统工作压力不高的某些运输机、直升机上采用齿轮泵,但在飞机燃油系统、发动机滑油系统中采用齿轮泵较多。

（四）柱塞泵

1. 手摇泵

手摇泵是一种由人力带动的单柱塞泵,由壳体、柱塞、单向阀和手柄等组成(见图3-3-2)。当柱塞向右运动时,工作腔容积增大把油吸入;柱塞向左运动时,工作腔容积减少,把油挤出。柱塞往返一次的,则出油量 q_1 等于柱塞的工作面积与其行程的乘积。设柱塞的直径为 d,行程为 S,则:

$$q_1 = \frac{\pi d^2}{4} S \qquad (3-3-10)$$

手摇泵包含了各种容积式液压泵的普遍原理,即通过工作腔容积的变化来吸油和挤油。掌握了这一普遍原理,就有利于理解其他各种液压泵的工作原理。在军用飞机上手摇泵常用于开启座舱盖,停机刹车等。

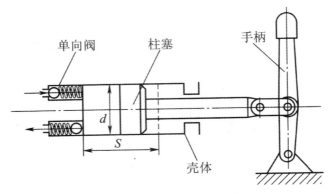

图 3-3-2　手摇泵原理图

2.多柱塞泵

(1)直轴式(斜盘式)轴向柱塞泵。图 3-3-3 为直轴式轴向式柱塞泵,由壳体、转子、斜盘和多个柱塞等组成。壳体底面有分油盘,分油盘上的两个弧形槽,分别与进油口和出油口相通。转子上安装着若干个柱塞。斜盘固定在壳体上不随转子转动。柱塞内有弹簧它一方面将柱塞顶在斜盘上,以便吸油;另一方面将转子压在配油盘上,使之密封。当转子转动时,柱塞在油缸内做轴向的往复直线运动。每一个柱塞从位置 1 转到位置 2 的过程中,逐渐向外伸出,工作腔容积增大,把油吸入;从位置 2 转到位置 1 的过程中,柱塞被斜盘压回,工作腔容积减小,把油挤出。转子每转一圈,每个柱塞完成一次吸油和注油。

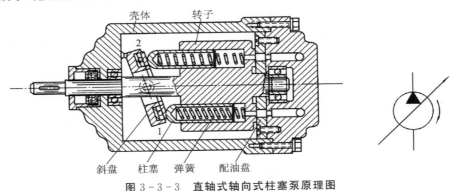

图 3-3-3　直轴式轴向式柱塞泵原理图

直轴式轴向式柱塞泵的流量,斜盘的倾斜角 β 决定(见图 3-3-4):

$$Q = qn = \frac{\pi d^2}{4} ZnD\sin\beta \qquad (3-3-15)$$

式中:d——柱塞直径;

$\quad\quad Z$——柱塞个数;

$\quad\quad n$——输入转速;

$\quad\quad D$——斜盘与柱塞接触的直径(见图 3-3-5);

$\quad\quad \beta$——斜盘倾斜角。

式(3.3.15)表明,改变斜盘的倾斜角,可以调节泵的流量。

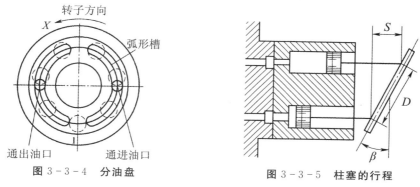

图 3-3-4　分油盘　　　　　图 3-3-5　柱塞的行程

(2)斜轴式(摆缸式)轴向柱塞泵。图 3-3-6 是一种斜轴式轴向式柱塞泵。它的特点是,转子轴线与传动轴线之间夹有一个角度 β;转子及其各油缸内的柱塞,分别用带万向接头的连杆与传动轴相连。转子转动时,各柱塞的连杆长度不变,而各油缸到传动轴端面(图 3-3-6 中 A—A 截面)的距离要产生周期性变化,例如,每个油缸从位置 1 转到位置 2 的过程中,它与 A—A 截面的距离逐渐增大,从位置 2 转到位置 1 的过程中则逐渐减小,所以柱塞能在油缸内作用相对的往返运动,进行吸油和注油。柱塞的行程由转子轴线的倾斜角 β 决定。改变转子轴线的倾斜角,就可以调节泵的流量。

相对于单柱塞泵(如手摇泵),多柱塞泵能够实现连续供油,弥补了单柱塞泵吸油与压油过程只能交替进行的缺点。多柱塞泵的构造一般比较复杂,而且由于它比较精密,对液压油的品质要求较高,但它的效率较高,能产生很高的压力,与其他液压泵相比,在重量相等的条件下,产生的功率较大,而且它的流量通常是可调节的。因此,在现代飞机的液压系统中柱塞泵应用得较广。

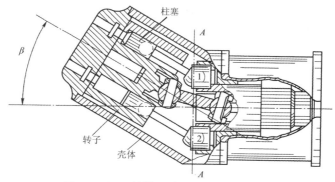

图 3-3-6　斜轴式轴向式柱塞泵原理图

3.柱塞泵的压力流量特性

如上述两种轴向多柱塞泵是飞机中高压液压系统中广泛采用的一种变量泵,变量泵压力—流量特性如图 3-3-7 所示。由于油泵的泄流损失和填充损失是随着出口压力增大而增大的,所以系统压力增大时,泵的流量稍有降低,实际流量小于理论流量。当系统压力尚未超过额定压力 p_1(即泵内压力补偿活门调定压力)时,液压泵始终处于最大供油状态(斜盘角度不变);当系统压力大于 p_1 时,流量开始显著降低(斜盘角度变化,逐渐垂直于柱塞),直到压力增大到如,流量即下降到零,油泵处于功率消耗最小的卸荷状态。

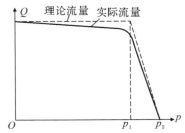

图 3-3-7　轴向柱塞泵压力－流量特性曲线

在液压系统工作时,柱塞泵的工作压力在 p_1 至 p_2 间变化。由于 p_1 与 p_2 非常接近,即柱塞泵工作时压力近似恒定,而流量则随着工作系统工作状态的变化而改变。此种变量控制方式被称为恒压变量控制。

二、液压执行元件

液压执行元件在液压系统中是对外做功的一种液压元件,从能量角度来看,与动力装置正好相反,它将液压能转换成机械能。液压执行元件分两大类:一类为旋转运动型(如液压马达),是将液压能转换成旋转机械能的液压元件;另一类为往复运动型。往复运动型又分为往复直线运动型(如作动筒)和往复摇摆运动型(摆动缸)。往复直线运动型是将液压能转换成直线往复运动动能的液压元件。

(一)液压作动筒

1.作动筒工作原理

作动筒是一种往复直线运动型执行元件,被广泛应用于飞机舵面的操纵,起落架、襟翼和减速板的收放,发动机推力调节等场合。

作动筒的工作原理如图 3-3-8 所示。当筒体固定时,若筒左腔输入工作液体,液体压力升高到足以克服外界负载时,活塞就开始向右运动。若连续不断地供给液体,则活塞以一定的速度连续运动。由此可知,作动筒工作的本质是:利用液体压力来克服负载(包括摩擦力);利用液体流量维持运动速度。若将活塞杆用铰链固定,按图示箭头方向供油和回油(反向供油和回油也可),则筒体亦可运动,其工作原理与上述筒体固定相似。

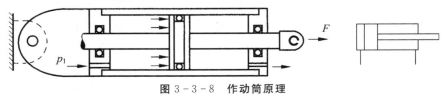

图 3-3-8　作动筒原理

输入作动筒的液体压力和流量是作动筒的输入参数,为液压功率。作动筒的输出力和速度是其输出参数,为机械功率。以上所述压力、流量、输出力、输出速度是作动筒的主要性能参数。

2.作动筒类型

作动筒有两种基本形式:单作用式和双作用式。单作用式作动筒(见图3-3-9)的活塞在液压作用下只能向一个方向运动,然后由弹簧作用返回。压力油从左边通油口进入,油压作用在活塞的端面上,迫使活塞向右运动;当活塞移动时,右边弹簧腔室的空气通过通气小孔排出,弹簧受压;当作用在活塞上的油液压力释压并小于压缩弹簧的张力时,弹簧伸张并推动活塞向左移动;因为活塞的左移,左边腔室油液被挤出通油口,同时,空气通过通气孔进入弹簧腔室。

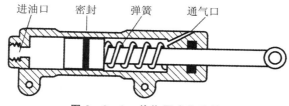

图3-3-9 单作用式作动筒

单作用式作动筒常用作刹车作动筒,并由一个三通活门控制。当刹车时,液压油迫使活塞伸出将刹车盘紧压在一起实施刹车。脚踏板松开时,弹簧将活塞返回解除刹车。

双向作用式作动筒利用油液推动部件做往复运动。当高压油液从左边接头进入作动筒时,带杆的活塞在液压作用下向右移动,作动筒右腔内的油液则从右边接头流回油箱;若高压油液从右边接头进入作动筒,则带杆活塞的运动方向与上述相反。双作用式作动筒主要有两种形式:双向单杆式和双向双杆式。

双向单杆式作动筒(见图3-3-10)也称双向非平衡式作动筒,活塞左右两边受液压作用的有效面积是不相等的,当油液压力相等时,作动筒沿两个方向所产生的传动力并不相等。

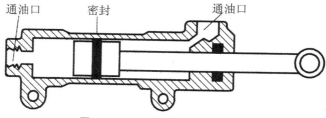

图3-3-10 双向单杆式作动筒

同样由于该作动筒活塞两端的有效面积不同,当作动筒两端输入流量相同时,活塞往返运动速度不同,活塞伸出速度小于其收回速度。

双向单杆式作动筒常用于在两个方向上需要不同传动力的地方。如在起落架收放系统,常采用此种形式的作动筒。起落架在收上过程中,由于重力和空气动力的作用,使收上时需要较大的传动力;而在放下起落架过程中,重力是帮助起落架放下的,因此不需要很大的传动力,所以起落架收放作动筒常采用双向单杆式作动筒。在起落架收上时,让压力油通到作动筒活塞大面积一边,以获得较大的传动力保证迅速收上起落架。在起落架放下时,让压力油通到作动筒活塞小面积一边,而且有限流单向活门限制压力油流入小活塞面积腔,以防止起落架放下时速度过大而产生撞击。

双向双杆式作动筒(见图 3-3-11)在活塞两边装有同样粗细的活塞杆,使两腔油液的有效工作面积相同。

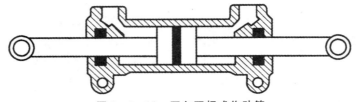

图 3-3-11　双向双杆式作动筒

当作动筒两端的输入压力相同时,其双向克服负载的能力相同。当活塞两端输入流量相同时,其活塞往返运动速度相同。因此,在操纵系统和前轮转弯操纵中的液压作动筒常采用双向双杆式作动筒,保证作动筒活塞往返速度相同。

3.作动筒辅助元件

(1)作动筒缓冲装置。一般的液压作动筒可不考虑缓冲装置,但当活塞运动速度很高和运动部件质量很大时,为防止活塞在行程终点处发生机械撞击,引起噪声、振动和损坏设备,必须设置缓冲装置。比如,起落架收放作动筒,就需要设置缓冲装置。缓冲装置按原理可分为缝隙节流缓冲和节流阀缓冲两类。

缝隙节流法的原理如图 3-3-12 所示。在作动筒主活塞前后各有一个直径比主活塞略小的缓冲凸台,当作动筒到达行程末端时,凸台将一部分油液封死,被封闭的油液通过凸台与缸壁间的环形间隙流出,产生液压阻力,减缓作动筒的速度,起到缓冲的作用。

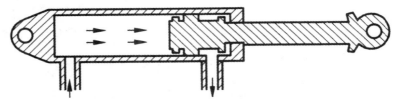

图 3-3-12　带缝隙节流凸台的作动筒

节流阀缓冲装置的基本工作原理:在作动筒行程末端安装节流阀,限制回油流量,使之产生反压力,从而减缓部件的运动速度。图 3-3-13 为带终点缓冲装置的起落架收放作动筒原理图。外筒一端的内壁上有 4 个小孔与接头相通,接头内有单向节流活门。

单向节流阀

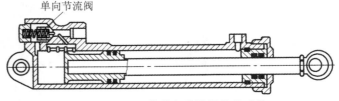

图 3-3-13　带单向节流阀的作动筒

放起落架时,活塞杆向内收回。当活塞边缘没有盖住外筒上的小孔时,回油通道较大,阻力较小,起落架的放下速度较大;当活塞向左移至开始盖住第一个小孔时,回油阻力开始增大,起落架放下速度开始减小。随着活塞继续向左移动,其余各小孔相继被盖住,起落架的放下速度便越来越小;四个小孔全被盖住后,活塞左边的油液只能通过单向节流活门中间的小孔流出,起落架的放下速度大大减小。因此,活塞到达终点时,不会与外筒产生较严重的撞击。

收起落架时,空气动力和起落架本身的质量都阻碍起落架向前收上,带杆活塞的运动速度较慢,不需要缓冲。这时,高压油液从左边的接头进入,顶开单向节流活门,油液流动阻力较小,因此,无论小孔是否被活塞盖住,缓冲装置都不起缓冲作用。

液压系统在安装过程或长时间停放之后会有空气渗入,由于气体存在,执行元件产生爬行、噪声和发热等一系列不正常现象。所谓作动筒的"爬行"现象,是供油压力、空气弹性力、作动筒动摩擦和静摩擦力以及传动部件的惯性力相互作用的结果。实践证明,在飞机刹车系统中,产生刹车松软现象的主要原因是系统中混入了空气。

(2)作动筒锁定装置。飞机上有些部件(如舱门)在收上和放下位置没有设置单独的定位锁,而是依靠附属于作动筒的锁定装置来保持其位置。作动筒内的锁定装置通常是机械锁。

图 3-3-14 为一种常见的钢珠锁,它由钢珠、锁槽、锥形活塞和弹簧等组成。钢珠安装在活塞上,锁槽则在外筒上。

高压油从 A 口进入作动筒的左腔后,向右推活塞,钢珠就随着活塞一起向右移动。当钢珠与锥形活塞接触时,将液压作用力传给锥形活塞,克服弹簧张力,使锥形活塞也向右移动。当钢球移到锁槽处时,锥形活塞在弹簧力作用下,利用其顶端的斜面把钢珠推入锁槽,并依靠锥形活塞的侧壁挡住钢珠,使之不能脱出锁槽。

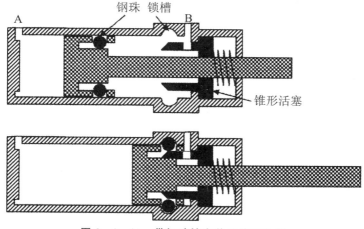

图 3-3-14　带钢珠锁定装置的作动筒

打开钢珠锁的过程与上述相反。高压油从 B 口进入,向右推锥形活塞,使它离开钢珠,带杆活塞在高压油液作用下,可使钢珠滑出锁槽,并向左移动。以上所述的是单面钢珠锁,它只能把被传动部件锁在一个极限位置。如果被传动部件在收上和放下时,都要利用作动筒来固定其位置,则往往采用带双面钢珠锁的作动筒。

图 3-3-15 为一种卡换锁作动筒,由外筒、活塞杆、固定杆和卡环锁等组成,卡环锁又由卡环、锥形活塞和弹簧等组成。

当活塞杆在收上位置(左端)时,卡环是开口的,卡环受外筒内壁的限制呈压缩状态。这时弹簧也呈压缩状态,使锥形活塞紧靠在卡环上。

当油液从作动筒放下来油接头进入时,将活塞杆推出向右移动。当卡环移动到外筒上的锁槽位置时,卡环张开卡入槽内,同时锥形活塞在弹簧和油压作用下插入卡环,使卡环不能收缩脱离锁槽。这样卡环锁即处于上锁状态。

当油液从收上接头进入作动筒时,使锥形活塞压缩弹簧向左移动,松开卡环。于是卡环即在活塞杆上的凸缘部位和锁槽斜面作用下,受到压缩,直径缩小脱离锁槽而开锁。活塞杆即可在油压作用下向左移动。

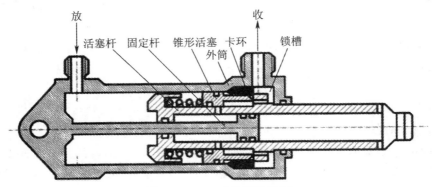

图 3 - 3 - 15　卡环锁作动筒

(二)液压马达

液压马达是一种旋转运动型液压执行元件,它将液压能转换成旋转形式机械能,即输入一定压力和流量的油液,转换成一定扭矩和转速的旋转运动。液压马达的扭矩和转速取决于它的工作容积、输入压力和流量,即工作容积越大,输入压力越高,它的扭矩就越大;工作容积越小,输入流量越多,它的转速就越高。液压马达的分类和结构与液压泵基本上相同,按结构分有柱塞式、叶片式和齿轮式等形式;按工作特性可分为高速马达和低速马达两大类;根据马达的排量是否可以改变分为定量马达和变量马达。液压马达多用在大型飞机的襟翼收放中,常常与丝杠配套使用,将旋转运动转换为直线运动,由于丝杠具有自锁特性,能够有效防止襟翼因受外力而误收起。

图 3 - 3 - 16 为一种斜轴柱塞式液压马达。在压力作用下,压力油液通过配油盘压力油窗(见 3 - 3 - 16 位置)进入柱塞孔,柱塞在油液压力作用下向外伸出,由于缸体轴线与马达轴线成一定角度,柱塞伸出时压力作用的切向分力,产生了绕万向连杆转动的扭转力矩,带动马达轴逆时针旋转,液压马达产生的扭转力矩应是处于压力油区柱塞产生转矩的总和,马达轴通过万向连杆带动柱塞缸体转动,并依次使柱塞孔和与压力油路相通的配油盘压力油窗接通,而缸体另一侧的柱塞孔与配油盘回油窗相通,随着液压马达的旋转,退出的柱塞转动到另半圈时进入柱塞孔,将油液从回油窗排出。当改变压力油液的方向时,马达的转动方向也随之反向。

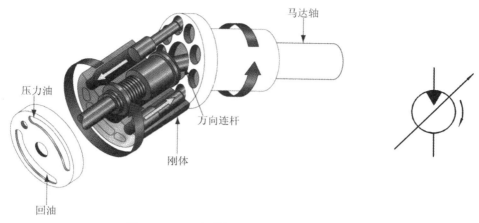

图 3 - 3 - 16 斜轴柱塞式液压马达工作原理

三、液压控制元件

液压控制元件是飞机液压系统最基本的控制元件,通常称为液压阀(也称液压活门),主要用于控制液压油的方向、压力和流量,以此来控制液压执行元件的运动方向、压力大小、运动速度等。液压阀分类方法很多,但所有阀从结构上看都是由阀体、阀芯和操纵机构组成,原理上都是通过改变通道面积或改变通道阻力实现控制和调节。根据被控量的不同,液压控制元件分为压力控制阀、方向控制阀和流量控制阀。

(一)压力控制阀

压力控制阀是用来调节或限制液压系统压力的,简称压力阀。常见的压力附件有溢流阀、减压阀等。它们都是根据液压作用力和弹簧力平衡的原理进行工作的。一般压力阀常分为直接作用式(直动式)和间接作用式(先导式)两类。后者用于高压、流量大的场合。

1.溢流阀

溢流阀通过阀口的溢流作用使被控制系统或回路的压力维持恒定,实现稳压、调压或限压作用。其特点是利用液流压力和预定弹簧力相平衡的原理来工作的。按其结构形式分为直动式溢流阀和先导式溢流阀。

(1)直动式溢流阀。直动式溢流阀构造如图 3-3-17 所示。当系统压力小于弹簧预调压力时,弹簧将阀芯保持在关闭位;当系统压力超过预定的最大压力值时,将压力管路内的压力油排入通油箱的回油管路。调整弹簧的预压缩力的大小,可调节溢流阀开启溢流的压力。直动式溢流阀构造简单,调压精度低,只适用于低压小流量系统。

(2)先导式溢流阀。现代飞机高压大流量系统均采用调压精度高的先导式溢流阀,如图 3-3-18所示。在图 3-3-18 中,压力油从 P 口进入,通过阻尼孔作用在导阀上,当进油口压力较低,导阀上的液压作用力不足以克服导阀右边的弹簧的作用力时,导阀关闭,没有油液流过阻尼孔,所以主阀芯两端压力相等,主阀芯不打开,溢流阀阀口 P 和 T 隔断,没有溢流。

当进油口压力升高到作用在导阀上的液压力大于导阀弹簧作用力时,导阀打开,压力油就可以通过阻尼孔,经导阀流回油箱,由于阻尼孔的作用,使主阀芯上端的液压力小于下端的液压力,当这个压差作用在主阀芯上的力等于或超过主阀弹簧力、摩擦力、主阀芯自重等的合力时,主阀芯开启,油液从 P 口流入,经主阀阀口由 T 口流回油箱,实现溢流。

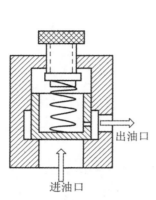

图 3 - 3 - 17　直动式溢流阀原理图

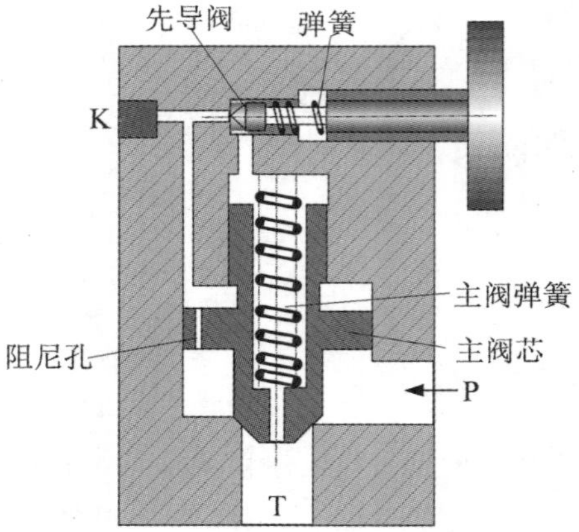

图 3 - 3 - 18　先导式溢流阀原理图

（3）溢流阀的应用。溢流阀用作安全阀（飞机上常称为"安全活门"）。安全阀用来限制液压系统的最大压力值,以防止在过大的压力作用下液压附件损坏或液压管路的破裂。液压系统正常工作时,安全阀处于常闭状态;当系统工作压力超高最大允许压力时,安全阀打开,溢流多余油液,防止系统超压。

液压系统内在有些情况下会形成局部密闭管路（如换向阀与作动筒之间的管路）,如果密闭管路内的油液受热膨胀,则管内压力就会显著增大,严重时会引起导管破裂。因此在这密闭管路内常采用热力释压阀,当油液由于热膨胀超压时进行释压。热力释压阀实质上是安全阀的一种形式,热力释压阀打开压力大于系统最大工作压力,阀门平时位于关闭位。当封闭腔内的油液受热膨胀时,压力超过最大工作压力某一数值后,就能克服弹簧的张力,顶开阀门,使一部分油液流回油箱,防止作动筒或导管受力过大。在液压系统中热力释压阀的释压压力是最高的,即热力释压阀的调节压力高于系统安全阀及其他压力调节阀,因为只有这样才能保证热力释压阀的工作不会对液压系统的正常工作产生影响。

溢流阀用作定压阀,用于保持系统压力恒定。常在定量泵液压系统中使用,调节进入用压系统的油量,将多余油液溢流回油箱,保持系统压力基本稳定。液压系统正常工作时,这种阀门处于常开状态。

2. 减压阀

当液压系统只有一个统一压力的液压源,而不同工作部分所需压力不同时,则使用减压阀,适当减小液压力,以适应相应工作部分的需求。其工作原理是利用阀口节流降压。如某型飞机火控雷达天线偏转,所需的液压力很小,因此在该条液压支路上使用减压阀将液压力减小。常见的减压阀是定值减压阀。

定值减压阀按结构和工作原理可分为直动式和先导式两类。直动式减压阀(见图 3-3-19)与直动式溢流阀的结构相似,差别在于溢流阀阀口为常闭状态,限定入口压力;而减压阀阀口为常开式状态,控制出口压力。直动式减压阀的弹簧刚度较大,因而阀的出口压力随阀芯位移,即随流经减压阀的流量变化而略有变化。

利用先导式减压阀可提高减压精度,图 3-3-20 为先导式定值减压阀结构原理图。出口压力经端盖引入主阀芯下腔,再经主阀芯中的阻尼孔进入主阀上腔,主阀芯上、下液压力差为弹簧力所平衡。先导阀是一个小型的直动型溢流阀,调节先导阀弹簧,可改变主阀上腔的溢流压力,达到调节出口压力的目的。

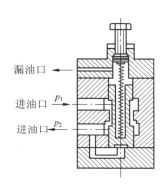

图 3-3-19　直动式减压阀原理图

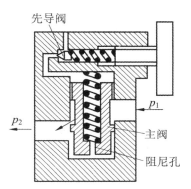

图 3-3-20　先导式定值减压阀原理图

定值减压阀在系统中,可实现不同油压支路的并联。另外,减压阀可作为稳定油路工作压力的调节装置,使分系统工作压力不受供油压力及其他并联油路的影响。

(3)优先阀。优先阀主要功用是在飞机液压系统压力偏低时优先确保向重要子系统供压。图 3-3-21 为优先阀工作原理图,当系统工作压力正常时,油液压力足以克服弹簧力,活塞向上移动,系统向所有子系统供压;当系统压力低于一定值时,活塞在弹簧力作用下向下移动,切断向次要子系统供压,以确保重要子系统能正常工作。利用优先阀搭建顺序动作回路,也能实现液压执行元件的顺序动作控制。比如:舱门打开与起落架收放需要协调配合,实现先开舱门再放起落架,先收起落架再关舱门的顺序动作。

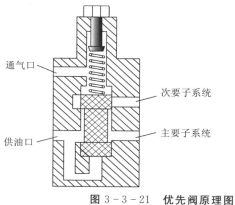

图 3-3-21　优先阀原理图

（4）压力继电器。压力继电器是一种将油液的压力信号转换成电信号的电液控制元件，当油液压力达到压力继电器的调定压力时发出电信号，控制对应电气元件的工作。图3-3-22为膜片式压力继电器的结构示意图，当从压力继电器左端液压接头通入的油液压力达到调定压力值时，膜片在液压活塞的作用下向右变形，使传动活塞、压板、蝶形弹簧、电门作动筒向右移动，推动微动电门闭合，发出电信号。

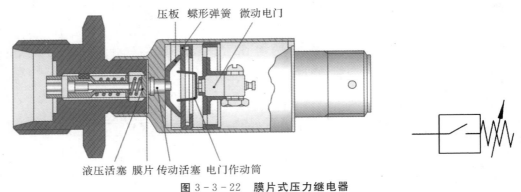

图3-3-22　膜片式压力继电器

（二）方向控制阀

方向控制元件的功用是控制液压系统中液体流动的方向只能向一个方向流动或只能在一定的条件下向某一方向流动。下面通过具体实例加以说明。

1.单向阀

单向阀的功用是使油液只能沿一个方向流通而不得反流。因而要求它在"流通"方向上阻力很小，而在反方向上将油液阻断（即密封性要好）。单向阀可分为普通单向阀、机控单向阀和液控单向阀。

（1）普通单向阀。普通单向阀常用的有钢球式和锥阀式两种结构（见图3-3-23）。钢球式单向阀结构简单、制造方便，但在长期使用中钢球表面与阀座接触处易于磨损而出现凹痕，在钢球发生转动后，该处最容易出现渗漏而失去密封性。而锥阀式单向阀阻力较小，密封性好。

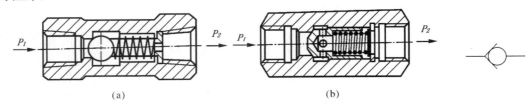

图3-3-23　单向阀结构原理图

（a）钢球阀式单向阀；（b）锥阀式单向阀

在飞机液压系统中，单向阀常用于泵的出口处，防止系统反向压力突然增高，使泵损坏，起止回作用；定量泵卸荷活门的下游，在泵卸荷时保持系统的压力；在系统的回油管路中，保持一定的回油压力,增加执行机构运动的平稳性。

(2)机控单向阀。机控单向阀构造是带有机械触发顶杆的单向阀,其构造如图 3-3-24(a)所示。顶杆没有将阀芯顶开之前,它仅允许油液单向流动,顶杆克服弹簧预紧力将阀顶开以后,将允许油液双向流动,如图 3-3-24(b)所示。机控单向阀可作为系统的协调动作控制元件,因此又称为机械触发顺序阀,简称机控顺序阀,可用在起落架收放顺序控制回路中。

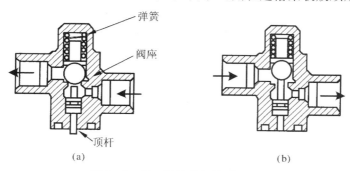

(a)　　　　　　　　　　　　　　　　(b)

图 3-3-24　机控单向阀原理图

(a)机控单向阀构造;(b)双向流动状态

(3)液控单向阀。液控单向阀可看作带有控制活塞的单向阀。液控单向阀允许液流在一个方向自由通过,反方向可借助压力油开启单向阀使液流通过,控制压力过低或消失时,液流则不能通过,其构造如图 3-3-25 所示。

液控单向阀可作为系统的液压锁定元件,也可用于系统的协调动作控制(如起落收放系统和襟翼收放系统等)。

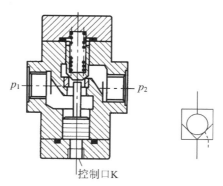

图 3-3-25　液控单向阀原理图

2.换向阀

换向阀用来控制系统中油液流动的方向,按需要可使执行机构的油路关断、接通和换向。换向阀按其运动形式分为转阀、滑阀和梭阀。

(1)转阀。转阀靠阀芯相对阀体的转动完成油路的转换,多用于飞机液压系统中的手动阀和供地面维护使用的阀。转阀一般作为选择活门(例如起落架收放选择阀,见图 3-3-26)。

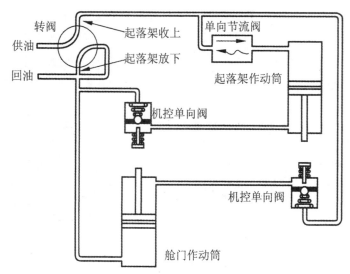

图 3-3-26　起落架收放控制回路

（2）滑阀。滑阀是靠阀芯在阀体内轴向移动而改变液流方向的，通常用"几位几通"说明换向阀的功能特点。滑阀具有操纵力小、对油液污染不太敏感和易于实现多路控制及远程控制等诸多优点，在飞机液压系统中得到了广泛应用。

滑阀式换向阀按照阀芯的控制方式分为手动阀、机动阀、电动（电磁）阀、液动阀及电液动换向阀；按阀的工作状态多少（位数）可分为二位阀、三位阀等；按被控油路通道数的多少可分为二通阀、三通阀、四通阀和五通阀等，图 3-3-27 为部分常见换向阀的功能符号。

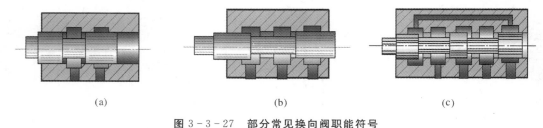

(a) (b) (c)

图 3-3-27　部分常见换向阀职能符号

(a)二位二通阀；(b)二位三通阀；(c)三位四通阀

图 3-3-28 为滑阀式换向阀的换向原理图，它是利用阀芯相对阀体的轴向滑动来变换油液的流向的。此阀有 3 个工作位置，4 个通口，且为电磁阀操作，故称作三位四通滑阀式电磁换向阀。阀芯是由其两端密封腔中油液的压差来移动的。当左、右两个电磁阀都断电时，左、右电磁活塞都在关闭位，滑阀位于中立位，作动筒两个腔都通回油管路，压力油液经电磁阀通向滑阀左、右腔；当右电磁阀通电时，右电磁活塞打开，滑阀右腔接通回油管路，而滑阀左腔还是接通压力管路，压差使滑阀开始向右移动，作动筒左腔接通压力管路，作动筒右腔接通回油管路，作动筒活塞向右运动。反之，作动筒活塞向左运动。

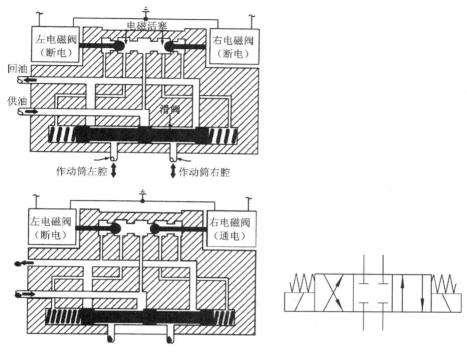

图 3 - 3 - 28　滑阀换向原理

　　(3)梭阀。梭阀也是一个选择活门(见图 3 - 3 - 29),它有两个进油口和一个出油口。正常情况下,梭阀内的阀芯被弹簧力控制在右端位置,进油口 1 和出油口相通;当进油口 1 处的压力消失或下降时,进油口 2 处的压力克服弹簧力将阀芯推到左端位置,此时进油口 2 和出油口相通。梭阀在液压系统中常用于正常供油系统与备用供油系统的自动切换。飞机上通常称为两用活门。在飞机液压系统中常于管路的切换。

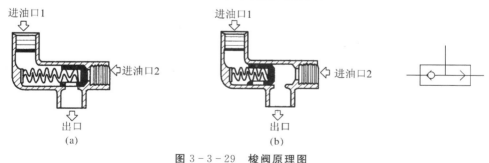

图 3 - 3 - 29　梭阀原理图

(a)正常流动;(b)切换流动

(三)流量控制阀

　　流量控制阀简称流量阀,主要用来调节和控制流量,以满足对执行元件不同运动速度的要求。从原理上讲,流量阀以节流阀为基础,通过改变阀口流通面积,以达到控制流量的目的。常用的流量阀有节流阀、调速阀和恒流量阀、液压保险、流量放大器等。

1. 节流阀

(1)普通节流阀。普通节流阀是指油液从两个方向流经该阀时,均受到节流作用,在系统中主要起双向缓冲作用,如图3-3-30所示。飞机液压系统中,将普通节流阀装在压力表传感器之前,以消除压力脉动对压力表指示的影响。

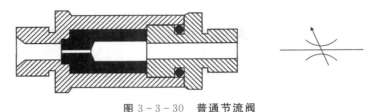

图3-3-30　普通节流阀

(2)单向节流阀。单向节流阀是指油液在一个方向上流动时受节流作用,而在另一个方向上可以自由流过,只起单向节流作用,在系统中主要起单向缓冲作用,如图3-3-31所示。液压油由右向左流动,迫使锥阀离开阀座压缩弹簧,锥阀打开,油液自由流动;液压油由左向右流动,弹簧恢复力使锥阀回到阀座上,锥阀关闭,油液只能经节流孔流动。飞机液压系统中,将单向节流阀装在起落架放放管路中,放起落架时起节流作用,保证起落架缓慢放下,收起落架时不起节流作用,不影响收上速度。

图3-3-31　单向节流阀

2. 调速阀和恒流量阀

当节流阀和定差减压阀配合时,可组成调速阀和恒流量控制阀。恒流量控制阀(构造见图3-3-32)安装在液压系统中保持恒定的流量到指定的元件内,它常常是安装在要求恒速工作的液压马达的上游。

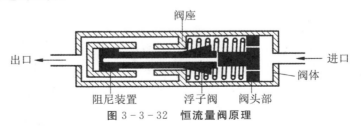

图3-3-32　恒流量阀原理

恒流量阀由阀体和浮子阀组成。通过阀头部的流量由节流孔限制,然后流经浮子阀减压后流向下游。从图3-3-32中可看出,浮子阀的开度由进口压力、节流阀下游压力和弹簧预调力共同控制,即浮子阀为一定差减压阀。根据小孔节流公式可得,流经节流阀的流量为恒值。

3.液压保险

液压系统中某些传动部分的管路或附件损坏时,系统的油液可能大量、泄漏,致使整个系统不能工作。为了避免这种现象,可在某些传动部分的供油管路上设置液压保险。当通往传动部分的油液流量或流入传动部分的油液量超过规定值时,液压保险自动将管路供油切断,以防止系统内的油液大量泄漏。常用的液压保险有定量器和定流量器(或称流量限制器)两种。

(1)定量器。在使用作动筒作为执行元件的传动部分中,作动筒工作腔的容积是一定的,因此在正常传动情况下,传动部分工作一次所需的油液量也是一定的。如果传动部分的导管或附件损坏,则流经损坏处的油液不断地泄漏。当通往传动部分的油液量超过规定值时,定量器自动将管路供油切断,以防止系统内的油液经损坏处大量泄漏。定量器基本工作原理如图3-3-33所示,当下游执行元件不工作时,油液不流动,定量器左室和右室通过节流孔a相通,控制活塞两边的油压相等,控制活塞停在左端位置。当执行元件工作时,一定流量的油液经节流孔a流入执行元件,由于节流孔a的节流作用,因此定量器左、右室形成一定的压力差,在这个压力差的作用下,油液经节流孔b以一定的流量进入控制活塞的左室,推动控制活塞向右移动。如果下游传动部分工作正常,则控制活塞尚未右移到关闭位置,传动工作即可完成,油液停止流动,压力差消失,活塞不再移动;如果下游传动部分漏油,则油液不断流入下游传动部分,活塞也就不断向右移动,当通过定量器的油液量达到某一规定值时,控制活塞恰好移动到关闭位置,定量器上游的油液不能继续流入下游传动部分。因而,当流经定量器的油液量超过规定值时,定量器自动切断油路,防止系统油液大量漏失。油液反向流动时,控制活塞被推回到左端初始位置。

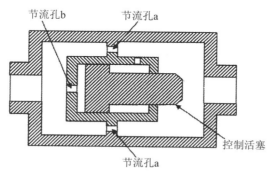

图3-3-33 定量器原理图

(2)定流量器。定流量器常装在通往传动部分的供油管路上。当管路中的油液流量不超过额定流量时,阀门保持在打开位置;当管路中的油液流量超过额定流量时,依靠节流孔前后的压差克服弹簧力使阀门关闭,切断供油管路,以防止系统内的油液大量泄漏。

定流量器的构造和定量器类似,只是在控制活塞的后面增加了一个有一定初始张力的弹簧,如图3-3-34所示。下游传动部分工作正常时,即流经定流量器的油液流量不超过额定流量时,定流量器左室和右室的压力差不足以克服弹簧的初始张力,控制活塞不动,阀门保持在打开位置。如果定流量器下游的管路损坏,则油液的流量会超过规定值,节流孔前后的压力差就能克服弹簧张力,将活塞推向右端,阀门关闭,防止油液外漏。

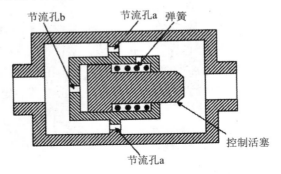

图 3-3-34　定流量器原理图

4.流量放大器

流量放大器用于工作系统所需的流量比供压系统输出流量大的情况,如某些飞机的刹车系统。图 3-3-35 为流量放大器结构原理图,一定流量的油液经进油口进入小活塞上腔,推动活塞向下移动;大活塞将下腔油液供向工作系统。由于大活塞面积较大,所以输出流量大于输入流量,放大倍数为大活塞面积与小活塞面积的比值。

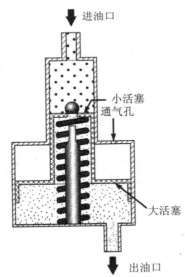

图 3-3-35　流量放大器结构原理图

四、液压辅助元件

液压辅助元件是液压系统中不可缺少的一个部分,它包括液压油箱、油滤、蓄压器等。虽然从液压系统的工作原理和各组成部分所起的作用来看,它们只起辅助作用,但它们在系统中数量最多,分布广,如果出现问题,势必严重影响整个液压系统的性能,甚至破坏液压系统的工作。

(一)液压油箱

油箱的主要作用是存储液压油,并有足够的气体空间保证油液有足够的膨胀空间。油液的体积变化是由热膨胀和执行元件工作状态引起的。除此之外,液压油箱还具有散热、分离油液中的空气和沉淀油液中杂质等作用。

由于早期的飞机飞行高度低,大多数采用非增压油箱(油箱与大气相通),现代民航运输机大多采用增压密封油箱,保证泵的进口压力维持在一定值,防止在高空产生气穴。增压油箱通常有引气增压式和自增压式两种形式。

1.引气增压油箱

引气增压油箱通过增压组件将飞机气源系统的增压空气引入油箱,保证液压泵的进口压力,防止液压泵进口的压力过低而导致气穴现象。通常是通过发动机压气机的引气进行增压的,也可以从辅助发动机(Auxiliary Power Unit,APU)引气进行增压。

如图 3-3-36 所示,飞机液压油箱通常为圆形或圆柱(胶囊)形,引气增压油箱外部安装有供油管路接头、回油管路接头和增压空气接头。供油管路接头连接油箱与液压泵;回油管路接头连接液压泵壳体及工作系统回油管路;增压空气接头用于连接油箱增压组件,实现油箱增压。油箱上有释压阀,用于释放过高的压力,保护油箱结构;在油箱的底部有放油阀,用于放空油箱油液,方便油箱维护;油箱内油量传感器的作用是将油箱内的油量信号输送到驾驶舱;在油箱上有目视指示器(有的飞机上是油量表),用于地面加油时指示油量;有些液压油箱还有低油量开关和温度传感器;隔板用于减弱油液晃动,保证连续可靠供油;散热片加快油液散热,防止油温过高;在有些飞机液压油箱上还有取样阀,用于提取液压油油样。

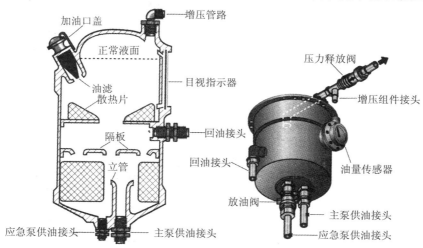

图 3-3-36　引气增压油箱构造

2.自增压油箱

自增压油箱的工作原理是利用液压泵输出高压油液返回作用在油箱的增压活塞上,通过液体压力在活塞上施加压力,为油箱中的液压油增压的。

当液压源工作时,压力组件输出的高压油液作用到动力活塞腔,产生向上的液压力,通过活塞连杆推动液压油箱增压活塞,增压活塞产生向上的作用力挤压油液,从而使油箱内的液压油增压,如图 3-3-37 所示。油箱增压压力的大小取决于增压活塞与动力活塞的有效工作面积的比值。如果两个活塞面积比为 50∶1,则当系统压力为 20 MPa 时,油箱内油液压力为 0.4 MPa。自增压油箱在加油时必须采用压力加油法,并且在加油后必须排气,因为混入油箱的气体会造成油量指示错误。

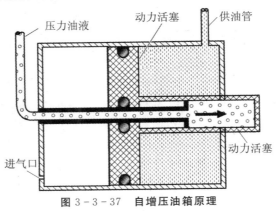

图 3-3-37　自增压油箱原理

(二)液压油滤

在液压系统使用过程中,泵、阀和其他附件在正常磨损中会产生细小的金属杂质,油液中也难免会混入一些外来污染物,金属杂质和污染物不仅会加速液压元件的磨损,擦伤密封件,而且会堵塞节流孔,卡住阀类元件,使元件动作失灵以至于损坏,甚至造成整个液压系统失效。一般认为液压系统故障有 75% 以上是由于油液污染引起的。因此,为了保证系统正常工作,提高其使用寿命,必须对油液中杂质和污物颗粒的大小及数量加以控制。在系统回路中一般采用油滤过滤油液,使油液的污染程度控制在所允许的范围之内。

1.液压油滤的组成

油滤主要由滤杯、滤芯和头部壳体组成,如图 3-3-38 所示。壳体用来连接机体结构和管路。滤杯用于安放滤芯,并将其固定到壳体上,拆卸滤杯后可更换滤芯。飞机液压系统油滤内部往往设有旁通阀和旁通指示销等特殊功能部件,以增强油滤工作可靠度并改善油滤的维护便利性。当油滤随着使用时间增长而逐渐被堵塞时,滤芯进口和出口压差增大,压差增大到一定值后,旁通阀打开,确保下游油路的油液供应不中断,旁通指示销被旁通阀顶起(某些油滤通过旁通阀接通报警电路),旁通指示销可指示油滤的堵塞情况,提醒维护人员及时清洗或更换滤芯。在维护实施后,应将此指示销按压复位。

常见的滤芯有表面型滤芯、深度型滤芯和磁性滤芯三种类型。表面型滤芯的典型构造是金属丝编织的滤网,过滤能力较低,一般作为粗滤安装在油箱加油管路上。磁性油滤依靠自身的磁性吸附油液中的铁磁性杂质颗粒,应用在发动机滑油系统管路中。在液压系统中,广泛采用的油滤滤芯是深度型滤芯。深度型油滤的特点是过滤介质的厚度较大,在整个厚度内到处都能吸收污物。深度型油滤的滤芯多为多孔可透性材料,其过滤介质有缠绕的金属丝网、烧结金属、纤维纺织物、压制纸等,但使用最广泛的是纸质滤芯。

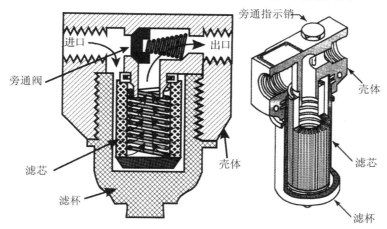

图 3 - 3 - 38　液压油滤的结构与工作示意图

2.液压油滤的安装部位

在飞机液压系统中,油滤通常安装在以下三个主要部位:

(1)油泵出口,即压力油滤,用于保护工作系统,滤掉泵工作时产生的金属屑,保持下游的工作系统畅通。

(2)系统回油管路,即回油滤,在进入油箱前的管路上,用于过滤掉工作系统中产生的杂质,保护液压泵。

(3)油泵壳体回油管路,即壳体回油洁,用于过滤液压泵润滑和冷却的壳体回油,滤除泵磨损等产生的金属屑。如果此油滤被堵塞,会影响液压泵的润滑和冷却,导致油温升高。从油泵壳体回油滤提取油样进行分析,可判断液压泵的早期故障。

在液压系统某些精密元件(如液压伺服阀)进口油路上也安装有油滤,用于确保进入该元件油滤的清洁度,提高元件工作的可靠性。

(三)蓄压器

蓄压器实质上是一种储存能量的附件,大多数飞机的供压部分中都设置了蓄压器。蓄压器对液压泵卸荷的稳定性、部件的传动速度等都有很大影响。

1.蓄压器构造

蓄压器都是由一个外筒和隔板(或隔膜)组成的,可运动的隔板(或隔膜)将外筒分为两个腔室。其中一个腔室为油液室,它与液压泵的供压管路相连;另一腔室为冷气室,其内部充有冷气(氮气)。液压泵向蓄压器供油时,油液挤入油液室,推动隔板,压缩冷气。随着冷气压力逐渐升高,油液压力也相应升高。当压力达到系统的最大工作压力时,液压泵便停止向蓄压器供油。此时,已经充入蓄压器的油液,由于冷气作用仍可保持一定的压力。在上述过程中,液压泵提供的液压能储存在蓄压器内。传动部分工作时,冷气膨胀,将油液压力送至传动部分,推动部件做功。与此同时,冷气压力逐渐降低,油液压力也随之降低。

2.蓄压器构造

(1)协助油泵供油,增大供压部分的输出功率。传动部分工作时,蓄压器可在短时间内和液压泵一起向传动部分输送高压油,增大供油流量,因而加快了部件的传动速度。

(2)补偿系统泄漏,维持系统压力。在装有卸荷装置的供压部分中,油泵卸荷后蓄压器可向系统补充油液的泄漏,以延长泵的卸荷时间,保证泵卸荷的稳定性。

(3)作为系统辅助压力源。当液压泵发生故障或因断电停止供压时,蓄压器可作为辅助压力源,驱动某些部件工作。如刹车蓄压器可以在液压泵不工作时,为停留刹车提供压力,也可以在所有液压系统失效时,为刹车系统提供压力。

(4)减弱压力脉动。液压泵的流量脉动和传动部件的惯性将造成液压系统的压力脉动,以至于影响执行机构的运动平稳性。若在液压系统中安装蓄压器,则可减弱压力脉动。当液压泵流量瞬时增加时,一部分油液充入蓄压器,压缩冷气,由于蓄压器内冷气容易压缩,而且体积较大、相对压缩量较小,所以这部分油液进入蓄压器所引起的压力变化很小;当液压泵流量瞬时变小时,蓄压器可输出一部分油液,同理,这时压力变化也很小。

3.蓄压器类型

(1)活塞式蓄压器。活塞式蓄压器构造如图 3-3-39(a)所示,活塞将蓄压器分为两个腔室,其中一个腔室为冷气室,气体由充气阀充入;另一个腔室为油液室,它与系统供压管路相连。液压泵向蓄压器供油时,油液挤入油液室,推动活塞,压缩气体。随着气体压力的升高,油箱压力也相应升高,将液压泵提供的液压能储存在蓄压器内。当传动部分工作时,气体膨胀,将油液压力送至传动部分,推动部件做功。

活塞式蓄压器结构简单,但活塞惯性大,且存在一定的摩擦阻力,动态反应灵敏性差,不适于吸收系统的压力脉动;缸体内表面与活塞配合面的加工精度要求较高,密封困难。

(2)薄膜式蓄压器。薄膜式蓄压器构造如图 3-3-39(b)所示,薄膜式蓄压器由两个空心的半球形金属壳组成,在一个半球上有一个接头与液压系统连接,在另一个半球上安装有一个灌充气体的充气阀。两个半球之间安装一个合成橡胶薄膜。在蓄压器的油液出口处盖有一个网屏,用以防止薄膜在气体压力作用下进入系统压力油口而损坏薄膜。有一些蓄压器在薄膜中间装有一个金属圆盘以代替网屏。

薄膜式蓄压器质量轻,惯性小,动态反应灵敏,适于作吸收系统的压力脉动,还具有安装维护方便等优点。

(3)胶囊式蓄压器。图 3-3-39(c)为胶囊式蓄压器,壳体由一个整体空心球体构成,胶囊由下端大开口装入,并用固定栓固定在壳体下部。气体和液体由胶囊隔开,胶囊内部为冷气室,气体由充气阀充入;气囊外部为油液室,与系统供压管路相连。在胶囊顶部的两面装有金属圆盘,防止胶囊在压力作用下被挤出压力油口。胶囊式蓄压器特点与薄膜式蓄压器相似。

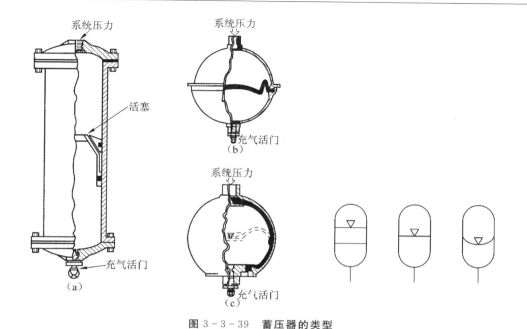

图 3-3-39　蓄压器的类型

(a)活塞式；(b)薄膜式；(c)胶囊式

第四节　飞机液压源

　　液压源的作用是利用压系统提供增压的液压油,以进行助力操纵。飞机液压系统根据独立的液压源系统的数量可划分为单液压源系统和多液压源系统。所谓独立的液压源系统是指每个液压源都有单独的液压元件,可以独立向工作系统供压。小型飞机一般采用单源系统,即飞机上只有一个单独的液压源系统,主要用于起落架收放、襟翼收放等。

　　为了确保液压系统供压安全、可靠,现代飞机(特别是大型飞机)一般采用多源液压系统,即飞机上有几个独立的液压源系统。

　　不同机型上液压源系统的名称有所不同,有的根据在整个液压系统中的功用称为主系统、助力系统、辅助系统、备用系统、应急系统等;有的根据安装位置称为左系统、中系统、右系统等;有的根据系统管路上的标识颜色称为红系统、绿系统、蓝系统等。

一、单源液压系统

(一)定量泵单源系统

　　图 3-4-1 为某型飞机液压系统定量泵供压部分。它有一个由发动机带动的齿轮泵,泵的卸荷由卸荷阀控制,卸荷阀的工作压力范围为 $80 \sim 140 \ \text{kgf/cm}^2$[①]。系统中装有一个蓄

[①]　$1 \ \text{kgf/cm}^2 = 9.8 \ \text{N/cm}^2$。

压器,用来保证液压泵卸荷稳定、增大供压部分的输出功率、作为系统的辅助能源及减弱系统压力的脉动。蓄压器的冷气初始压力为 30 kgf/cm^2。由于液压泵的流量不大(最大为 19.5 L/min),所以供压部分的安全阀是钢珠式的。油箱是气密的,利用来自发动机的增压空气增压,其正常储油量为 9 L。此外,液压泵后面的油路上装有一对金属丝式油滤。

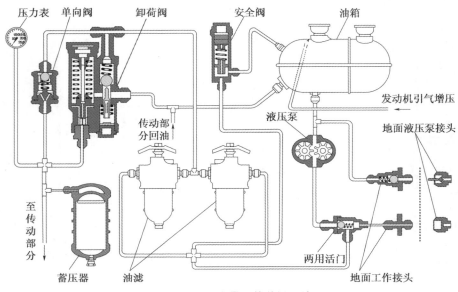

图 3-4-1 定量泵的单源系统

卸荷阀未打开时,液压泵打出的油液经油滤、卸荷阀、单向阀向蓄压器充压(或输向传动部分)。当系统压力增大到 140 kgf/cm^2 时,卸荷阀的柱形活塞移动到最上面位置,高压油液进入卸荷活塞下面的油室,使卸荷活塞顶开钢珠活门。于是,液压泵打开的油液经钢珠活门流回油箱,形成空转。这时管路中的油压不大于 3 kgf/cm^2。与此同时,单向阀关闭,以保证蓄压器内储存一定的液压能。系统压力降低时,卸荷阀的柱形活塞向下移动。当系统压力降低到 80 kgf/cm^2 时,柱形活塞移到最下面位置。这时卸荷活塞下面的油室与回油路沟通,钢珠活门便在弹簧张力作用下关闭,液压泵重新向蓄压器充压(或输向传动部分)。

如果卸荷阀失效,当系统压力增大到 150 kgf/cm^2 时,安全阀即被顶开,液压泵打出的油液可经安全阀流回油箱,以免系统承受过高的压力。

供压部分还装有地面工作接头,以便飞机停放时可用地面液压泵进行飞机液压系统的工作或检查,这时两用活门用来防止地面打来的高压油液经飞机液压泵流回飞机液压油箱。

(二)变量泵单源系统

图 3-4-2 为某型飞机液压系统供压部分的基本回路,它有一个由发动机带动的轴向式柱塞泵,泵内设有流量自动调节装置。传动部分不工作时,液压泵与回油节流器配合工作,能自动保持系统的最大工作压力(135 kgf/cm^2),并自动卸荷。系统中装有一个球形隔膜式蓄压器,用来减弱系统压力的脉动和增大供压部分的输出功率。蓄压器内充有初始压

力为 40 kgf/cm² 的氮气。由于液压泵的流量较大(最大为 36 L/min),所以供压部分的安全阀是先导式的。油箱除了利用发动机增压空气进行增压外,还有散热夹层用来给油液散热。油箱正常的储油量为 7.88 L。在液压泵的出油管路上装有一个纸质油滤。地面工作接头便于在飞机停放时用地面液压泵进行飞机液压系统的工作或检查。

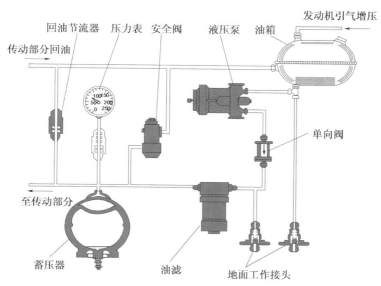

图 3-4-2　变量泵的单源系统

系统压力很小时,液压泵处在最大供压状态,它打出的油液经单向阀、油滤后,大部分向蓄压器充压(或输向传动部分),小部分经回油节流器流回油箱。系统压力增大到135 kgf/cm² 时,液压泵处在最小供油状态,流量仅为 1～2 L/min,这些油液完全经回油节流器流回油箱,蓄压器停止充压,故系统压力不再升高。如果液压泵的流量自动调节装置失效或回油节流器被堵塞,系统压力增大到 150 kgf/cm² 时,安全阀即被打开,液压泵打开的油液经安全阀流回油箱,以免系统压力过高。液压泵停止工作时,蓄压器内的油液在气压作用下,经回油节流器流回油箱。因此,这个供压部分的蓄压器不能在发动机停车后起辅助能源的作用。

二、多源液压系统

图 3-4-3 为某型战斗机的液压源系统,该飞机的液压系统由主液压系统和助力液压系统组成。两者共用同一个油箱,但各自的供压部分是独立工作的,是典型的多源液压系统。

助力液压系统用来保证水平尾翼和副翼助力器工作。主液压系统用来收放起落架、襟翼、减速板,操纵调节锥、放气门、可调喷口,也用来保证水平尾翼和副翼助力器工作。平尾助力器为双腔式,两个油腔分别由主供压部分和助力供压部分供压。副翼助力器为单腔式,正常情况由助力供压部分供压,助力供压部分油压不足时,助力器上的转换活门自动使助力器转为由主供压部分供压。助力液压系统内还设有应急供压部分,当助力供压部分发生故障或发动机停车而使系统压力过小时,应急液压泵向平尾助力器的一个油腔以及副翼助力器供压。

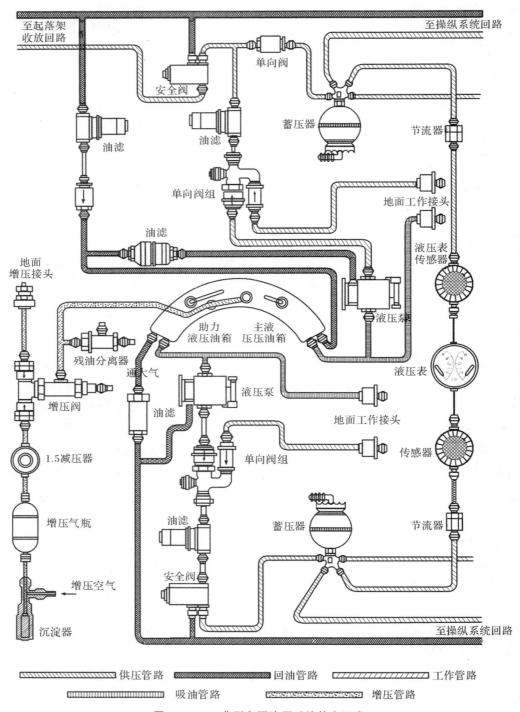

图 3 - 4 - 3 典型多源液压系统基本组成

　　液压泵由发动机带动,只要发动机在工作,液压泵就不停地工作。然而,液压系统的各个传动部分并不是不停地工作的。传动部分工作时,要求液压泵能够输出较大的功率,即输出具有适当流量和压力的油液,以便以适当速度克服外载荷。传动部分不工作时,要求液压泵输出的功率尽可能地小,即应尽量减小其出口压力或流量,否则大量高压油液只能连续挤过安全活门,由于摩擦生热,油液和液压泵的温度就会急剧升高,这会给系统工作带来许多不良后果。该型飞机的液压系统是通过能自动调节供油量的斜轴式柱塞泵来解决的。

　　液压泵工作时,输出的油液经单向活门和油滤后分为两路:一路经单向活门后分别到蓄压器、液压表传感器、副翼助力部分、平尾助力和喷口收放部分;另一路经安全活门后分别到减速板、起落架、襟翼、调节锥、放气门等收放部分。传动部分不工作时,液压泵只向蓄压器充油。蓄压器胶囊内充有压力为 50 kgf/cm^2 的氮气。

第五节　气　压　系　统

　　飞机气压系统,又称压缩空气系统,它利用压缩空气膨胀作功来完成各种传动动作,主要用来完成机轮应急刹车、应急放起降架、放出和投掉减速伞、密封座舱、正常和应急收放弹舱门、喷射防冰液等工作。根据不同飞机的需要设置。

一、气压系统概述

　　不同飞机的气压系统虽各有特点但又具有一定的共性。它们根据需要完成不同的工作,但都是用冷气作为工作介质,系统的原理也基本相同。

(一)基本组成与工作

　　气压系统的基本组成如图3-5-1所示,该系统可分为供气部分和传动部分。供气部分用来制造和储存冷气。供气部分储存的冷气,通常是在飞机飞行前用地面冷气瓶充填。某些冷气消耗量大的飞机,还装有冷气泵,发动机工作时即可向系统补充冷气。传动部分可利用供压部分提供的冷气来完成各种传动动作。包括作动筒、开关等附件。

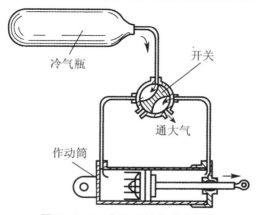

图 3-5-1　气压系统的基本组成

工作时,将开关扳到某一工作位置冷气瓶的冷气经过开关进入作动筒一边的工作腔,推动活塞;作动筒的另一边的工作腔的空气,经开关上的放气孔放出。如果开关扳到相反的位置,进气、放气情况相反,活塞被推向另一边。

(二)气压系统的特点

气压系统与液压系统相比其特点是:

(1)密度小、黏性小、压缩性大,因此系统重量轻、动作快,不易密封,传动动作终止时,机件会产生很大撞击。

(2)冷气中含有水分,低温下易结冰,使附件、管路堵塞。

(3)冷气没有润滑能力,在维护、使用过程中,必须对冷气系统某些附件的运动部分定期加注润滑油。

(4)冷气系统没有回路,管路比较简单,可以减轻重量。

二、供压部分附件

根据需要不同,供压部分常用的附件有冷气泵、冷气瓶、卸荷装置、减压器、冷气滤单向阀和压力表等。本节将对附件构造和工作原理进行介绍。

(一)冷气泵

冷气泵在发动机带动下向系统充填冷气。

1.冷气泵工作结构与原理

飞机上常用的冷气泵是活塞式的它由汽缸、活塞、偏心轴、连杆、进气阀和出气阀等组成,如图 3-5-2 所示。活塞上有若干道涨圈,用来使活塞与汽缸壁之间密封。发动机工作时,带动冷气泵的偏心轴旋转,活塞便在汽缸内做上下直线运动。活塞从最高位置(上死点)向下运动时,工作腔的容积增大,外界空气经进气阀进入工作腔;活塞从最低位置(下死点)向上运动时,工作腔的容积减小,空气受到压缩,压力升高。当工作腔内的气压升高到稍大于冷气泵出口处的气压时,即顶开出气阀向系统供气。偏心轴每转一圈,冷气泵就完成一次进气、压缩和供气。由于冷气泵不断地向系统供气,系统内的气压也就不断升高。

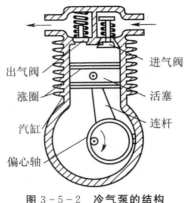

图 3-5-2 冷气泵的结构

2.冷气泵工作循环分析

冷气泵的活塞从上死点运动到下死点,再从下死点回到上死点,完成一次进气、压缩和供气的整个过程,叫作一个工作循环。

首先假设:进气时,外界空气可以很顺利地进入冷气泵的工作腔,即进气阻力为零,活塞在上死点时,工作腔的剩余容积为零;工作腔内的气体没有泄漏。这样,在冷气泵一个工作循环中,工作腔内的气压随容积变化的关系如图 3-5-3 所示。图中直线 ab 为活塞从上死点到下死点的进气过程,工作腔内的气压始终等于进口气压 $p_{进}$(外界压力 p_H)相等,曲线 bc 表示活塞从下死点到上死点压缩过程,压缩过程很快,热量散失很少,可以认为该过程为绝热过程。到 c 点工作腔的气压增大到等于冷气泵的出口气压 $p_{出}$,压缩过程结束。直线 cd 表示活塞继续向上运动,向系统的供气过程。在一次供气过程中,系统压力变化很小,可以认为其过程是等压的。d 点表示活塞运动到上死点,供气过程结束的状态。根据前面的假设,活塞到达上死点时,工作腔内的空气全部被输入系统,在活塞开始向下运动的瞬间,工作腔内的气压会立即降低到等于外界气压 p_H,如直线 da 所示,于是冷气泵进入下一次进气过程。

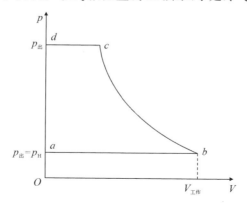

图 3-5-3　理想情况下工作腔内的气压随容积变化的关系曲线

由上述可知,在一个工作循环中,工作腔内的气压要从 $p_{进}$ 增大到 $p_{出}$。$p_{出}/p_{进}$ 叫作冷气泵的增压比。增压比越大空气在工作腔内的压缩程度越大。冷气泵每完成一次压缩和供气工作,对空气所做的功为 $abcda$ 围成的面积。增压比越大,冷气泵所做的功越多。

实际上,外界空气经进气阀进入工作腔时,要有一定的阻力,如冷气泵进气阀处的防尘网罩,会产生一定的进气阻力。同时,为防止活塞运动到上死点时与汽缸顶部相撞,各种冷气泵的工作腔都有一定的剩余容积,考虑这两点因素,冷气泵在一个工作循环中,工作腔内的气压随容积变化的关系,如图 3-5-4 所示。图中 d 点仍表示活塞运动到上死点供气结束的状态。但这时工作腔的剩余容积 $V_{剩余}$ 内留有压力为 $p_{出}$ 的空气。因此,当活塞从上死点向下运动时,剩余容积内的空气膨胀,压力逐渐下降,直到压力降低到等于进口气压 $p_{进}$ 时为止,如曲线 da 所示。

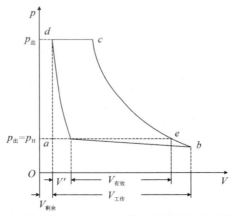

图 3-5-4　实际情况下工作腔内的气压随容积变化的关系曲线

此后,活塞继续向下运动,冷气泵开始下一次进气。由于进气阻力的影响,进气过程中,工作腔内的气压会低于进口气压,如直线 ab 所示。

可见,剩余容积内的空气膨胀后要占据部分工作腔的容积 V',使工作腔用来吸气的容积减小,进气结束时,工作腔内的气压又低于进口气压,只有活塞继续向上运动到 e 点才等于进口气压。因此,进气过程中实际吸入工作腔的空气,压力为 $p_进$ 时,所占的容积为图中线段时所表示的容积,这个容积叫作有效容积 $V_{有效}$。在其他条件相同时,冷气泵的有效容积越大,表示它在一个工作循环中的进气量越大,因而供气量也越大。图 3-6-4 中面积 $abcda$ 是考虑了进气阻力和剩余容积后,冷气泵在一个工作循环中对空气所做的功。

3. 冷气泵的形式

(1)二级增压式冷气泵。图 3-5-5 表示一种典型的二级增压式冷气泵,它能使冷气系统增压到 50 kgf/cm²,这种冷气泵活塞上部的外径较大,下半部的外径较小,它与汽缸内壁相配合,在冷气泵内部形成上下两个工作腔 A 和 B。

活塞周围有 11 道涨圈,上部还有一个单向阀。活塞向下运动时,外界空气从进气阀进入 A 腔。活塞向上运动时,A 腔的容积减小,气压稍有提高即可顶开单向阀进入 B 腔。由于 B 腔容积的增大量比 A 腔容积的减小量小得多,所以,A 腔内的空气进入 B 腔后,体积要缩小。这就使空气受到第一级增压,当活塞再次向下运动时,一方面 A 腔再次吸气,另一方面 B 腔内的空气受到第二级增压,当它的压力稍大于出口管路的气压时,即顶开出气阀进入系统。

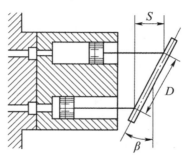

图 3-5-5　二级增压式冷气泵

(2)三级增压冷气泵。图3-5-6表示一种典型的三级增压式冷气泵,它能使气压系统增压到150 kgf/cm²。该冷气泵是两缸三级增压式冷气泵,相当于在一个二级增压式冷气泵的基础上,串联一个一级增压冷气泵。两个泵的活塞由一个偏心轴带动。

当偏心轴旋转时,通过连杆带动活塞a向右运动,外界空气经防尘罩和进气阀1进入A腔,A腔内的空气顶开单向阀1进入B腔,空气受到第一级增压,当活塞a再次向右运动时,B腔的空气便受到第二级增压,它顶开单向阀2,经过导管从进气阀2进入C腔,活塞b向上运动时,空气便受到第3级增压,然后顶开出气阀进入系统。由于冷气泵是连续工作的,偏心轴每转一圈,三个工作腔内的空气分别经第一级、第二级、第三级增压。

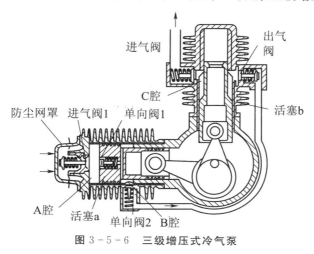

图3-5-6 三级增压式冷气泵

(二)减压器

减压器用来将冷气瓶输出的冷气的压力减低到一定值,以适应传动部分工作的需要。装了减压器后,一方面可以加大冷气瓶的灌充压力,以增大系统中的储存量;另一方面可以使输往传动部分的冷气压力,保持一个稳定的、符合传动工作需要的数值。因此,目前大部分飞机的气压系统都装有减压器。在不同的气压系统中,通过减压器的冷气流量常是不相同的,为了适应这种情况,减压器有顺流式和反流式两类组成和工作原理基本相同,顺流式减压器不适用于传动部分工作时冷气流量很大的系统,反流式减压器刚好相反。这里以50减压器(指出口压力为5 MPa)为例,介绍顺流式减压器的组成和工作原理。

减压器由壳体(上有进、出气接头)、进气阀组(活门、弹簧、保险螺帽等)、调压组(薄膜、顶杆、调压弹簧、调压螺帽等)和安全阀等组成(见图3-5-7)。进气接头处有一个铜丝滤网,安全阀安装座处有放气孔。薄膜上腔与出口相通,在薄膜上形成气压作用力,以控制进气活门的开关,薄膜下腔与大气相通。

当减压器出口气压低于5 MPa时,调压弹簧伸张,通过铜薄膜和顶杆推开进气活门,气瓶来的高压气体经进气孔节流减压后,从出气接头进入出口管路。随着出口气压的不断升高,薄膜上面的气体作用力也不断增大,调压弹簧逐渐被压缩,进气活门在活门弹簧力作用下逐渐关小。当出口气压达到 5 MPa 时调压弹簧恰好被压缩到进气活门刚刚关闭的位置，高压气体不再进入，出口气压也不再增大。

安全阀防止出口气压过大（例如超过 6 MPa，以保证系统安全）。

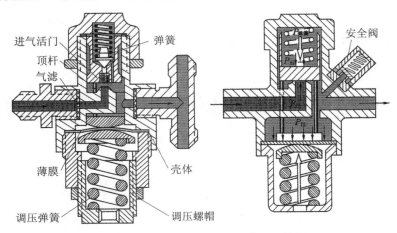

图 3 - 5 - 7 顺流式减压器的组成及工作原理

（三）卸荷阀

图 3 - 5 - 8 是一种典型的卸荷阀，它配合冷气泵使用。当供压部分的压力达到 155_{-10}^{0} kgf/cm² 时自动使冷气泵卸荷；在气压下降到 140_{-10}^{+2} kgf/cm² 时，使冷气泵停止卸荷恢复供气。

卸荷阀由壳体、操纵阀组、调压阀组、放气阀组、单向阀等组成。

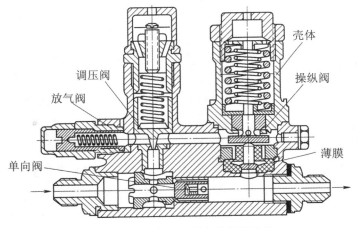

图 3 - 5 - 8 气压系统卸荷阀的构造

卸荷阀的工作原理如图 3 - 5 - 9 所示，当系统压力较小时，调压阀关闭，从冷气泵来的冷气经单向阀向系统充压，此时，操纵阀处于打开位置，调压阀下腔可经操纵阀直接与外界相通，该处压力与大气压力相等。放气阀由于内外压力相等，处于关闭位置。

冷气泵继续向系统充气，系统压力不断上升，操纵阀在冷气对薄膜的作用力超过了操纵阀上弹簧的预加弹力后,操纵阀逐渐关小。当系统内的冷气压力到达140^{+2}_{-10} kgf/cm² 时,操纵阀关闭,切断了调压阀下腔与外界的通路,但此时调压阀仍然关闭,冷气泵继续充气。

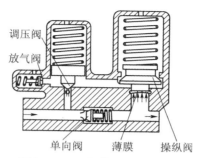

图 3 - 5 - 9　卸荷阀的工作原理

当系统内的冷气压力达到155^{0}_{-10} kgf/cm² 时,作用在调压阀尖端小面积上的冷气作用力,超过了调压弹簧的预压力,调压阀被顶开,冷气泵输出的冷气经调压阀后顶开放气阀放出。调压阀打开后,冷气泵的出口气压可作用在阀门上部的活塞上,活塞的受压面积比调压阀大得多,因此,放气阀只要使冷气泵的出口气压保持很小的数值 10～15 kgf/cm²,就可以使调压阀保持在打开位置,冷气泵的负荷大为减轻。使冷气泵的出口压力也降到放气阀控制的压力(10～15) kgf/cm²,从而造成了冷气泵由充压状态转向卸荷状态的条件,使冷气泵进入卸荷状态。当冷气泵进入卸荷状态后单向阀关闭以保持系统内的冷气压力。

当系统内的压力降低到140^{+2}_{-10} kgf/cm² 以下时,操纵阀在弹簧的作用下打开,使调压阀活塞上的冷气作用力迅速下降。调压阀在弹簧作用下迅速关闭,这又造成了冷气泵由卸荷状态向充气状态转化的条件,冷气泵又向系统充压。

系统内的气压再次增大到155^{0}_{-10} kgf/cm² 时,调压阀又被顶开放气,使冷气泵卸荷,卸荷阀就是通过调压阀的开关,来控制冷气泵卸荷或向系统充压,自动保持系统和冷气瓶的压力为140^{+2}_{-10}～155^{0}_{-10} kgf/cm²。

卸荷阀使冷气泵在规定气压下卸荷的条件是:

第一,调压阀弹簧具有适当的预加压力,这决定了调压阀开始打开的压力。

第二,在调压阀打开前,操纵阀应当关闭,同时放气阀弹簧的预加弹力不能过小,这样在调压阀打开后下腔的气压能使调压阀保持在大的开度上使冷气泵出口压力减小到基本上等于放气阀的工作压力,以保证冷气泵充分卸荷。

转为充压的条件则是操纵阀弹簧的预加弹力,决定了调压阀关闭即冷气泵停止卸荷,再次充压的系统压力。

(四)冷气瓶

冷气瓶用来储存冷气,大多是钢制容器,它有圆球形和圆筒形两种,如图 3 - 5 - 10 所示。圆球形冷气瓶在一定条件下比圆筒形冷气瓶轻,但圆筒形冷气瓶比圆球形冷气瓶在飞机上的安置和固定方便。

冷气瓶用包毡钢带和螺栓固定在飞机上,气瓶上有接头与系统管路相连,有些冷气瓶还有用来放出沉淀物的螺塞。受到机械损伤时，强度会降低。因此，应防止冷气瓶受到撞击，瓶壁上不允许有划伤和压坑，螺纹不能脱扣。我国军用飞机上的冷气瓶一般为黑色。

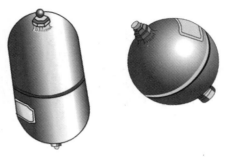

图 3 - 5 - 10　冷气瓶

（五）冷气滤

冷气滤是在充气口后面和冷气泵的出气管路上都装有的气滤，用来过滤充入系统中的冷气所含的水分、灰尘、杂质等。图 3 - 5 - 11 是一种典型的冷气滤。它由毛毡、滤网和密封垫等组成。

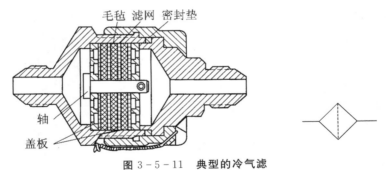

图 3 - 5 - 11　典型的冷气滤

为了保证有较大的过滤面积和防止毡滤变形，三片粗毛毡垫分别夹在四片滤网之间，前后两面各有一个盖板，用轴穿起来组成一体，装入壳体内。充气时，若冷气压力表指针不动，同时也听不到充气单向阀工作的响声，一般是冷气滤结冰或被脏物堵塞所引起的。

（六）分油分水器

分油分水器安装在冷气泵的出气管路上，用来分离冷气泵中所含的水汽和滑油蒸气。

图 3 - 5 - 12 表示一种分油分水器，它由一个铝制圆筒，其上有高低错开的出气嘴和进气嘴，顶部装有衬筒，底部有放沉淀物的开关。

冷气进入分油分水器后，由于器壁的散热作用，温度迅速降低，部分水汽和滑油蒸气就会凝结在器壁上和冷气中的杂质周围，并逐渐沉积在分油分水器的底部。由于出气嘴和进气嘴是上下错开的，并且有衬筒隔开，冷气进入分油分水器后其流动方向和速度都会发生急剧变化，即冷气会受到强烈的扰动，加快了滑油蒸气和水汽的凝结。飞行后，应打开分油分水器底部的开关，放出沉淀物，以免在下次飞行中，被冷气带入系统。

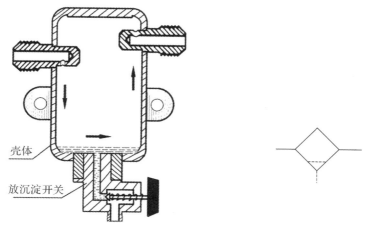

图 3 - 5 - 12　分油分水器

三、典型供压部分

供压部分通常可分为带冷气泵的和不带冷气泵的两类,本节主要介绍带冷气泵的供压部分。

图 3 - 5 - 13 表示某型飞机上的冷气供压部分,该机型以冷气作为传动部分的主要动力(收放起落架、收放襟翼、刹车等),由于传动部分较多,冷气消耗较大,因此,供压部分装有一个冷气泵、一个主冷气瓶和一个应急冷气瓶。飞行前,由地面冷气瓶从充气口向供压部分充气,飞行中,由冷气泵补充冷气。

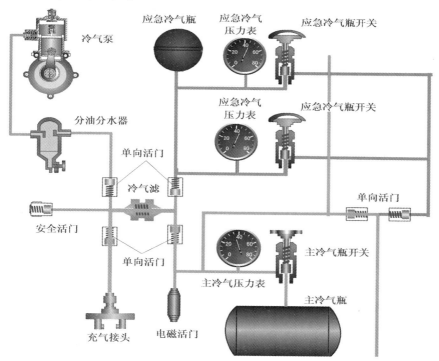

图 3 - 5 - 13　带有冷气泵的供压部分

系统由冷气泵、分油分水器、单向活门、冷气滤、安全活门、主冷气瓶、应急冷气瓶、主冷气压力表、应急冷气压力表(2个)、主冷气开关、应急冷气开关(2个)和地面充气接头等组成。冷气泵与发动机相连,由发动机带动其转动,将气体压入冷气瓶中。安全活门能将系统压力控制在 50 kgf/cm² 以下。在冷气泵的出口管路上装有分油分水器,在冷气瓶入口前,设置了 4 个单向活门和 1 个冷气滤,单向活门用来防止冷气瓶内的冷气倒流。飞机在地面停放时,由于未启动发动机,故冷气泵不工作,主要从地面充气接头处由地面冷气瓶向机上冷气瓶充气。向应急冷气瓶充气不需要打开冷气瓶开关,向主冷气瓶充气需要打开主冷气瓶开关。启动发动机后,冷气泵开始工作,持续向冷气瓶充气,由安全活门限定最高压力,保证冷气系统压力不超限,保证系统工作安全。主冷气、应急冷气通过不同管路通向各个需要冷气驱动的工作部分供气,包括收放起落架、收放襟翼、刹车等。

飞行员在驾驶飞机飞行时,要保持主冷气开关一直处于打开位置,以保证在需要使用冷气的时候,能够及时供应。在出现应急情况,需要使用应急冷气的时候,一般需要首先关闭主冷气瓶开关,防止两路冷气对冲。

本 章 小 结

本章主要介绍飞机的液压与气压传动的相关知识。液压传动是利用液体作为介质来传递能量的一种传动方式,在很多方面有其他传动方式不可比拟的优势,因此在国民经济各个领域有着广泛的应用。航空上通常用矿物基或者磷酸酯基液压油作为介质,介质的性质特别是黏性对传动性能有重要的影响。液压传动的理论基础是帕斯卡原理,介质在流动时会出现不同特性,了解流介质流动特性是分析液压系统工作特性的基础。飞机液压系统主要由动力元件、控制元件、执行元件、辅助元件等部分组成,各部分相互配合,用于完成飞行操纵、襟翼操纵、起落架收放、刹车等工作,飞机气压系统主要用于完成机轮应急刹车、应急放起降架、放出和投掉减速伞、密封座舱等工作,与液压系统的组成和工作原理有相似之处,只不过传动介质是压缩空气。

▶拓展阅读

液压系统飞机的"供血系统"

人依靠血液系统才能健康生存,飞机也有自己的供血系统,而飞机真正的血液是我们平时很少了解的液压油,飞机的"供血系统"就是液压系统。对于飞机来说,发动机驱动架和电动泵就是它的心脏,控制系统就相当于它的神经系统,而作动器则是飞机全身的肌肉组织,再加上压力表、蓄压器、油箱、管路等一系列重要部件,就构成了飞机上运转严密的供血系统。这套供血系统对于飞机至关重要,它是飞机操纵的关键,比如飞机的起落架收放、前轮转弯操纵、舵面的操纵等动作,都离不开它。那么,飞机的供血系统到底是怎么样运行的呢?

飞机的液压系统是通过发动机驱动泵,将液压油加压后输送至控制部分,控制部分根据需要进行流量、压力调节,再提供给执行部分。

相比之下,人体的血液系统是通过心脏这个"泵",将血液输送给全身的器官,为器官提供工作所需要的营养成分。不同的是,飞机的液压系统不像我们人体这样智能,因此这套系统中,还需要能实时显示系统压力的压力表、独立为能源部分供油的油箱、用于过滤液压油的油滤等等。

更重要的是,人虽然有供血系统,但是只有一整套,而飞机上的供血系统需要有很多套。

现代飞机上,一般都有几个独立的液压系统,独立完成各自不同的功能,比如1号液压系统用来收放起落架,2号液压系统用来操纵飞机舵面;有的互为备份,当一个系统失效时,另一个系统就能马上补充上来,防止飞机失控,保证飞机的安全性与可靠性。

飞机的供血系统在飞机诞生的这100多年里,也发生了巨大的变化。在早期,这套供血系统是靠着纯机械实现的,整个供血系统由拉杆、钢索等组成,精度很低;而当液压系统刚刚出现的时候,整个系统的输出功率小、压力低,能够完成的动作有限。

到了今天,随着技术的逐渐成熟,现在飞机的液压系统体积、重量得到了大大压缩,对各个动作的控制也更加精准。比如飞机上使用的液压系统压力水平,已经从较早的歼击机的21 MPa,发展到苏-27等飞机用的28 MPa。

现在,工程师和科学家还在不断地从每一个细节入手,为飞机的供血系统升级。

比如飞机的"血管壁"现在多采用钛合金制造;它的"血液"——液压油,也开始采用耐高温、无腐蚀的石油基油液;而控制系统,将会采用电控附件,重量更小,可靠性更高。

未来,飞机上的这套供血系统,还将升级为变压力液压系统,可进一步节约能量,降低故障率,减少热辐射;而且还要增加故障诊断与自修复液压系统,使飞机的供血系统可自主检测故障并进行自我修复,进一步提高可靠性,让我们的飞机拥有更加优异的性能。

思　考　题

1.仔细观察,发现身边应用液压传动技术的实例。

2.查阅资料,比较矿物基液压油和磷酸酯基液压油的特性差异。

3.液压泵和蓄压器的性能对液压系统有重要影响,使用中如何根据压力指示器判断液压源是否正常?

4.试总结手摇泵、变量柱塞泵、齿轮泵在泵出口供油量调节方面的异同点。

5.试总结液压系统与气压系统工作的相同和异同。

6.以思维导图、流程图或框图形式分别归纳出液压源、气压源从功用、组成、工作原理到状态显示的知识点脉络。

第四章 机 体

机体是飞机的主体结构,通常由机身、机翼、尾翼等组成。机体的各部件由多种构件组成,各构件之间通过铆接、螺接、焊接等方式组成合理的结构形式,来承受、传递和平衡着飞机的各种载荷,各部件与机身的连接也有着多种配置形式和气动布局,各有其特点。

机体是各系统的搭载平台,为各系统提供安装控件和可靠的工作环境,通过气动外形和操纵面保证飞机气动性能和飞行姿态,是保证飞机总体性能的基本载体。在规定的飞行包线和使用环境中,机体必须承受各种使用载荷与环境的共同作用,应有足够的强度和刚度,不能因机体出现问题导致飞机功能失效或危及飞行员人身安全;同时,机体应有足够的使用寿命和日历寿命,在规定的维修间隔期内,不能出现危及飞行安全或结构失效等损伤,因此飞机机体是保证飞行安全和飞机寿命的基础。

第一节 机 身

飞机机身的功用主要有两方面:一是装载人员、货物、燃油、武器、各种装备和其他物资;二是用于连接机翼、尾翼、起落架和其他有关的构件,并把它们连接成为一个整体。

飞行中,机身的阻力要占整个飞机阻力的较大一部分,因此,要求机身具有良好的流线型、光滑的表面、合理的截面形状以及尽可能小的横截面积。在飞行和着陆过程中,机身不仅要承受作用于其表面的局部空气动力,而且还要承受起落架和机身上其他部件传来的很大的集中载荷,所以机身结构必须具有足够的强度和刚度。

一、机身外载荷与内力

(一)机身外载荷

飞行中,机身要承受空气动力、机舱增压载荷和结构本身重量的作用,还要承受机身内装载物、发动机、机翼和尾翼、起落架等部件固定接头传来的力着陆时还要承受地面通过起落架传来的集中载荷。机身上的空气动力沿横截面周缘大致对称(见图4-1-1),气动合力不大,总体强度设计时可不计气动力,只在局部强度、刚度设计时考虑。

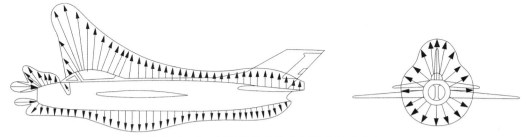

图4-1-1 作用于机身的空气动力及其分布

与机翼相比,机身以承受装载及部件传来的集中力为主,机翼则承受分布的气动力;机身横截面近似对称,水平与垂直方向载荷均较大,需同时考虑两个方向的载荷与变形,而机翼水平方向载荷小刚度却很大,只考虑承受垂直载荷情况。

按分布特性,机身外载荷分为对称载荷和不对称载荷(见图4-1-2),载荷的对称性对机身变形有较大影响。对称载荷是指作用于机身纵向对称面两边近似相等的载荷,包括飞机平飞或在垂直平面内作曲线飞行时机翼和尾翼传来的载荷、飞机三点接地或两点正常着陆时起落架传来的地面撞击力等。不对称载荷是指作用于机身纵向对称面两边不相等的载荷,包括飞机作转弯或滚转等非垂直平面内的曲线飞行时机翼和尾翼传来的载荷、飞机侧滑接地或单轮接地时起落架传来的撞击力等。

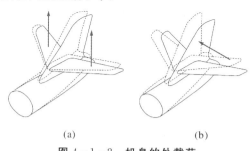

(a)   (b)

图4-1-2 机身的外载荷

(a)对称载荷;(b)不对称载荷

机身气密舱的气压根据气密座舱压力制度(即调压规律)发生变化,舱内外的压差力使舱壁受拉,轴向伸长、径向扩大,舱壁内产生拉应力并且沿横截面径向的拉应力比轴向拉应力大,故机身结构在疲劳载荷作用下发生破坏时,裂纹一般沿机身轴线方向扩展,这已得到气密舱破坏事故的证实,飞行员在飞行前检查中应注意外表面蒙皮的是否有损伤。

（二）机身结构内力

研究机身受力时，可将机身视为一个支持在机翼翼梁前、后接头上的双支点梁，机翼接头传给机身的力可视为支点反作用力，与机身上的其他载荷平衡。根据作用在机身上的载荷和支点反作用力，得到机身的剪力和弯矩图（见图 4-1-3）。

在对称载荷作用下，机身受到剪切和弯曲作用，不受扭转作用。可以看出，在机翼与机身的主要连接点处，机身承受的剪力和弯矩最大，而且剪力在此处有一个很大的突变。在非对称载荷作用下，机身不仅受剪切和弯曲，还受扭转作用。例如，垂尾受侧向力作用（或平尾受左右不对称载荷作用）时，机身纵轴会产生扭矩，有使飞机侧向滚转的趋势。若使飞机保持横侧平衡，必须提供反向的滚转力矩，通过偏转副翼使左右机翼产生足够的附加力矩来获得。飞机垂尾受到向左侧力时机身扭矩的平衡情况，在侧向力 P_z 作用下，飞机要向左滚转。为防止其向左滚转，必须右压杆使左副翼下偏、有副翼上偏，右翼产生滚转力矩与 M_n 相平衡。左右机翼产生的附加分力分别传给机身的主接头和前接头并作用在对应的两个隔框上，这样在机身内部便作用有扭矩，其分布和变化情况如图 4-1-4 所示。

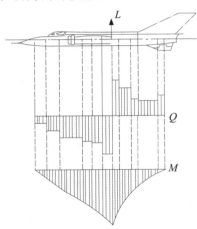

图 4-1-3　机身的剪力、弯矩图

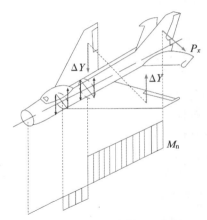

图 4-1-4　机身扭矩的平衡情况

二、基本构件

机身通常是由大梁、桁条、隔框、蒙皮等构件组成。大梁、桁条安装在隔框上，蒙皮安装在隔框、大梁、桁条上。它们组成一个整体结构，用来承受全机外部载荷所引起的切变力、弯矩、扭矩，形成和保持必需的机身外形。

（一）大梁

大梁是机身的纵向构件，主要用于承受机身弯曲时产生的轴向力，一般为铝或其他合金材料。鉴于机身在两个平面内受弯，且基本属于同一量级的特点，梁一般布置在机身剖面的 4 个象限的中间，即 ±45°角附近。但若机身上有大开口，则梁的位置应与大开口的大小和位置相互协调。如战斗机前机身的上（座舱、下设备舱）、下（起落架舱、下设备舱）均有大开口，因而梁的位置既要满足上、下大开口的边框，又要协调进气道的内、外交线，以最大限度地发挥梁的结构效率。为便于与机身蒙皮和进气道蒙皮连接,机身大梁通常采用"W""L"或"T"形截面。除此之外,机身大梁还有其他的截面形状,如图4-1-5所示。

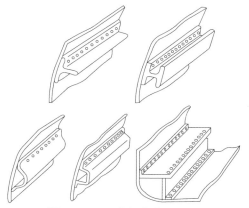

图4-1-5　大梁的截面形状

（二）桁条

桁条(也叫长桁)也是机身的纵向构件,一般为铝合金材料(见图4-1-6)。它铆接在机身隔框上(有些断开铆接在隔框之间),主要用于承受机身弯曲时产生的轴向力。桁条也用于支持蒙皮,提高蒙皮的受压和受剪失稳临界应力,承受作用在蒙皮上的部分气动力并传给机身隔框。

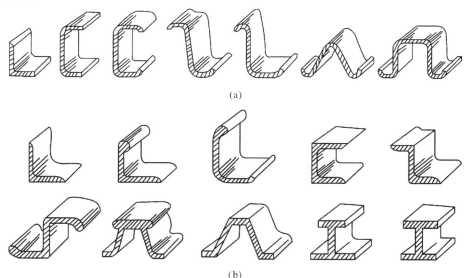

图4-1-6　桁条的截面形状

（a）板弯桁条；（b）挤压成型桁条

（三）隔框

机身的隔框一般为铝或其他合金材料,按结构形式分为环形刚框、腹板框和构架框;按功能分为普通隔框和加强隔框。普通隔框用于形成和维持机身截面形状,提高桁条和蒙皮的稳定性以及承受局部空气动力载荷;加强隔框除上述作用外,还要承受和传递某些大部件传来的集中载荷。

1.普通隔框

为减轻重量以及满足内部装载的需要,普通隔框通常采用环形框形式(见图4-1-7)。

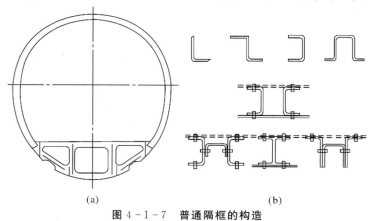

(a)   (b)

图 4-1-7　普通隔框的构造

2.加强隔框

加强隔框的构造与机身外形、内部布置、集中载荷的大小及性质、支持它们的机身盒段结构特点和有无大开口等因素有关。

(1)腹板式加强框。在不妨碍机身内部空间利用的地方,将腹板和其他加强构件(例如支柱、辅助型材)铆接于整个隔框上的结构称腹板式加强框。机身在无需大开口处用全腹板框,大开口处用有开口的腹板框(见图4-1-8)。

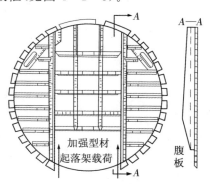

图 4-1-8　腹板式加强框结构

(2)带部分腹板的混合式加强框。飞机机翼和机身主对接框,受弯矩和剪力很大。它的前面为油箱舱,除进气道外都有腹板,左、右两侧内力最大的地方,受内部进气道和外形的限制,不得不采用钢制的整体模锻件,类似一个环形隔框。该框由左、右横梁和上下腹板"梁"用4个大螺栓连接起来,中间连一块腹板(见图4-1-9)。

(3)整体加强隔框。与前两种加强隔框不同,整体加强隔框的腹板和加强筋是由一整块毛坯料经机械加工制成的,能够有效地减少连接件的数量,提高隔框的抗疲劳性能,减小结构质量。根据结构载荷的分布情况,这种形式的隔框设计较为灵活,既可作为普通隔框使用,也可通过增大腹板和加强筋的厚度作为加强框使用(见图 4-1-10)。

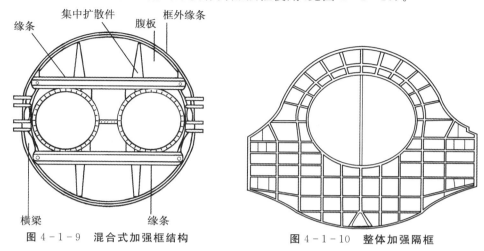

图 4-1-9　混合式加强框结构　　　　图 4-1-10　整体加强隔框

(四)蒙皮

蒙皮主要用来形成机身外形和承受局部空气动力载荷,一般采用铝合金材料。对损伤容限设计的关键件、危险部位采用断裂、疲劳性能好的材料,如 LY12。在某些部位,出于隐身的需要,采用复合材料,如雷达罩。在受热影响较大的部位采用钛合金或不锈钢板材,如炮口区。某些部位也用厚铝板经过化学铣切等方法直接加工成带纵向和横向筋条的整体壁板,如飞机的中机身上蒙皮。

机身蒙皮的厚度与受力大小有关。由于机身中部受力大,两端受力小,故中部的蒙皮比两端厚。

三、结构形式

机身按结构形式分为构架式机身、半硬壳式机身和硬壳式机身。

(一)构架式机身

早期的低速飞机采用构架式机身(见图 4-1-11)。为减小阻力,在承力构架外面,固定有整形用的隔框、桁条和布质(或木质)蒙皮,这些构件只承受局部空气动力,不参与整体结构受力。机身的弯矩、剪力和扭矩全部由构架结构承受。

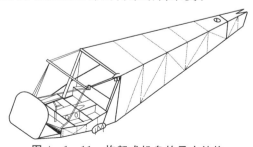

图 4-1-11　构架式机身的承力结构

(二)半硬壳式机身

半硬壳式机身将蒙皮与隔框、大梁、桁条牢固地铆接在一起,形成一个受力整体。在机身结构中,大梁和桁条用来承受弯矩引起的轴向力;蒙皮除了要不同程度地承受弯矩引起的轴向力外,还要承受全部的剪力和扭矩。隔框除了用来保持和形成机身外形,承受局部空气动力载荷外,还要承受各部件传来的集中载荷,并将之分散地传给蒙皮。根据蒙皮参与承受弯矩的程度,半硬壳式机身又分为桁梁式和桁条式结构。

1.桁梁式机身

桁梁式机身由几根较强的大梁、较弱的桁条、较薄的蒙皮和隔框等组成(见图 4-1-12)。桁梁式机身的特点是便于开大舱口。如战斗机的前机身有座舱和前起落架舱,因此常采用这种结构。

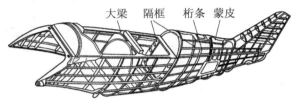

大梁　隔框　桁条　蒙皮

图 4-1-12　桁梁式机身结构

2.桁条式机身

桁条式机身由较多而强的桁条、较厚的蒙皮和隔框等组成(见图 4-1-13)。它没有机身大梁,抗扭刚度大,充分发挥了桁条和蒙皮的强度和刚度,结构的生存力强,但不便于开大舱口。战斗机的后机身多采用这种结构。

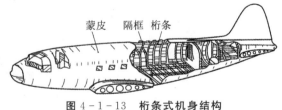

蒙皮　隔框　桁条

图 4-1-13　桁条式机身结构

3.复合式结构机身

战斗机发动机一般都安装在机身内部,为了脱装发动机方便,机身通常分为前后两段,前段机身常有大开口,故采用桁梁式结构,而后机身无大开口,通常采用桁条式结构。前段机身和后机身间用数个螺栓连接,通常在连接框上 120°方向均匀分布 3 个导向销,用于安装时定位。

(三)硬壳式机身

硬壳式机身采用框架、隔框和蒙皮组成机身的外形,如图 4-1-14 所示。硬壳式机身没有纵向加强件,蒙皮承受全部的剪力、扭矩和弯矩,所以蒙皮既承受正应力,又承受剪应力。为了使蒙皮不失稳,可以增加其厚度,但这样会增加蒙皮和整架飞机的重量。为了降低机身重量,同时提高刚度,可以采用夹层结构的蒙皮。伊尔-2 型强击机的后机身就是采用这种结构,机身蒙皮采用多层板式的结构。硬壳式机身的最大缺点就是质量较大,现代飞机较少采用这种结构。

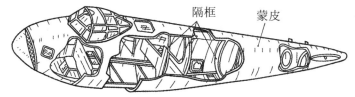

图 4-1-14 硬壳式机身结构

第二节 机 翼

机翼是飞机的升力面,主要功用是产生升力。此外,它和尾翼还使飞机具有纵向安定性和操纵性,保证飞机在战术技术要求规定下的飞行性能和机动性能。机翼还用于安装起落架、储存燃油、武器等。机翼上安装有一些操纵面,在其前缘有前缘襟翼、缝翼,在其后缘有副翼、后缘襟翼,在其上表面有扰流板、翼刀。

一、机翼外载荷与内力

(一)机翼外载荷

机翼的外载荷(见图 4-2-1)有 3 种。

1. 空气动力载荷

空气动力载荷 q_{qd} 是分布载荷,以吸力或压力的形式直接作用在机翼蒙皮上,形成机翼的升力和阻力,升力是机翼最主要的外载荷。飞机不同,机翼上气动载荷的作用情况也不同,其合力的大小、方向和作用点的位置也不同,这些因素直接影响机翼的受力情况。

2. 机翼结构质量力

机翼结构本身的质量力 q_{jy}(包括重力和惯性力)作用在机翼整体上,大小和分布取决于机翼结构质量的分布规律,其量值比气功载荷小得多,可近似认为质量力的分布规律与弦长成正比,也是分布载荷。

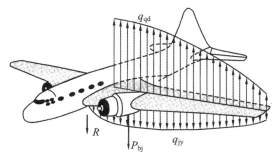

图 4-2-1 作用于机翼的外载荷

3.其他部件和外挂物传来的集中载荷

固定在机翼上的部件、副翼和襟翼等舵面,以及内部装载和外挂物,一般均通过有限的连接点与机翼主体结构相连。因此,不论是起落架传来的地面撞击力或舵面等的气动载荷,还是机翼上各部件、外挂物本身的质量力 P_{bj},均通过各自的连接接头以集中载荷的形式传给机翼。机翼整体油箱的燃油载荷(燃油的质量力和油箱增压载荷)则为分布载荷。

分布载荷是机翼的主要载荷形式包括气动载荷、机翼结构本身的质量力和燃油载荷,按一定规律分散作用在机翼结构上,集中载荷则是由各接头传来的机上部件、外挂物产生的力或力矩。机翼结构、其他部件和外挂物质量力的大小还与过载有关,方向都与升力相反。

机翼与机身相连,并相互支持。机翼上的各种载荷从机翼结构经连接接头传向机身,由机身提供支反力 R 来平衡。为简化受力当机翼分成两半相连在机身上时,可将每半翼看作支持在机身上的悬臂梁;若左右机翼连成一个整体,则可看作支持在机身上的双支点外伸梁。虽然支持形式不同但对机翼结构而言均可看作悬臂梁在载荷作用下机翼发生弯曲和扭转。精确计算时还要考虑结构支持的弹性效应将机身视为弹性支撑。

(二)机翼结构内力

外载荷从机翼向机身传递的过程中,在机翼结构内会产生相应的内力,包括剪力、弯矩 M 和扭矩 M_n 统称为机翼的总体内力(见图 4-2-2)。

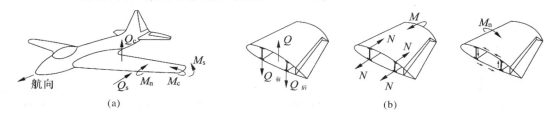

图 4-2-2 机翼所受的力矩和剪力

(a)机翼总体内力;(b)与外载荷相平衡的总体内力

剪力沿飞机坐标轴 y 轴和 x 轴的分量分别为垂直剪力 Q_c 水平剪力 Q_s,相应的弯矩有垂直弯矩 M_c 和水平弯矩 M_s。由于外载合力作用点通常不与机翼结构各截面的刚心重合,故会引起相对于刚心的扭矩 M_n。Q_s 和 M_s 通常较小,且作用在机翼刚度最大的平面内,而机翼升力很大,且作用在刚度最小的方向上,因此 Q_s 和 M_s 引起的正应力和剪应力比 Q_c 和 M_c 引起的要小很多。近似分析时,通常忽略 Q_s 和 M_s,只重点考虑 Q_c 和 M_c 等的作用,为简便省略下标 c。

这样看来,机翼上剪力、弯矩和扭矩的分布就如图 4-2-3 所示。通过从翼尖向翼根积分,可得到机翼任一截面的剪力和弯矩。各截面的扭矩等于该截面外端机翼上所有外力对刚性轴力矩的代数和,各外力的大小及压力中心线经常随飞行状态而改变,故飞行状态不同,机翼所承受的扭矩也不同。

综上所述,机翼内力传递与对应的结构特点是:剪力、弯矩和扭矩与外载荷 q_{qd},q_{jy} 相对应,从翼尖到翼根逐渐增大;机翼结构从翼尖到翼根逐渐变宽与增厚,强度、刚度逐渐增大;机翼上安装的部件、设备等重力向下,与升力方向相反,相当于飞行中减小了机翼根部的内力值,起到卸载作用。

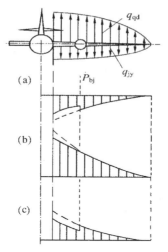

图 4-2-3 机翼上剪力、弯矩、扭矩分布图
(a)剪力图 Q;(b)弯矩图 M;(c)扭矩图 M_{n}

二、基本构件

(一)组成

依据飞机的不同用途,飞机所采用的机翼结构剖面形状、平面形状以及在机身上的配置形式等均有所不同。现代飞机机翼大多采用平凸(或双凸)和对称等翼型。平面翼型主要有矩形翼(平直翼)、梯形翼、后掠翼、可变后掠翼、三角翼、边条翼及前掠翼等。虽然机翼结构形状不同,但机翼结构组成是基本相同的,通常由纵向构件(翼梁或纵墙和桁条)、横向构件(普通翼肋和加强翼肋)和蒙皮等组成,如图 4-2-4 所示。机翼的这些构件主要用来形成和保持机翼的外形,同时承受外载荷引起的剪力、弯矩和扭矩,并保证其具有足够的强度和刚度。机翼的主要承力构件有翼梁、桁条、纵墙、翼肋和蒙皮等。

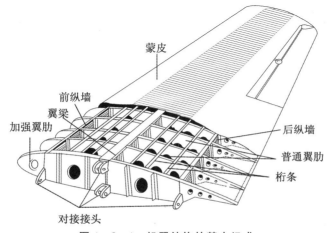

图 4-2-4 机翼结构的基本组成

（二）翼梁

在各种形式的机翼结构中,翼梁的主要功用都是承受机翼的部分或全部弯矩和剪力。按结构形式分类,主要有三种形式的翼梁:腹板式、整体式和桁架式翼梁。

1. 腹板式翼梁

腹板式翼梁一般由腹板和缘条组成(见图4-2-5),是机翼的主要承力构件,主要功用是承受弯矩和剪力。承受弯矩时,缘条受拉或压缩;承受剪力时,腹板受剪。为了提高翼梁受剪时的稳定性,翼梁腹板上装有加强支柱。翼梁通过对接接头和螺栓与机身连接。

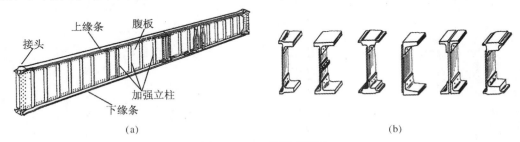

图4-2-5　腹板式翼梁

(a)结构形式;(b)缘条和腹板的组合方式

2. 整体式翼梁

整体式翼梁是用一整块高强度的合金钢毛坯料锻造成的翼梁,如图4-2-6所示,锻造工艺完成后往往还需要进行铣削等机械加工,在腹板上开减轻孔并加工出腹板加强筋,以获得准确的外形尺寸。整体式翼梁的优点是梁的刚度很大,截面尺寸可以连续变化,更好地符合等强度要求,紧固件孔较少,疲劳特性相对较优。但这种翼梁的制造成本相对较高,破损安全性较差。翼梁与邻近结构的刚度差异大,应力集中区较大,结构相对偏重。目前整体式翼梁主要应用在小型通用飞机或一些高性能战斗机上。

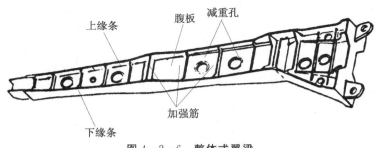

图4-2-6　整体式翼梁

3. 桁架式翼梁

桁架式翼梁由上、下缘条和许多直支柱、斜支柱连接而成,是一种平面桁架结构,如图4-2-7所示。翼梁受剪力时,上、下缘条之间的支柱承受拉力和压力。缘条和支柱,有的采用铝合金管或钢管制成,有的则用厚壁开口型材制成。桁架式翼梁的优点是结构刚度大,制造成本低,结构设计灵活,但由于多数桁架式翼梁均采用静定结构,这导致其可靠性有所下降。桁架式翼梁一般应用在翼型较厚的低速重型飞机上。

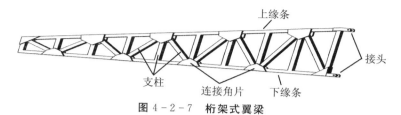

图 4-2-7 桁架式翼梁

(三)桁条

桁条是机翼上的纵向构件,铆接在翼肋上,其形式与机身桁条类似。其主要功用有:第一是支持蒙皮,防止蒙皮因受局部空气动力而产生变形过大;第二是把蒙皮传来的气动力传给翼肋;第三是同蒙皮一起承受由弯矩而产生的拉、压应力。为了使机翼结构从翼梢到翼根为等强度,可以采用逐渐减小桁条的横截面积,或逐渐减少桁条数目,或变换桁条规格等方法来实现。

(四)纵墙

纵墙也是机翼的主要纵向受力构件,从构造上看,纵墙与翼梁相似,有时也可看作是一根弱化的翼梁,它的缘条很弱,缘条承受弯曲轴向力的能力与和条相当,如图 4-2-8 所示。从受力状态来看,纵墙承受翼肋传来的剪力,总剪力通过纵墙根部的铰接头传递到机身上,铰接头不能传递机翼的弯矩。纵墙还与翼梁的腹板和机翼上、下壁板一起形成封闭盒段抗扭,同时可以将机翼前、后缘增升装置或飞行操纵面与机翼主翼盒分隔开。纵墙的腹板上一般无减轻孔,为了提高其失稳临界应力,腹板会采用型材支柱进行加强。与梁相同,纵墙横截面的面积从翼根向翼梢方向逐渐减小。

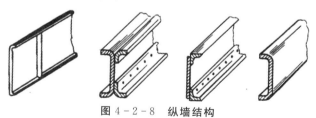

图 4-2-8 纵墙结构

(五)翼肋

翼肋铆接在翼梁上,按照功用和构造形式,翼肋可以分为普通翼肋和加强翼肋(见图 4-2-9)。普通翼肋用于保持机翼的截面形状,提高蒙皮和桁条受压时的稳定性。当翼肋高度较大时,腹板用型材支柱加强。为了减轻翼肋的重量,又使其在受剪时不易失去稳定,在翼肋腹板上开有圆形或椭圆形的孔,而且对孔进行弯边处理。加强翼肋不仅起到普通翼肋的作用,而且还用来承受较大的集中载荷或悬挂部件。加强翼肋的横截面积较大,缘条一般采用挤压型材,腹板上不开孔,并用角材支柱加强。

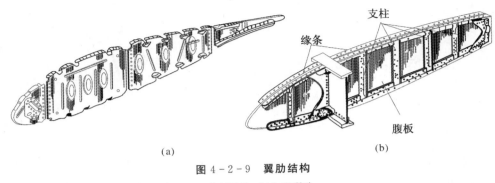

(a) (b)

图 4-2-9 翼肋结构

(a)普通翼肋；(b)加强翼肋

（六）蒙皮

蒙皮用来构成机翼外形和承受局部空气动力，有的蒙皮还承受弯矩和扭矩。蒙皮铆接在翼梁缘条、翼肋和桁条等构件上。

早期的小型低速飞机使用布质蒙皮机翼，布质蒙皮在外载荷作用下很容易变形，因此，这种机翼的蒙皮不能承受弯矩和扭矩，只能承受局部空气动力。弯矩引起的轴向力全部由翼梁缘条来承受；剪力由翼梁腹板来承受；而扭矩则由翼梁、加强翼肋及张线所组成的空间构架来承受。这种机翼构造简单、成本低、结构质量轻。因此，曾经广泛应用于低速飞机上，而且直到目前还在某些轻型低速飞机上采用（例如运-5飞机）。

现代飞机的机翼广泛采用铆接的硬铝蒙皮，它的厚度随机翼的结构形式和它在机翼上的部位而定。一般机翼的前缘和翼根部位，蒙皮最厚，后缘和翼尖部位，蒙皮较薄。为了避免由于各块蒙皮的厚度不同而影响机翼表面的光滑性，有些飞机还采用了变厚度的过渡蒙皮（见图4-2-10）。

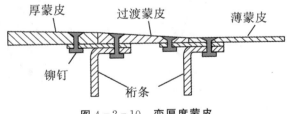

图 4-2-10 变厚度蒙皮

对于高超声速飞机可以采用钢或钛合金板材。除了广泛采用铆接的硬铝蒙皮外还逐渐采用了整体蒙皮和夹芯蒙皮（见图4-2-11）。

整体蒙皮是将桁条、翼梁缘条和蒙皮通过模锻、挤压、精密铸造、化学铣削或机械加工等方法做成一个整体，它不但能节省大量的铆接工作，而且还能按需要改变蒙皮的厚度。夹芯蒙皮是用内外两层金属薄板把夹芯放在中间胶结或焊接在一起形成一个整体。一般是用金属箔制成的蜂窝状格子或者用金属波纹片或者用泡沫塑料作夹芯。目前以蜂窝夹芯蒙皮应用较广。

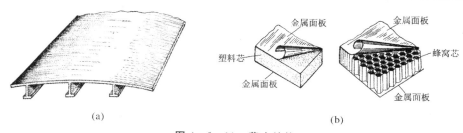

图 4-2-11　蒙皮结构

(a)整体蒙皮；(b)夹芯蒙皮

三、配置形式

目前,除了个别低速飞机仍是双翼机外,绝大多数飞机都是单翼机。单翼机在机翼的配置上,可以分为上单翼、中单翼和下单翼三种形式(见图 4-2-12)。从机翼与机身的干扰阻力来看,以中单翼为最小,上单翼次之,下单翼最大。从机身内部容积的利用来看,以上单翼最为优越。因为上单翼飞机机翼通过机身的部分骨架位于机身上部,不影响机身内部容积的利用;中单翼的翼梁要横穿机身中部,对机身内部容积的利用有一定影响;下单翼飞机机身内的可用容积较大,但固定在机身下部的翼梁,会限制安装在机翼下部部件的尺寸。从起落架的配置来看,如果将起落架装在机翼上,上单翼飞机的起落架较大,这样不仅重量大,而且不易收放。在这方面,下单翼飞机比较有利。此外,上单翼飞机由于机翼位置较高,检修、拆装机翼上的附件不便,会给维护工作带来一定的困难。

例如,歼轰-7飞机采用后掠式上单翼,是具有中等展弦比、中等后掠角、下反角 7°、安装角 1°的梯形薄翼。为了改善翼根效应,在翼根处增加了前缘后掠 59°22′的填角。为了改善翼尖处的气流分离,在机翼半翼展长 68.75% 以外的外翼前缘处,采用延伸当地弦长 10%、固定下垂 4.5°的锯齿下垂外翼。

图 4-2-12　机翼的配置形式

四、结构形式

根据机翼蒙皮、桁条和翼梁缘条各构件参与承载情况,一般将机翼结构分为梁式、单块式、复合式、多腹板式、夹层结构、整体结构和翼身融合结构等形式。

(一)梁式机翼

梁式机翼通常有单梁式和双梁式,其组成如图 4-2-13 所示。其结构特点是翼梁结构比较强,能够承受弯矩、扭矩和剪力;桁条比较弱而且数量较少,有些桁条还是分段断开的,承受轴向力的能力小,主要是与蒙皮一起承受局部空气动力,并提高蒙皮的抗剪稳定性,使之能够更好地承受剪力;蒙皮较薄,机翼弯曲时受压部分的蒙皮几乎不参与受力。由此可见,弯矩引起的轴向力主要由翼梁的缘条承受。

单梁式机翼中,翼梁(叫作主梁)装在翼型最大厚度处。为了使机翼结构能较好地承受扭矩和水平方向的弯矩,便于在机翼上固定副翼和襟翼,其结构中还有一根或两根纵墙(也叫辅助翼梁)。纵墙的强度很弱,在机翼结构中承受的弯矩很小。单梁式机翼的最大优点是翼梁充分利用了机翼的结构高度(即缘条的截面重心离中性轴较远),因而结构质量较小。但是,由于受到主梁位置的影响,机翼内部容积不容易得到较好地利用。

单梁式机翼的翼梁通常位于翼剖面结构高度最大处,这有利于减轻机翼的结构重量。翼梁根部的固接接头很强,将弯矩和剪力传递给机身。为了形成抗扭闭室,单梁式机翼上还布置有一两个纵墙,如图4-2-13(a)所示。

双梁式机翼结构特点是结构内部容积较大,便于安装放置起落架和油箱等。但在同样的载荷、尺寸、材料等条件下,它的结构要比单梁式重,如图4-2-13(b)所示。

梁式机翼的主要受力构件是翼梁,因此,它具有便于开口,与机身(或机翼中段)连接比较简便等优点,但是它的生存力较差。梁式机翼中桁条较弱,蒙皮较薄。剪力由翼梁腹板来承受,扭矩由蒙皮和翼梁腹板形成的闭室来承受。

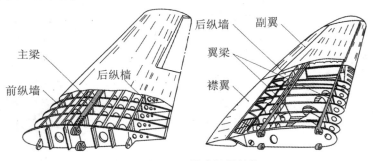

图4-2-13 梁式机翼结构

(a)单梁式;(b)双梁式

(二)单块式机翼

随着飞行速度的不断增大,薄金属蒙皮在局部空气动力作用下就难以保持良好的机翼外形。同时,薄金属蒙皮的机翼结构,为得到必要的抗扭刚度,防止机翼颤振,机翼的蒙皮需要加厚。但是蒙皮厚度增加以后,机翼的结构质量也要增大。既要采用较厚的蒙皮,又要使结构质量不致加重。为了解决这一矛盾,必须设法充分利用蒙皮来参与结构受力,因此就出现了由蒙皮、桁条和缘条组成的整体构件,能够有效地利用蒙皮承受弯矩引起轴向力的单块式机翼。

典型的单块式机翼结构如图4-2-14所示。其结构特点是:蒙皮较厚(上表面大于下表面);桁条较多而且较强;翼梁(纵墙)的缘条较弱,有的缘条截面积和桁条相当。此外,有的单块式机翼还用波形板代替桁条。这种机翼的蒙皮,不但有良好的抗剪稳定性,而且有较好的抗压稳定性,既能更好地承受机翼的扭矩,又能同桁条一起承受机翼大部分弯矩。

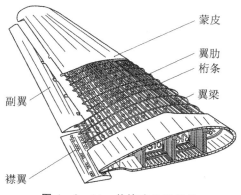

图 4 - 2 - 14　单块式机翼结构

由于单块式机翼的蒙皮较厚,因此其优点是能够较好地保持翼型,结构的抗扭刚度较大,受力构件比较分散,结构质量较轻,生存力也较强,所以被较广泛地应用于现代高速飞机上。但这种机翼与机身连接比较复杂,不便于开大的舱口,不便于承受集中力,所以它的应用也受到了一定限制。

(三)复合式机翼

为了充分利用梁式机翼和单块式机翼的优点,而又避免它们的缺点,目前许多飞机的机翼,采用梁式和单块式复合的结构(见图 4 - 2 - 15),即在靠近翼根要开舱口的部分为梁式结构,其余部分为单块式结构。在复合式结构内,单块式部分的受力是分散的,梁式部分的受力是集中的,为了把单块式部分各构件分散承受的力,集中起来传递到梁式部分的翼梁上去,在单块式结构过渡到梁式结构的部位,通常都装有一些加强构件(例如加强翼肋或加强内蒙皮等),把两部分的受力构件很好地连接起来。

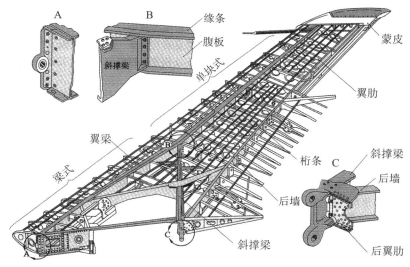

图 4 - 2 - 15　复合式机翼结构

（四）多腹板式机翼

图 4-2-16 为典型的多腹板式机翼。多腹板式机翼无梁，翼肋少，一般布置若干个纵墙，蒙皮厚达 10 mm 左右，其受力及连接与单块式机翼类似。

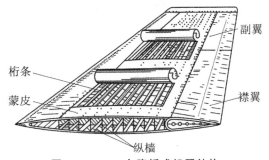

桁条

蒙皮

副翼

襟翼

纵樯

图 4-2-16　多腹板式机翼结构

现代大型运输机利用梁式、单块式、多腹板式机翼的优点，作成梁式-单块式或梁式-多腹板复合式机翼，梁、墙、壁板、端肋组成的翼箱为主要受力结构。机翼根部受力大且有大舱口，也为了便于与机身连接，采用梁式结构。外翼则采用单块式或多腹板式，在单块式到梁式的过渡区则采用加强传力结构。

（五）夹层结构机翼

图 4-2-17(a) 为典型夹层结构式机翼。这种形式的机翼结构，在较大的局部空气动力作用下，仍能精确地保持翼型；在翼型较薄的条件下，可以得到必要的强度和刚度。此外，超声速飞行时，机翼结构的强度和刚度受气动增温的影响也较小。因此，在现代飞机上已经得到广泛应用。

图 4-2-17(b) 为一种蜂窝夹层壁板。该结构采用了夹层壁板来做蒙皮和其他构件，夹层壁板是由内外两层薄金属板和夹芯层胶接或焊接而组成。夹芯层有用轻金属箔制成的蜂窝状结构，也有用泡沫塑料或轻质金属波形板状结构。

夹层结构的最大优点是：能够承受较大的局部空气动力而不致发生鼓胀和下陷现象；能够更好地承受弯矩所引起的轴向压力而不易失去稳定性。因此，夹层结构机翼能够在大速度飞行时很好地保持外形，同时它的结构质量也较轻。

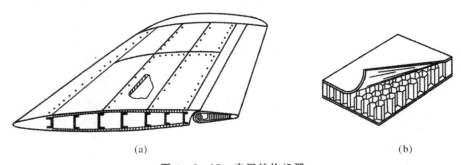

(a)　　　　　　　　　　　　　　　　　　　　(b)

图 4-2-17　夹层结构机翼

(a)夹层结构式机翼；(b)蜂窝夹层壁板

在蜂窝夹层结构中,对外层薄板因温度改变而引起的膨胀或收缩变形限制不大。因此,这种结构能减少超声速飞行时由于气动增温产生的变温应力。此外,内外层薄板之间的空气是很好的隔热层,外层薄板所受的热量,不易传递给内层薄板,所以,它还可以避免机翼内部构件产生过大的变温应力。有的蜂窝夹层壁板是用不锈钢或铁合金做的,这样又进一步提高了结构的耐高温能力。

夹层结构虽然具有上述一系列优点,但目前尚未完全代替单层蒙皮结构,因为它还存在着一些缺点。例如:很难在夹层壁板上开舱口,不便于承受大的集中载荷,损坏后不容易修补,各部分连接比较复杂等等。目前,许多飞机的活动舵面多采用全蜂窝夹层结构。

(六)整体结构机翼

飞行速度提高后,气动加热会导致薄蒙皮软化而降低刚度,现代高速飞机采用了整体结构机翼(见图 4-2-18)。

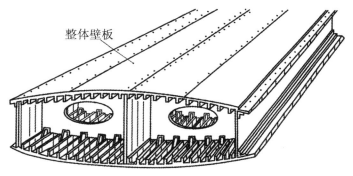

图 4-2-18　整体结构机翼

整体结构机翼由整块铝或镁合金板材加工而成,是蒙皮、桁条、缘条的合并体,再与纵墙连接。其强度、刚度大,表面光滑,可承受较高的气功热载荷。它通常采用铣切、挤压、模锻和化学腐蚀等工艺制成,加工困难,成本较高。

五、机翼上的操纵面

现代飞机为了增加小速度时的升力和实现横向操纵,在机翼上通常设置有一些操纵舵面,如后缘襟翼、前缘缝翼、前缘襟翼和副翼等。

(一)增升装置

为增加升力,改善起降性能,通常把飞机机翼的前后缘制成可活动的,用来改变机翼剖面的弯度和面积。这种可增加升力的活动翼机称为增升装置。增升装置的结构形式很多,主要有前缘增升装置和后缘增升装置两类(见图 4-2-19)。实际上,飞机增升装置一般是各种增升装置的不同组合,如前缘襟翼+附面层吹除和后缘襟翼,从而起到更好的增升效果。

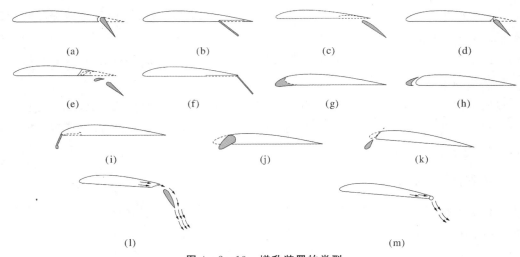

图 4 - 2 - 19　增升装置的类型

(a)简单式襟翼；(b)开裂式襟翼；(c)富勒式襟翼；(d)开缝式襟翼；(e)双缝式襟翼；

(f)后退式襟翼；(g)前缘局部弯曲襟翼；(h)固定式缝翼；(i)克鲁格襟翼；

(j)下垂前缘襟翼；(k)前缘变弯度缝翼；(l)喷气开缝襟翼；(m)喷气襟翼

1.前缘增升装置

前缘增升装置一般布置在弦线最前面的 $10\%\sim15\%$ 弦长区域内，主要有固定式前缘襟翼、可操纵前伸缝翼、克鲁格襟翼、局部弯曲式和下垂前缘等结构。

(1)前缘襟翼。前缘襟翼是机翼前缘的一部分，使用时绕后部的铰链轴向下偏转，增加机翼弯度，延迟前缘气流的分离。常用于超声速飞机前缘较尖锐的机翼上(例如歼-10 飞机)。它和后缘襟翼配合能提高飞机起飞、着陆时的升力，同时也可当作机动襟翼使用，即在飞行中根据飞行速度和迎角的变化自动调整前缘襟翼和后缘襟翼的偏度，相当于自动改变机翼弯度，提高机动飞行中机翼的升阻比和升力。

(2)前缘缝翼。前缘缝翼是紧贴于机翼前缘的小翼面，打开时与机翼间形成缝隙，可缓解机翼前缘气流分离。图 4 - 2 - 20 为典型前缘缝翼结构，主要由前缘、中段和后缘三部分组成，可以看作是一个超大展弦比机翼，其主要构件与机翼相似。前缘缝翼的翼型弧度大，体积较小。工程经验表明当机翼前缘沿展向全部布置缝翼时，机翼的最大升力系数可以提高 $0.5\sim0.9$，而由此带来的阻力增量和俯仰力矩增量都很小。

2.后缘增升装置

后缘增升装置一般布置在 $65\%\sim75\%$ 弦长之后的 $25\%\sim35\%$ 弦长范围内，主要有简单式、后退式、开裂式、开缝(单缝、双缝或多缝)式、喷气襟翼等多种结构形式襟翼。

(1)后缘襟翼。现代飞机的增升装置普遍采用后缘襟翼。歼击机上大多采用后退式游动襟翼(例如歼-7、歼-8)，襟翼放下角度的大小可随飞行表速变化；而运输机、轰炸机上多采用双开缝后退式襟翼。

（2）襟副翼。现代歼击机，为提高其横向操纵性能，往往把副翼和襟翼合为一体，称之为襟副翼。例如苏-27等飞机都采用这种结构。飞行中襟副翼既可作副翼操纵（左右襟副翼差动偏转），又可作襟翼操纵（左右襟副翼同步铺转）。襟副翼一般位于外翼后部的翼根区域。

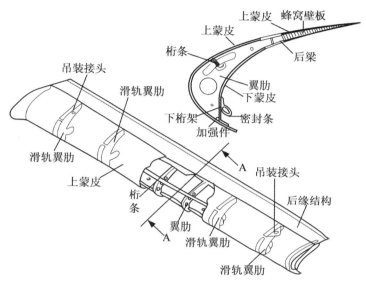

图4-2-20 某型飞机机翼前缘缝翼结构

（二）副翼

飞机副翼一般位于机翼外侧，飞机不同，副翼数量也不同。其配置形式主要有内副翼、外副翼及混合式副翼；副翼一般由梁、翼肋和蒙皮等构成，现代飞机也有采用复合材料和蜂窝结构。

有些高速飞机把副翼从机翼外侧移向靠近机身的内侧（称作内侧副翼）。由于机翼根部的抗扭刚度大，因此，采用内侧副翼后，可有效防止飞机高速飞行时因机翼在副翼偏转时引起的扭转变形而发生"副翼反效"现象。在某些大型飞机的组合横向操纵系统中，装有多块内副翼和多块外副翼。低速飞行时，内外副翼共同进行横向操纵，高速飞行时，外副翼被锁定而脱离副翼操纵系统，仅由内副翼进行横向操纵。在有些无尾飞机上，由于升降舵、襟翼和副翼都必须装在机翼的后缘部分，于是产生了一个操纵面在不同情况下起不同作用的升降副翼和襟副翼等。此外，有些超声速飞机，为了提高副翼操纵效率，常常在机翼的上表面或下表面安装"扰流片"与副翼配合动作，增加横向操纵力矩。扰流片是在副翼偏转的方向上伸出以降低流速增加压力。

六、与机身结构的连接

机翼与机身的连接可分为机翼翼盒通过机身、几根翼梁穿过机身、机翼与机身加强框两侧对接、翼身间加外斜撑杆或翼身融合体的中央翼等形式(见图 4-2-21)。

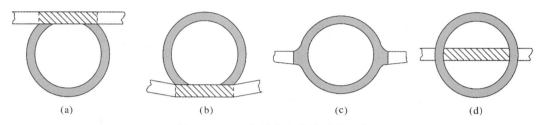

图 4-2-21 机翼与机身的对接形式

(a)上单翼；(b)下单翼；(c)中单翼

(一)穿过机身的连接

单块式机翼的中央翼翼盒贯通机身时,若机翼为上单翼或下单翼布置时(如初级教练机和运输机通常采用的机翼位置),与机身部位安排的矛盾不大,可以让翼盒通过。歼击机一般采用中单翼布局,由于机身内部空间紧张,通常不允许中央翼通过,此时只能在机身两侧用几个集中接头与之连接,但应尽量将翼梁(或其缘条)穿过机身,或作为框的一部分通过。

(二)身侧边对接

机翼与机身在机身侧边对接时,至少要有一个固接接头和一个铰接接头才能传递机翼的全部载荷(例如歼-5、歼-6飞机)。现代超声速歼击机很少这样连接,因为这种单传力途径的静定连接方式不具有破损安全特性,一旦固接接头破坏,后果将是毁灭性的。因此,现代歼击机通常都采用多接头连接。

根据机翼与机身连接框的多少,可分为双框式与多框式连接。很多运输机采用双框式连接,但现代飞机从破损安全方面考虑大多采用多框式连接,通常根据翼根处梁和墙的数量来安排接头和加强框的数量。

七、舰载机的折叠机翼

为了在有限的空间内停放更多的飞机,舰载机在航空母舰甲板或机库停放时,通常会将机翼进行折叠。舰载机机翼折叠有向后折叠和向上折叠两种方式。翼展较大舰载机大多采用向后折叠,如美国的 E-2 系列舰载预警机,这种方式折叠机构比较复杂,重量较重。现代舰载战斗机的机翼一般采用向上折叠(见图 4-2-22)。舰载机的机翼折叠机构比较复杂通常外翼通过铰链与中央翼铰接在一起,通过液压作动筒进行折叠和放下,放下时锁定机构伸出,将外翼与中央翼锁住(见图 4-2-23)。

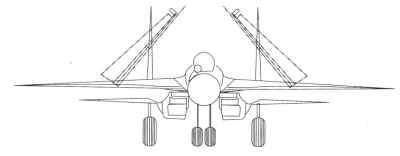

图 4 - 2 - 22　机翼向上折叠

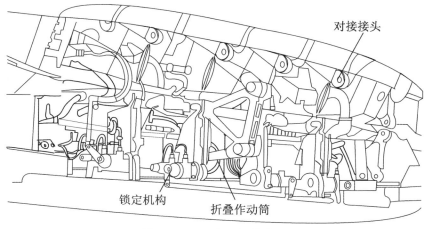

图 4 - 2 - 23　机翼折叠铰链

第三节　尾　　翼

尾翼主要作用是保证飞机纵向和方向平衡,使飞机在纵向和方向具有必要的安定性,实现飞机纵向和方向的操纵。

一、尾翼的组成和形式

飞机的尾翼一般包括水平尾翼(简称平尾)和垂直尾翼(简称立尾或垂尾)。亚声速飞机的平尾一般由固定的水平安定面(有的可略微转动)和活动的升降舵组成(见图 4 - 3 - 1),现代跨声速和超声速飞机的平尾一般都采用全动式(有的垂尾也采用全动式),以提高飞机在高速飞行时的纵向操纵效能。

垂尾则由固定的垂直安定面和活动的方向舵组成,也有不少超声速战斗机,为增加垂尾面积以加强方向静安定性,采用双垂尾布置,例如苏 - 27、米格 - 29、F - 14、F - 15 飞机等。还有一些飞机采用前置鸭翼、V 形尾翼等尾翼配置(见图 4 - 3 - 2)。

尾翼和机翼在组成上基本相似,一般也是由梁、肋、桁条和蒙皮等组成。轻型飞机的安定面较小,多采用梁式构造。大型飞机的安定面由于翼展大而相对厚度小,采用梁式结构会带来重量大、抗弯能力不足的缺点,所以一般都采用多纵墙的单块式构造。

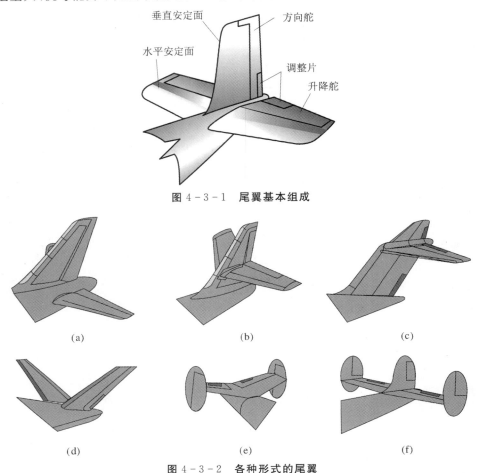

图 4-3-1　尾翼基本组成

图 4-3-2　各种形式的尾翼

(a)普通尾翼;(b)交叉尾翼;(c)T 形尾翼;(d)V 形尾翼;(e)双垂尾尾翼;(f)多垂尾尾翼

二、水平尾翼

(一)水平安定面和升降舵

亚声速飞机的水平尾翼由水平安定面和升降舵组成。水平安定面固定在机身上或垂尾安定面上,升降舵安装在水平安定面的后缘。安定面的结构和机翼基本相同。升降舵一般悬挂于安定面的后梁上,因此安定面的后梁通常是主梁,在悬挂接头处布置有加强构件。

(二)全动平尾

典型全动平尾如图 4-3-3 所示。飞机超声速飞行时,因激波后的扰动不能前传,舵面偏转后不能像亚声速流中那样同时改变安定面的压力分布,共同提供操纵力或平衡力,因此尾翼效能下降。然而,飞机的纵向稳定性却因机翼压力中心后移而大大增加,二者之间产生了矛盾。因此,超声速飞机的尾翼采用全动平尾。

全动平尾有定轴式和动轴式两种。动轴式平尾的转轴与尾翼连接在一起,用固定在转轴上的摇臂操纵转轴,平尾与转轴一起偏转,避免了在机身上开口。目前这种形式应用比较广泛。定轴式平尾的轴不转动,固定在机体上,尾翼套在轴上绕轴转动,操纵接头布置在尾翼根部的加强肋上。

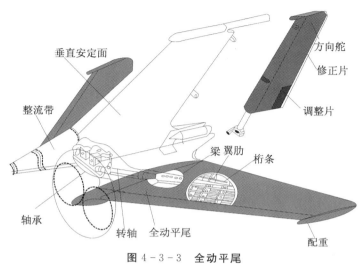

图 4-3-3　全动平尾

(三)差动平尾

某些超声速飞机为提高横侧操纵性,其全动平尾既可以同向偏转进行俯仰操纵,又可以像副翼一样差动偏转进行横向操纵,称之为差动平尾。它是控制系统在驾驶杆左、右压杆操纵副翼偏转的同时,依据左、右压杆位移来控制左、右平尾差动偏转,以产生与副翼同向的力矩,共同完成飞机的滚转操纵。当差动平尾系统不参与工作时,副翼控制系统和平尾控制系统是独立的系统,互不干扰。

差动平尾控制系统是由副翼控制系统的前段、平尾控制系统后段,经差动平尾控制系统交联组成的随动调节系统。

差动平尾控制系统工作时,位移传感器接受左、右压杆的位移信号并将其转换为电压信号输给差动平尾放大器。放大器将所有接收到的信号进行综合、放大,控制差动平尾舵机工作,输出相应的位移,通过平尾控制系统的复合机构传动左、右平尾助力器使平尾差动偏转,进行横向操纵。差动平尾控制系统使左、右平尾差动到最大偏度 $\pm8.5°$ 时,能提供的最大横滚力矩占总力矩的 $17\%\sim28\%$,为副翼能力的 $20\%\sim39\%$,相当于副翼偏转 $4°\sim8°$ 的效能。这对改善飞机在中、低空高亚声速和大迎角状态下的横滚性能尤为显著。

(四)鸭翼

采用近距耦合鸭式布局的飞机、无尾飞机和三翼面布局的飞机在主翼前面装有小翼,用于平衡飞机的纵向力矩和进行纵向操纵,这种主翼前面的小翼又称为前翼或鸭翼。

鸭翼结构与平尾类似,JAS-39、歼-10等飞机就采用近距耦合鸭式布局。

三、垂直尾翼

垂直尾翼一般由垂直安定面和方向舵组成（见图 4-3-4），有的与机身做成一体，有的可拆卸。为了改善方向稳定性，在某些高速飞机机身上，装有背鳍和腹鳍。背鳍在机身上部，与垂直安定面的前缘相连。背鳍中往往可通过操纵系统的传动杆或电缆线。腹鳍在机身下部，有一片的，也有两片的。腹鳍有固定式和可收放式两种。可收放式腹鳍通常与起落架收放部分联动，起落架在放下位置腹鳍收起，起落架在收上位置腹鳍放下。

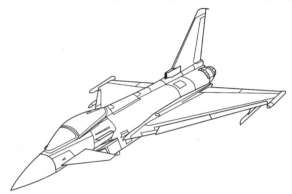

图 4-3-4　鸭式布局飞机

垂直安定面主要由大梁、翼肋、桁条和蒙皮等组成。

方向舵与升降舵一样，通常是由梁、肋、蒙皮和后缘型材组成的无桁条单梁式结构（较大的舵而也有少量桁条）。有些飞机的方向舵也采用全蜂窝结构和复合材料结构。

本 章 小 结

本章主要介绍飞机结构的主体部分——机体。机体由机身、机翼、尾翼组成。机身用来装载人员、货物、燃油、武器等，同时把机翼、尾翼、起落架和其他有关的构件连接成为一个整体。机翼是飞机的升力面，主要功用是产生升力，因此要承受很大的气动载荷。尾翼主要作用是保证飞机纵向和方向平衡，使飞机在纵向和方向具有必要的安定性，实现飞机纵向和方向的操纵。

▶拓展阅读

自适应机翼技术

自适应机翼的技术原理是在不同的飞行任务状态下，自适应地改变机翼形状，使飞机获得最佳的飞行性能。从 20 世纪 80 年代开始，世界各国竞相把该技术作为重点的战略发展目标，并执行了一系列的研究计划。经过几十年的努力，美国等航空技术先进国家在 20 世纪 90 年代陆续取得重大技术突破，相继进行了地面风洞实验和飞行验证试验，大大推进了相关基础理论和关键技术的突破性进展。

自适应机翼技术的研究可以分为两个学派：一是通过外部增加物或是翼型的微小改变

有效地调节流场中无黏或是附面层的流动,即基于机翼小尺度变形的流动控制自适应机翼技术;另一个是较大尺度地改变机翼几何构型的自适应机翼技术,以使飞机在不同任务状态下获得最优飞行性能,包括改变机翼弯度、扭转角和展弦比等。

无论机翼变形尺度的大小是多少,机翼的自适应变形无一例外都是通过以下两种技术途径来实现的:第一种途径是通过智能材料的诱导应变来驱动结构产生所需要的形变。其中,压电材料、形状记忆合金以及磁致伸缩材料最具作为自适应机翼变形作动器的潜力。采用智能材料的自适应机翼,其优点是可以大大降低自适应机翼的结构重量和对机翼内部空间的要求,结构简单,易于实现。但不足之处在于智能材料作动系统所产生的诱导应变通常不够大,效率也很低。为了达到足够的驱动力,必须大量使用,但是这样又会增加结构重量和成本;或是与常规的机构配合使用,但这样又使得智能材料的特性和使用方式受到了限制,往往是以智能材料作为作动器,利用某种机构将其产生的作动力或作动位移放大,以达到作动要求,例如,"顺从机构"就是放大机构。

随着智能材料技术发展的不断成熟,将智能材料嵌入机翼结构,作为机翼变形的作动器和传感器将成为自适应机翼研究领域主要的技术实现途径。可以预见,机翼甚至是全机更大尺度的变形将成为未来飞机设计的趋势。

也许在不久的将来,我们能看到像动画片里一样,飞机可以在空中"变形"。

思 考 题

1.查阅资料,典型四代机的机身和机翼采用的是什么结构形式?

2.根据梁式、单块式、复合式机翼结构形式,结合外载荷与内力特点,分别简要分析机翼外载荷向机身传递的路线。

3.试分析机身和机翼的基本构件分别属于结构分析中的哪种基本结构元件。

4.试分析机身基本构件的承载情况。

5.对比分析机翼和尾翼的组成构件的异同点。

6.查阅资料,分析歼击机、运输机、民航客机的机身、机翼布置有哪些特点?为什么?

第五章　起飞着陆系统

▶学习重点

(1)起落架的功用和组成。

(2)机轮的分类和轮胎的工作特性。

(3)油-气式减震缓冲装置的工作特性。

(4)起落架收放系统的组成及工作情况。

(5)飞机转弯原理及转弯系统工作情况。

(6)飞机刹车减速原理及机轮刹车系统工作情况。

(7)着陆减速装置的工作情况。

▶关键词

起落架 landing gear　　　　　　机轮 aircraft wheel

轮胎 tyre　　　　　　　　　　减震缓冲装置 shock absorber mechanism

液压刹车 hydraulic brake　　　　防滑系统 anti-skid system

减速伞 parachute　　　　　　　拦阻钩 arresting hook

前轮摆振 nose wheel shimmy　　减摆器 shimmy damper

　　起飞着陆系统是飞机重要承力并兼有操纵特性的部件,在严重影响飞机安全的起降过程中,担负着极其重要的使命。该系统包括起落架和改善起飞着陆性能的装置。飞机在飞行时,起落架不参与承受全机飞行载荷,但在关键的起飞和降落这两个阶段,飞机的安全主要靠起落架的有效工作。起落架约占飞机正常起飞重量的 $3\% \sim 6\%$,它是飞机结构的一部分,要求与机体同寿命。改善起飞着陆性能装置包括起飞加速装置、减速伞、扰流板、减速板以及拦阻钩等。

第一节　起落架概述

一、起落架功用和组成

(一)起落架功用

　　起落架用于支持飞机的地面停放、起降滑跑、机场滑行,在着陆和地面运动时减缓撞击。具体地讲,起落架的主要功用是承受飞机与地面接触时产生的静、动载荷,防止飞机结构发生破坏；消耗飞机着陆撞击和在不平跑道上滑行时所吸收的能量，防止飞机发生振动；飞机着陆后，为了缩短滑行距离，吸收和消耗飞机前进运动的大部分动能；飞机地面滑行时操纵飞机灵活转弯。

（二）起落架组成

起落架包括前起落架和主起落架。通常由减震缓冲装置、支柱、机轮及刹车系统、转弯系统、收放机构等组成，如图 5-1-1 所示。减震缓冲装置用来吸收着陆和滑跑时的冲击能量，减小冲击载荷。支柱是起落架的主承力结构，用来承受地面各个方向的载荷并作为安装机轮的支撑部件。机轮用于满足飞机地面运动，并有一定的减震作用。刹车装置安装在机轮上，以减小着陆滑跑距离。小型、轻型或单前轮飞机可采用差动刹车方式进行地面转弯。中、大、重型飞机及双前轮飞机在地面滑行时，普遍设置有转弯系统，供飞行员操纵前轮偏转，提高地面机动性。收放机构用以完成起落架的收起和放下，同时也用于固定支柱，使支柱与机体成为一个整体受力构件。

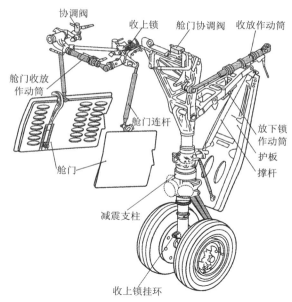

图 5-1-1　起落架的组成

二、起落架的设计要求

除了对飞机所有其他部件一样的要求（如在保证足够强度和刚度的条件下，尽可能使重量最轻）外，对起落架还有一些特殊要求，这就是在给定的使用条件（指机场等级、跑道尺寸和状态、天气条件等）下，飞机起落架应能保证做到以下几点：

（1）在起飞和着陆滑跑、滑行、机动和牵引时，飞机有良好的操纵性和稳定性。

（2）着陆和滑行时对动载荷有良好的减震缓冲性能。

（3）在给定等级（给定宽度）机场跑道上有 180°转弯的能力。

（4）机轮应符合飞机的用途、使用条件和重量特性，在决定机轮参数值时应考虑最大起飞重量和最大允许着陆重量的使用情况。

（5）保证起落架舱门打开、关上及支柱收上、放下时有可靠的锁定机构，起落架的收起时间应尽可能短。

（6）起落架的外形尺寸应尽可能小，以减小迎风阻力，保证飞机所需的着陆角（对一些落架形式是起飞角），寿命要长，易维护修理。

（7）在选取起落架的参数和支柱的结构形式时，在满足强度、刚度和寿命的条件下使起落架尽可能轻。

三、起落架的配置形式

飞机起落架的配置形式主要有后三点式、前三点式、自行车和双自行车式（也称四点式）和多支点式。

（一）后三点式

后三点式起落架布局如图 5-1-2 所示，飞机重心在主起落架之后，并且重心与起落架靠得较近，这种形式在 20 世纪 40 年代中叶以前曾得到广泛的应用。

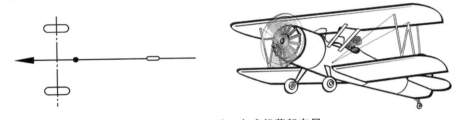

图 5-1-2　后三点式起落架布局

它具有以下优点：在飞机上易于装置尾轮；着陆时具有较大的迎角。因此，可以利用较大的飞机阻力来进行减速，从而可以缩短着陆的滑跑距离。

其缺点是：在大速度着陆时飞机容易发生翻倒现象（俗称拿大顶）；着陆速度偏大时，如果仅是主轮着陆，很难避免飞机拉飘，因此着陆过程很复杂，若三点同时着陆，则要求飞行员素质很高；航向稳定性较差。对于喷气式发动机，尾喷管的尾流易损伤跑道；在停机、起、落滑跑时，前机身仰起，因而向下的视界不佳。

（二）前三点式

前三点式起落架布局如图 5-1-3 所示，飞机重心在主起落架和前起落架之间，重心离起落架较远，克服了后三点式的一些缺点，现役飞机大部分采用这种形式。

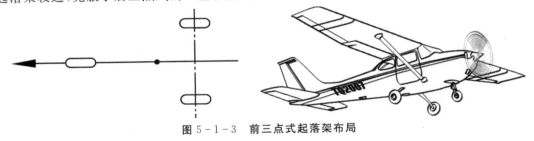

图 5-1-3　前三点式起落架布局

这种形式有主要优点有：①着陆简单，安全、可靠；②具有良好的方向稳定性，侧风着陆时较安全，地面滑行时，操纵转弯灵活；③无倒立危险，因而允许强烈制动，因此，可以减小着陆后的滑跑距离；④在停机、起飞着陆滑跑时，飞机机身处于水平或接近水平的状态，因而向下的视界较好；喷气式飞机上的发动机排出的燃气对跑道的影响较小。

其主要缺点有：①前起落架的安排较困难，尤其是对单发动机的飞机；②前起落架承受的载荷大、尺寸大、构造复杂，因而质量大；③着陆滑跑时处于小迎角状态，因而不能充分利用空气阻力进行制动，在不平坦的跑道上滑行时，超越障碍的能力差；④高速滑行时前轮会产生摆振现象，因此需要有防止摆振的措施。

（三）自行车和双自行车式

自行车和双自行车式起落架布局如图 5-1-4 和图 5-1-5 所示，飞机重心前、后各有一组主起落架，左、右机翼有辅助轮。

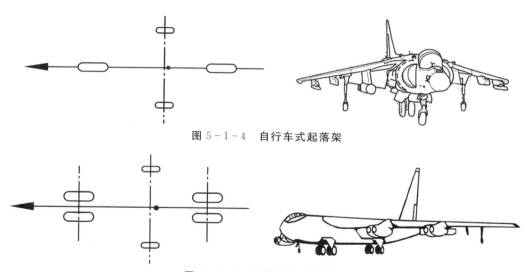

图 5-1-4　自行车式起落架

图 5-1-5　双自行车式起落架

自行车和双自行车式常用于机翼较薄、较高，起落架难以收入机翼的飞机上，特别是采用上单翼的轰炸机上，这种起落架形式，具有以下一些缺点：前起落架承受的载荷较大，而使尺寸、质量增大；起飞滑跑时不易离地使起飞滑跑距离增大。为使飞机达到起飞迎角，需要依靠专门措施；不能采用主轮刹车的方法转弯，而必须采用转向操纵机构实现地面转弯等。由于以上种种原因，使这种形式起落架，目前仅在少数飞机上采用。

（四）多点式

多点式布局如图 5-1-6 所示，其主要特点是多支柱、多机轮，大多用于起飞重量超过 200 t 的重型运输机和客机上。

采用多支柱、多机轮可以减小对跑道的压力，降低对起降机场的要求。这种形式的前支柱配置在重心之前，因此，它具有前三点式所具有的优、缺点。

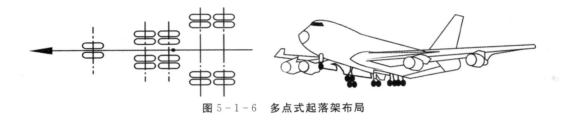

图 5-1-6　多点式起落架布局

四、起落架的结构形式

起落架的受力形式繁多,取决于飞机的质量和用途、着陆速度、收放要求以及与飞机其他部件主要承力构件之间的相互协调关系等多种因素,但其基本的结构形式,主要有构架式、支柱式和摇臂式三种。

(一)构架式起落架

构架式起落架(见图 5-1-7)的主要特点是:它通过承力构架将机轮与机翼或机身相连。承力构架中的杆件及减震支柱都是相互铰接的。它们只承受轴向力(沿各自的轴线方向)而不承受弯矩。因此,它构造简单,质量也较小,在过去的轻型低速飞机上用得很广泛。但对现代高速飞机来说,构架式起落架因难于收放而不采用。

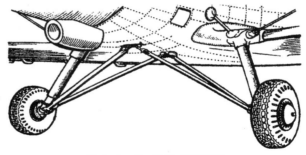

图 5-1-7　构架式起落架

(二)支柱式起落架

支柱式起落架图 5-1-8(a)的主要特点是:减震器与承力支柱合而为一,机轮直接固定在减震器的活塞杆上。减震支柱上端与机翼的连接形式取决于收放要求。对收放式起落架,扭矩通过防扭臂传递,亦可以通过活塞杆与减震支柱的外筒内壁采用花键连接来传递。

这种形式构造简单、紧凑,易于放收,质量较小,是现代飞机上广泛采用的形式之一,绝大部分飞机的前起落架采用这种形式。其缺点是:活塞杆不但承受轴向力,而且承受弯矩,因而易磨损及出现卡滞现象,使减震器的密封性能变差,不能采用较大的初始压力等。

(三)摇臂式起落架

摇臂式起落架图 5-1-8(b)的主要特点是:机轮通过转动摇臂与缓冲器的活塞杆相连。缓冲器亦可以兼作承力件。这种形式的活塞只承受轴向力,不承受弯矩,因而密封性能好,可增大减震器的初始压力以减小缓冲器的尺寸,克服了支柱式的缺点,在现代飞机得到了广泛的应用。其缺点是:构造较复杂,接头受力较大,因此在使用过程中的磨损较大。

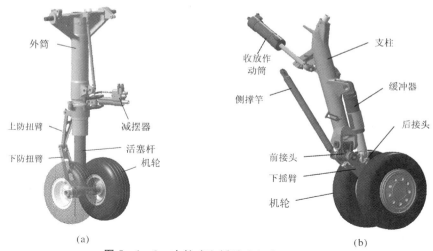

(a)

(b)

图 5-1-8 支柱式和摇臂式起落架图

第二节 机 轮

陆上飞机通常采用轮式起落架。轮式起落架机轮有单轮、双轮和多轮之分(见图 5-2-1)。

单轮包括半轴式、半轮叉式和轮叉式[见图 5-2-1(a)]。半轴式在垂直载荷作用下会使支柱受到侧向弯矩,在水平载荷作用下又会使支柱承受扭矩,而半轮叉式和轮叉式没有这个缺点。中大型飞机的前轮多为双轮,大型飞机的主轮则为双轮、四轮或六轮小车式等,多轮不仅能减小飞机对道面单位面积的压力,还可减轻起落架的总重量,一个机轮损坏时也能保证安全,如图 5-2-1(b)所示。

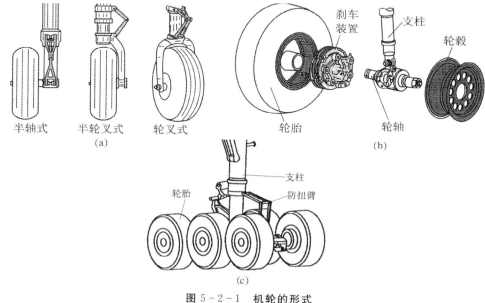

图 5-2-1 机轮的形式

(a)单轮;(b)双轮;(c)多轮

机轮通常由轮毂和轮胎等组成。

一、轮毂

轮毂是机轮的骨架,借助两个锥形滚棒轴承支撑在轮轴上,通常用比重较小的铝镁合金制成,使用温度受到一定的限制。轴承外侧装有挡油装置,防止润滑油漏出,并避免灰尘、杂物等弄脏轴承。轮毂外部安装轮胎,带刹车功能的机轮(主要是主轮)在轮毂内部还装有刹车装置(见图5-2-2)。

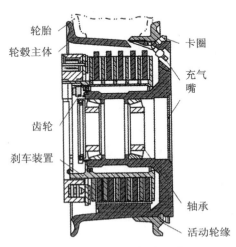

图5-2-2　轮毂的组成

为便于拆装轮胎,轮毂由主体和活动轮缘组成。活动轮缘与主体之间有固定卡圈,可阻止活动轮缘在胎压作用下从主体上脱出并防止活动轮缘在主体上转动。

有的轮毂上装有机轮温度指示装置,表现出不同工作特点:刹车温度探测器通过热电偶探测刹车温度,出现过热时,座舱内的刹车过热灯亮,同时刹车冷却风扇工作;感温器感受刹车温度,温度较高时感温器熔化,发出检查轮毂和机轮信号。热熔螺塞也用来感受刹车温度,超过一定值时热熔螺塞熔化,螺塞内形成小孔放掉轮胎内多余压力,同时冷却热熔螺塞,以提高螺塞的气密性。

二、轮胎

(一)分类

按初始充气压力 p_0 或机轮直径与宽度之比(用 K 表示)的不同,轮胎通常有低压、中压、高压和超高压轮胎。p_0 或 K 越大,轮胎外形越薄,尺寸越小。

低压轮胎的 $p_0 = 0.24 \sim 0.34$ MPa,$K = 2 \sim 3$。低压轮胎比较柔软,压缩量较大,能够吸收较多的能量(占起落架总吸收能量的 $30\% \sim 40\%$)。机轮对地面的压力较小,能在土地及草地上顺利滑跑或起降。但低压轮胎外廓尺寸较大,收藏较困难,多用在低速或轻型飞机上。

中压轮胎的 $p_0 = 0.34 \sim 0.64$ MPa,$K = 3 \sim 5$。中压轮胎承载能力较强,外形较扁,对机场道面的要求较高。中压轮胎通常用于起飞、着陆速度不太大的飞机。

　　高压轮胎的 $p_0=0.64\sim0.98$ MPa，$K=5\sim8$。高压轮胎承受的压缩量较小，吸能少（占起落架总吸收能量的 $15\%\sim20\%$），对道面的压力大。高压轮胎多用于速度较大的中、小型飞机。

　　超高压轮胎的 $p_0>0.98$ MPa，$K>8$。其特点与高压轮胎相似，多用于高速大、中型飞机。

　　高压轮胎和超高压轮胎较薄，外廓尺寸小，承载能力大，较易于收藏，所以被现代战斗机广泛采用。由于轮胎充气压力高，与地面的接触面积小，对机场道面的要求较高，只能在抗压强度很大的跑道滑跑，并且轮胎本身受力大，使用寿命较短。

　　机轮轮胎的尺寸（直径和宽度）均标注在轮胎外侧壁上，例如 660×160 表示轮胎的直径是 660 mm，宽度是 160 mm。

（二）结构

　　轮胎分为有内胎轮胎和无内胎轮胎两种。

　　有内胎轮胎主要由内胎和外胎组成，胎面为弧形或平底形开双槽。内胎是用优质橡胶制成的密封环形囊，其上的充气嘴穿过轮毂。当充气压力不足导致轮胎与轮毂发生相对滑动时，可能损坏充气嘴而漏气。为此在轮毂和轮胎侧面用红漆画有标志线，以便检查二者是否产生了相对错动。由于刹车时轮毂温度很高，为防止内胎在高温下损坏，内胎与轮毂的接触部分胶有一层帘布。

　　外胎由外层胎面胶、帘线层、内层胎面胶、胎侧橡胶层、缓冲层和胎圈等组成（见图 5-2-3）。帘线层是主要受力部分，损坏时可能引起爆胎。缓冲层可分散轮胎的撞击力，使帘线层受力均匀。胎圈由钢丝圈与胎口涂胶包边布组成，抗拉强度大、刚度大，将外胎紧固在轮毂上。

　　无内胎轮胎的重量要比有内胎的轻约 7%，寿命可延长 50%，且更容易冷却，其结构与外胎相似。充气嘴安装在轮毂上，胎内气体靠胎圈与轮缘压紧来实现密封。帘线层按受力分布有斜交型和径向型两类，斜交型强度较高。当胎面沟槽任何部位磨光或缓冲层可见时，需加强检查或按要求更换轮胎，轮胎更换标准及使用限度均有明确规定。

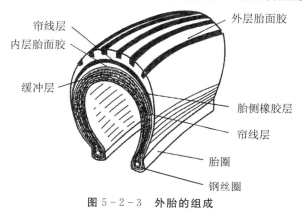

图 5-2-3　外胎的组成

（三）轮胎工作特性

　　轮胎承受的载荷及吸收的能量与轮胎的压缩量有关。轮胎压缩 δ 随载荷 P 的变化用轮胎压缩特性曲线(见图5-2-4)来表示。不同轮胎有不同的压缩特性,同一轮胎的初始充气压力 p_0 不同时,压缩特性也不同。轮胎吸收的能量可用压缩特性内线下的面积来表示。

　　同一轮胎在吸收相同能量的情况下,初始气压越大曲线就越陡,压缩量越小,轮胎越硬。由于气压还受温度影响,轮胎特性也与环境温度有关。因此,为保持机轮的正常性能,飞行员在飞行前检查飞机时必须确认轮胎的初始气压 p_0 符合规定,通常可通过轮胎压缩量来检查。

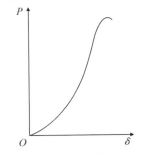

图5-2-4　轮胎压缩特性曲线

(四)轮胎受力特点

　　工作中,轮胎受到胎内气压膨胀、胎面受压并反复变形、滚动中的惯性离心力及地面摩擦力等的综合作用,会引起轮胎的正应力和剪应力变化,严重时会产生爆破和脱层等现象。

　　1.轮胎的正应力和剪应力

　　胎内气压、作用在机轮上的垂直载荷和滚动时的惯性离心力使轮胎承受正应力。轮胎在滚动过程中,每个部分的受载会周期性变化,属于循环载荷,产生循环应力。由于轮胎的疲劳性能有限,一定条件下只能承受一定次数的重复载荷。其滚动一定圈数(或路程)后,就会因疲劳而出现橡胶裂纹、帘线被拉断等问题,这也是轮胎有一定使用期限的主要原因。

　　地面摩擦力以及作用在机轮上的垂直载荷,使轮胎承受剪应力。上述各种力对轮胎产生的应力不是单一的而是综合性的且随轮胎的工作条件而变化。例如,起飞加速时,垂直载荷随升力增大而减小,所引起的应力也减小,但离心力引起的应力却越来越大;未刹车时,地面摩擦力引起的剪应力较小,刹车时剪应力就要增大;超载起飞或粗猛着陆时,载荷和速度都比正常时大,垂直载荷和离心力引起的应力也会增大。

　　2.轮胎的爆破和脱层

　　轮胎在使用过程中,常见的损坏有外胎磨损、划伤、刺伤、爆破和脱层。

　　可能导致轮胎爆破的因素有很多,但均因轮胎实际承受的拉伸应力超过了材料本身的承载能力(强度极限或疲劳极限)而引起。这些因素包括:粗猛着陆、越障受撞击、充气压力过大,使帘线层受力过大;充气压力不足,轮胎变形量增大,帘线层受到严重的重复载荷作用,轮胎提前老化与疲劳破坏;连续起落、滑跑速度过大、胎压不足、粗猛刹车、炎热季节飞行等,使得轮胎温度过高,橡胶过早老化;道面不清洁轮胎被扎,帘线层受机械损伤;严重拖胎时,帘线层磨坏,等等。

如果轮胎实际承受的剪应力超过了材料本身的抗剪应力,就会造成轮胎脱层,具体原因包括着陆滑跑刹车过重、胎压不足、滑跑速度过大、轮胎严重变形产生疲劳破坏、轮胎温度过高等。外胎出现脱层后如果继续使用,同样能造成整个胎面被剥去。脱层处若有气体或碎橡胶屑,会局部隆起出现鼓包。

第三节 减震缓冲装置

起落架的减震缓冲装置(也叫缓冲器)是所有现代飞机必需的构件,它用于飞机着陆和在不平跑道上运动时吸收和消耗冲击能量,承受作用在起落架上的载荷。对每个起落架的减震缓冲装置,要求在飞机着陆时,起落架构件上的载荷不超过使用值,并吸收和消耗传到起落架上的额定能量,同时减震缓冲器的尺寸和重量应尽量小,满足强度、耐久性、可靠性、维修性等方面的要求。

减震缓冲装置有两种基本类型:一种是用钢或橡胶制的固体弹簧式缓冲装置,另一种是使用气体、油液或两者混合(通常称为油-气)的流体弹簧式缓冲装置。大多数现代飞机都使用油-气式减震缓冲装置,它具有较高的效率和能量吸收能力,能较好地满足使用要求。油-气式减震缓冲装置有单腔式和双腔式两种类型。

一、单腔油-气式减震缓冲装置

单腔油-气式减震缓冲器由活塞筒、活塞杆和柱塞等部分组成,如图 5-3-1 所示。在活塞筒内可移动的活塞杆支持在上、下两个轴衬上。一般来说,上轴衬固定在支柱上,而下轴衬固定在活塞筒上,活塞筒的下轴衬上装有防止液体从活塞内漏出的密封圈。活塞筒的下腔充满了油液,上腔中是气体。柱塞是带有活塞的钢管,管上有孔,孔将柱塞的内腔和活塞筒腔连通起来。

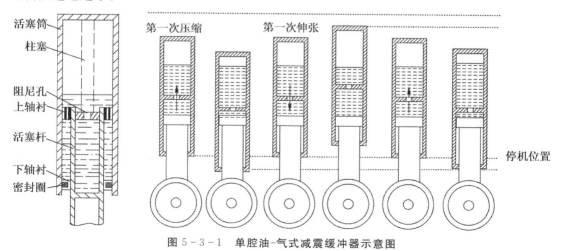

图 5-3-1 单腔油-气式减震缓冲器示意图

在单腔油、气式减震缓冲器中,气体作为弹性体,吸收一部分能量,并使减震缓冲器能恢复到初始位置,充填的气体通常采用氮气。而液体通常为液压油,用于消耗缓冲器吸收的一部分能量。

在减震缓冲器压缩(正行程)时气体压缩,压缩过程是在很短的时间里完成的,在这段时间里,气体的热还来不及通过活塞筒壁散掉。如果气体与液体完全隔离,则气体压缩过程是绝热的。但在这里,气体的一部分热能传给了液体,则气体压缩过程是多变的。同时,在缓冲器的压缩过程中,液体通过小孔从一腔流向另一腔,这时由于有液压阻力,液体发热,克服液体流经小孔的阻力消耗的能量转变成热能,并通过活塞筒壁耗散到大气中。

压缩到一定程度后,气体压缩储存的能量使减震缓冲器开始伸长,这时液体通过小孔反向从一个腔流向另一个腔,气体的一部分能量消耗在克服液体流动阻力上。这部分能量转化成热能引起液体加热,并通过活塞筒壁耗散到大气中。压缩空气的另一部分能量转变成飞机质心上移的势能,在减震缓冲器的最后一个工作循环后被完全消耗。如此往复几次后,飞机的撞击动能就基本消耗完了。

如果不考虑轴衬上的摩擦力,油-气式减震缓冲器的工作曲线如图 5-3-2 所示,纵坐标表示作用在活塞杆上的力,横坐标表示活塞杆的行程。曲线 ABC 就是气体多变曲线,曲线 CDA 为油-气式减震缓冲器压缩时的工作特性曲线,曲线 CEA 为伸张时的工作特性曲线。面积 $OABCFO$ 就是气体压缩消耗的能量。在正行程中,由于油液流过小孔时受到阻力,以热的形式消散了一部分能量,即面积 $ABCDA$。缓冲器吸收的全部能量就是面积 $OADCFO$。在反行程时,也要克服小孔对油液的阻力,以热的形式消耗的能量为面积 $ABCEA$。这样,面积 $ADCEA$ 就是在缓冲器一个工作循环中以热的形式消耗的能量。

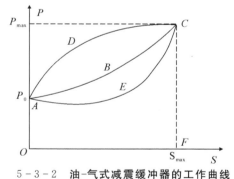

5-3-2 油-气式减震缓冲器的工作曲线

二、双腔油-气式减震缓冲装置

双腔油-气式减震缓冲器有两个彼此独立的气室,它比单腔式具有更软的缓冲性能,从而可降低作用在结构上的载荷,保证飞机地面运动的平稳性并在飞机满载时增加减震缓冲器的行程。

双腔油-气式减震缓冲器的构造简图如图 5-3-3 所示,它有两个气室,一个是低压气室,另一个是高压气室。低压气室初始充气压力为 p_{10},气室初始容积为 V_{10},高压气室初始充气压力为 p_{20},气室初始容积为 V_{20},且 $p_{20} > p_{10}$。当有外力作用时,缓冲器内筒开始压缩,这时低压气室 V_{10} 开始压缩,内压开始增大,此时为第 1 阶段。当行程到 S_1 时,低压气室内压达到 $p_{1c} = p_{20}$ 时(略去摩擦),高压气室开始压缩,这时低压气室压缩到 V_{1c}。从这一点开始,高压气室与低压气室一起压缩,而相当于一个新的初始容积 $V_{20}+V_{1c}$,初始压力为 p_{20}。此阶段为第 2 压缩行程,因此第 2 阶段的曲线比较缓和,两阶段的静压缩曲线如图 5-3-4 所示。

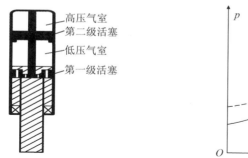

图 5-3-3　双腔油-气式减震缓冲器示意图

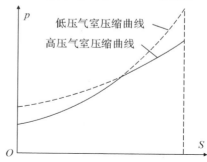

图 5-3-4　双腔式减震缓冲器的两个压缩阶段

三、油-气式减震缓冲装置工作特性

油气式减震缓冲装置是利用油和气的共同作用来工作的。如果油气填充不正常时,缓冲器的减震特性将发生变化。

(一)油量正常、气压不足

充气压力小于规定值,开始压缩减震支柱所需的压力变小。压缩过程中,当内筒压入同样距离时,初始压力小的减震支柱,压力增加得也少,即初始压力小的减震支柱被压缩时,气体压力增加得比正常要慢。可见,初始压力小于规定值,减震支柱要变软。工作曲线较正常时要低而且平(见图 5-3-5 中的虚线)。由图可知,减震支柱完全被压缩时所吸收的能量要比气压正常时小。若飞机粗猛着陆,减震支柱压缩到极限位置还吸收不完撞击能量,于是外筒还要继续向下运动,使限动构件与活塞相撞,导致构件受力增大,甚至造成损坏。

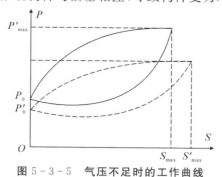

图 5-3-5　气压不足时的工作曲线

(二)油量正常、压力过大

充气压力过大,减震支柱就会变硬,不易压缩。与前一种情况相反,工作曲线(见图 5-3-6)较正常时高而陡。支柱吸收同样大小的撞击能量时,压缩量较正常时小,而载荷较大。这样即使在正常着陆和滑行时,撞击载荷也较大,飞机结构容易疲劳损坏。在粗猛着陆时,减震支柱尚未压缩到最大行程,就吸收了最大能量,但载荷却超过了规定的最大值,因此可能损坏飞机的某些结构。

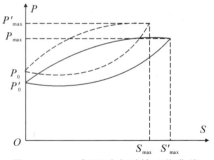

图 5 - 3 - 6　气压过大时的工作曲线

（三）气压正常、油量不足

减震支柱内的油量少于规定，气体的初始容积变大，减震支柱受到压缩时，气体压力就增加较慢。因此，减震支柱变得较软，容易压缩。其工作曲线（见图 5 - 3 - 7）较正常时平坦，与气压不足时相似，会产生同样的后果。

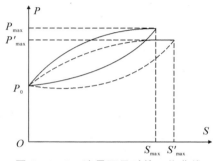

图 5 - 3 - 7　油量不足时的工作曲线

若油量过少，油平面比正常时低得较多，则减震支柱工作时，油液只能在局部行程中参与工作，或者根本不参与工作。这样，撞击动能转变成热能而消散得就少，飞机就会产生强烈的颠簸。

（四）气压正常、油量过多

油量过多时，气体初始体积变小。与前一种情况相反，气体压力随压缩量增长较快，减震支柱变硬，其工作曲线（见图 5 - 3 - 8）较正常时陡，与气压过大时相似，后果也相似。

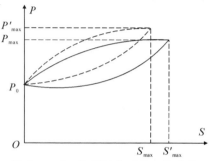

图 5 - 3 - 8　油量过多时的工作曲线

从以上分析可以看出,油-气式减震缓冲装置必须严格按照规定填充油量和气压才能保证减震缓冲性能。因而,飞行员在飞行前检查飞机时必须确认填充油量和气压符合规定值。

四、减震缓冲装置和轮胎的工作关系

轮胎虽能吸收能量起到一定的减震作用,但由于轮胎的热耗作用很小,它在压缩过程所吸收的能量在伸张时几乎全部转换为飞机的动能和势能,所以并不能防止颠簸。通常将轮胎和减震缓冲装置组合起来,共同完成减震任务。轮胎和减震缓冲装置的工作关系如图5－3－9所示。

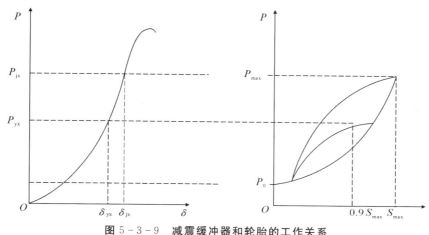

图 5－3－9　减震缓冲器和轮胎的工作关系

(a)轮胎压缩特性曲线;(b)减震缓冲装置工作特性曲线

当机轮传给减震缓冲装置的载荷低于开始压缩减震器所需的力时只有轮胎单独受压缩。当轮胎压缩到一定程度时,传给减震缓冲装置的载荷超过开始压缩减震缓冲装置所需力,减震缓冲装置开始和轮胎一起受压缩。吸收完额定能量时,减震缓冲装置的压缩量为其最大压缩量的 90%,轮胎达到最大允许压缩量 δ_{yx}(为轮胎内表面相互接触达到最大压缩量 δ_{max} 时的 95%)。吸收完规定的最大能量时,减震缓冲装置达到最大压缩量 S_{max},轮胎达到极限压缩量 δ_{max}(指橡皮应力达到弹性极限),此时减震缓冲装置和轮胎分别承受规定的最大载荷 P_{max} 和极限载荷 P_{jx}。

如果轮胎和减震缓冲装置的任一个灌充数据不符合规定,就会破坏上述工作关系,轮胎和减震缓冲装置的工作特性均要发生变化,起落架的减震性能会下降。

第四节　起落架收放机构

起落架收放系统用来供飞行员在飞机起飞和着陆过程中,以液压或气压为动力源,将起落架收上或放下。该系统尽管增加了飞机重量,使飞机的结构设计和使用复杂化了,但起落架收起可以大大降低飞机的迎风阻力,改善气动性能以及飞行性能。

起落架收放系统通常由收放机构、位置锁机构、液(气)压传动和控制部分以及信号设备

等组成。起落架收放的一般要求是：收放时间符合战术技术要求，小型飞机不超过 12 s，大型飞机不超过 15～20 s；收上和放下均应能可靠上锁，并能使飞行员了解收放情况；收放协调，按序工作；不能正常放下时，应有应急放下方法。

一、起落架收放方式

飞机不同，起落架的收放方式也不相同，但基本特征相似。起落架的收放运动方式要保证起落架放下状态时的必要尺寸，要考虑起落架构件固定结构的特点以及起落架的布局形式等。同时，所选择的收放方式在使用中应可靠，重量要轻。主起落架有沿翼展方向收放和沿翼弦方向收放两类。前起落架以向前收上形式居多。

(一)主起落架的收放方式

当主起落架固定在机翼上时，它可以沿展向或弦向收放。

沿展向收起有以下几种方式：

(1)机轮往机身方向运动[见图 5-4-1(a)]，这种方式常用在机翼根部结构高度可以容纳机轮的情况。

(2)机轮远离机身方向运动[见图 5-4-1(b)]，这种方式适用于小机轮起落架。当处于收上位置时，质量外移，使飞机的机动性能变坏。这种方式的收放机构也比其他方式要复杂，因此较少采用。

(3)机轮往机身方向运动并将机轮收入机身中[见图 5-4-1(c)]，这种方式多用于下单翼飞机，更适合于带小车式的主起落架的收放。

(4)机轮往机身方向运动，将机轮收入机身中并使机轮转向[见图 5-4-1(d)]，这种方式用在高速薄机翼飞机上。由于带了机轮转向机构，其结构较为复杂。

图 5-3-1(a)(c)(d)的方式中，当机轮处于收上状态时，飞机相对于纵轴和垂直轴的惯性矩减小了，这有利于提高飞机的机动性能。

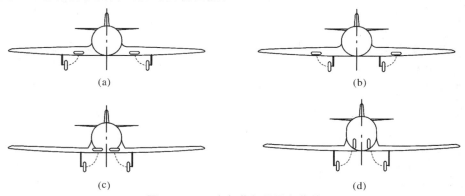

(a)   (b)

(c)   (d)

图 5-4-1　主起落架沿展向收放

主起落架沿翼展方向收放的优点是当放下起落架时飞机的重心位置变化小。

主起落架沿弦向收起有两种方式：机轮向后运动[见图 5-4-2(a)]和机轮向前运动[见图 5-4-2(b)]。

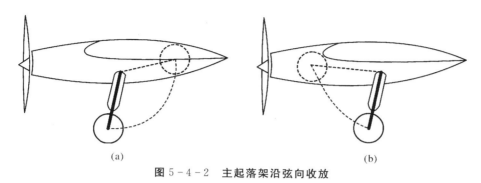

(a)　　　　　　　　　　　　(b)

图 5 - 4 - 2　主起落架沿弦向收放

　　主起落架机轮向后或向前收起方式被广泛用在带多台发动机的飞机上，而且特别适合于在机翼上安装活塞式或涡轮螺旋桨式发动机的飞机上，机轮收上时和发动机位于同一个短舱。如果将起落架收入涡轮喷气发动机的发动机短舱中就需要大大地增加短舱剖面尺寸，就增加了结构难度。当发动机位于机身尾部或位于机翼机身结合部位时，为收放主起落架，就要在机翼上设置专门的短舱。如果支柱上带有小车，为了减小短舱的外形尺寸，要在收放时相对于垂直收放面的轴进行旋转（见图 5 - 4 - 3）。

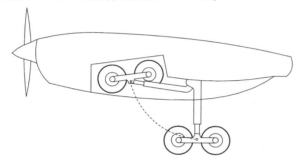

图 5 - 4 - 3　主起落架同可旋转小车一起收入起落架舱

　　主起落架支柱向前或向后运动收起的缺点是会改变飞机的重心位置。

　　当主起落架支柱固定在机身上时，则可以以向前或向后运动的方式收进机身中。为了减小收入带小车的支柱的轮舱的尺寸，小车一般也是要旋转的（见图 5 - 4 - 3）。固定在机身上的起落架还有更复杂的收放方式。

（二）前起落架的收放方式

　　前起落架支柱通过机轮的向前或向后运动收入机身中。在选择前起落架支柱收放方向时除了要考虑总体布局外，还必须考虑尽量减小飞机重心位置改变的要求。从这个观点出发，当主起落架向后运动收放时，前起落架应向前运动收放；当主起落架向前运动收放时，前起落架应向后运动收放。

二、收放机构

　　收放机构包括舱门机构、运动机构和旋转机构（见图 5 - 4 - 4）。

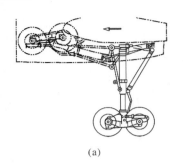 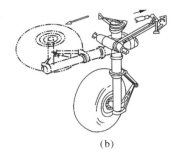 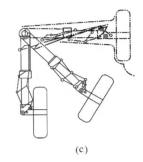

(a)　　　　　　　　　　　(b)　　　　　　　　　　　(c)

图 5 - 4 - 4　旋转机构

(a)轮架翻转机构；(b)支柱旋转机构；(c)转轮机构

(一)舱门机构

为减小飞行阻力,起落架舱在起落架收上和放下后,应尽快完成飞机外形上的整流,通过舱门机构(也称为轮胎盖)来实现。战斗机的舱门机构比较简单,一般由轮舱盖收放作动筒、传动摇臂、传动拉杆等组成。该机构与起落架通过机械方式连接起来,传动舱门或轮胎盖,并在收放过程中利用协调阀、机械机构来自行协调舱门的开关时机,即:放下时先打开舱门,放好后(部分)舱门又关上;收上时先打开舱门,收好后关闭全部舱门。飞机停放时,舱门也可打开或关闭。中大型飞机的起落架舱门(包括大、中、小舱门)及其传动机构相对复杂,但组成基本相似。

(二)运动机构

起落架运动机构包括起落架收放作动筒、机械连杆和支柱等。运动机构一般以液压传动方式为主,有的飞机仍使用气压来进行传动。收放作动筒提供的力通过一系列的机械连杆来传递,并用协调机构来协调起落架支柱的收放、舱门机构的开关、起落架放下和收上时的位置锁开锁。

(三)旋转机构

有些起落架不能直接收放,需要在收放过程中将机轮旋转一定角度,才能将起落架和机轮收入起落架舱内。旋转机构有轮架翻转机构、支柱旋转机构和转轮机构等形式(见图 5 - 4 - 4)。

(1)轮架翻转机构。收上过程中推动轮架翻转,使机轮组相对支柱翻转一定角度,保证轮架平面大致与翼弦平面平行,以便收入起落架舱内。通常用于多轮式起落架。

(2)支柱旋转机构。收上过程中使支柱绕自身轴线旋转 90°,确保机轮收上后平放在机翼或发动机短舱内。通常用于机翼无发动机短舱或虽有但容积不够大的起落架。

(3)转轮机构。收上过程中使机轮平面相对支柱旋转一定角度以便在支柱收入机翼的同时,机轮收入两侧的机轮舱内。通常用于机翼较薄无法容纳机轮的战斗机起落架。

三、位置锁机构

位置锁机构,包括收上锁和放下锁。起落架完全收上时收上锁必须可靠上锁来克服飞行中的重力和机动载荷,以防止起落架在飞行中自动放下;完全放下时放下锁必须牢固锁紧来传递地面的撞击载荷,以防止地面运动时起落架自动收起。位置锁通常有挂钩锁、撑杆锁和插销锁等形式的外置锁,也有设置在起落架收放作动筒内部的钢珠锁或卡环锁等形式的内置锁。

(一)收上锁

收上锁安装在起落架舱内的机体结构上,通常为挂钩式机械锁(见图 5-4-5),利用摇臂、弹簧和作动筒等机构来实施上锁或开锁。

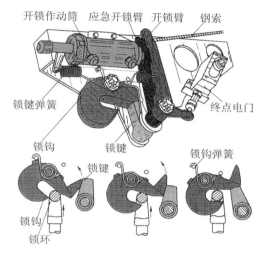

图 5-4-5　挂钩式收上锁的组成与工作原理

收上起落架时,安装在起落架上的锁环向上顶锁钩,使锁钩的尾端沿着锁键向上滑动。当锁钩尾端滑过锁键时,锁键弹簧收缩,通过开锁臂将锁键拉入,顶在锁钩尾端的下面,这时锁环挂在锁钩上,起落架即被锁在收上位置。收上锁在上锁后可承受起落架的全部重量。收上锁上锁,终点电门接通电路,信号盘上的收上信号灯亮。

放下起落架时,液压等动力驱使开锁作动筒的活塞杆顶动开锁臂,使锁键离开锁钩尾端,起落架在自重和收放作动筒作用下脱离锁钩而下落,收上信号灯灭。

由于收上锁的开锁极为重要,在动力失效的情况下(如液压压力低),必须有其他开锁途径保证放下起落架。通常在收上锁上装有应急开锁装置,紧急情况下由飞行员拉开(经钢索传动)收上锁,以保证开锁传动的可靠性。图中,拉动钢索时,应急开锁臂转动,并带着开锁臂及其转轴转动,使锁键脱离锁钩尾端,收上锁被打开。

(二)放下锁

在起落架收放机构中常见两种形式的放下锁。

1.可折撑杆锁

撑杆锁由连杆、摇臂、转轴和开锁作动筒组成(见图 5-4-6)。转轴装在上撑杆上,其上固定有三个摇臂。中间摇臂与开锁作动筒相连，两侧摇臂各连一根连杆，连杆下端则与下撑杆上的轴颈相铰接。上、下撑杆又通过撑杆轴铰接，这样就将上、下撑杆连成一体，彼此各有结合面。起落架放好、结合面贴紧后，开锁作动筒活塞杆被拉出，经摇臂和转轴的传动，使连杆上端向上移动到略高于与摇臂平行的位置，这时撑杆不能折叠而上锁，终点电门被压通，放下信号灯亮。

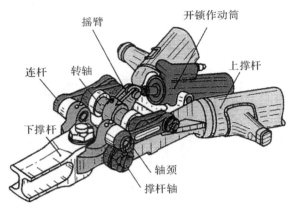

图 5-4-6 可折撑杆锁的组成

起落架放好时，可折撑杆的轴心位于撑杆两端转轴中心连线的下方；上锁后，连杆两端的轴心连线高于转轴中心一定距离（例如 1 mm）。这样就形成了两个挠度，当可折撑杆受拉伸力时，挠度作用下会使上锁更加可靠。

收起落架时，开锁作动筒活塞杆在动力作用下缩回，经摇臂传动，使连杆上端向下转动，撑杆锁被打开，上、下撑杆即可折叠起来，将起落架收上。

图 5-4-6 中的撑杆锁是通过几何形状设计来实现上锁和开锁的，也有的放下锁在撑杆折叠部位设置与图 5-4-5 相类似的挂钩锁来实施上锁和开锁。不论哪种锁定方式，飞机着陆载荷均直接作用在上、下撑杆的结合面上，放下锁本身是不承受地面载荷的。

2.收放作动筒内的机械锁

有的飞机主起落架靠收放作动筒内的机械锁和液压传动管路的液压锁上锁。收放作动筒本身就是斜撑杆，也有的飞机前起落架靠机械放下锁或液压锁上锁。

收放作动筒内的机械锁结构如图 5-4-7 所示，作动筒壳体内设有卡槽，游动活塞套在活塞杆上，彼此可相对运动，中间装有止动塞，止动塞在径向上具有涨缩能力。起落架接近放好时，在压力作用下，收放作动筒活塞杆推止动塞沿斜面在径向向外膨胀，进入卡槽后使活塞与作动筒壳体成为一体，起落架被锁在放下位置不动。起落架收上时，压力先推活塞杆反向运动，止动塞收缩后脱离卡槽，与活塞一起运动，放下锁被打开。根据实现方法的不同，止动塞有钢珠式、卡环式和弹簧卡圈式等类型。

在飞机机体或起落架结构上装有终点电门，当作动筒内的机械锁上锁时，通过收放机构压通电门,信号灯亮。

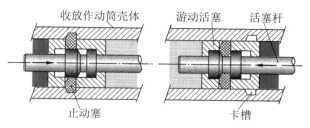

图5-4-7　收放作动筒内机械锁的结构

(a)上锁;(b)开锁

四、收放位置信号

收放位置信号用来为飞行员显示起落架的收放位置,按工作形式有电气信号、机械信号以及着陆放起落架(或起飞放襟翼)告警信号等。

(一)电气信号

通常利用信号灯或显示器来指示起落架位置,包括座舱仪表板上的信号盘或 EICAS 综合显示器(均为内置信号,受收放位置锁及舱门锁附近的终点电门和电路控制)、位置指示器、装在起落架上的外部指示灯(均为外置信号)。

图5-4-8所示的战斗机起落架信号盘上有9个信号灯、1个电门、1个检查按钮。中间3个红灯亮表示起落架收好并上锁,下面3个绿灯亮表示起落架已放好并上锁。信号盘还反映减速板和襟翼的状态信息:当襟翼放下、但任一起落架没放好时,上部左边放下起落架红色告警灯亮;当襟翼和减速板放下时,相应的绿色放下灯亮。起飞前应检查信号盘,按下检查按钮时,9个灯均亮。

如果收放手柄上有信号灯,则在收放过程中闪亮,收好或放好后熄灭;也有的信号灯与信号盘电路串联,起落架未放好时灯亮。

有些飞机在起落架支柱上装有夜航信号灯,起落架放下并锁好后灯亮,供地面人员协助飞行员判断起落架是否放下。

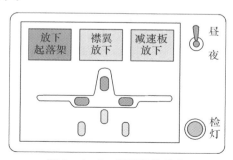

图5-4-8　起落架信号盘

（二）机械信号

机械信号用来辅助电气信号或在电气信号失效时判断起落架是否放下锁好,通常包括指示杆或指示块、牌、线等。指示杆安装在飞行员容易观察到的位置,通过机械摇臂或是钢索带动;起落架收上时,指示杆缩入机翼或机身内;起落架放下时,指示杆伸出,如图5-4-9所示。

有些飞机在驾驶舱内装有机械指示器指示起落架的收放状态,有些飞机在起落架收放机构(主要指放下锁或斜支撑)某处易观察部位涂有红色标线,通过检查是否对齐来判断起落架放下状态等。

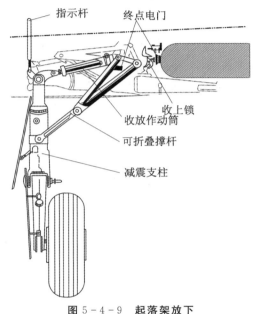

指示杆　　　终点电门

收上锁
收放作动筒
可折叠撑杆
减震支柱

图5-4-9　起落架放下

（三）告警信号

为提醒飞行员在着陆前放下起落架,通常有着陆放起落架的告警信号。早期飞机是座舱内的灯光和音响,现代飞机已使用平显或多功能显示器上的画面来提供告警信息,并伴随语音提示。由于着陆前要放襟翼、收油门,故告警信号往往与放襟翼或收油门联系起来。例如:有的飞机在放下襟翼后,若飞行员还没有放下起落架或起落架没有放好,则告警灯亮;有的飞机当油门收到一定位置时,若起落架未放好,就会自动接通电路使告警喇叭鸣响。

五、收放控制部分

以某战斗机起落架收放控制部分为例进行说明。收放控制部分由起落架收放手柄、电磁阀、开锁作动筒、起落架收放作动筒、轮舱盖收放作动筒、两用阀、液压锁、协调阀、限流阀、单向阀、排油阀等组成(见图5-4-10)。

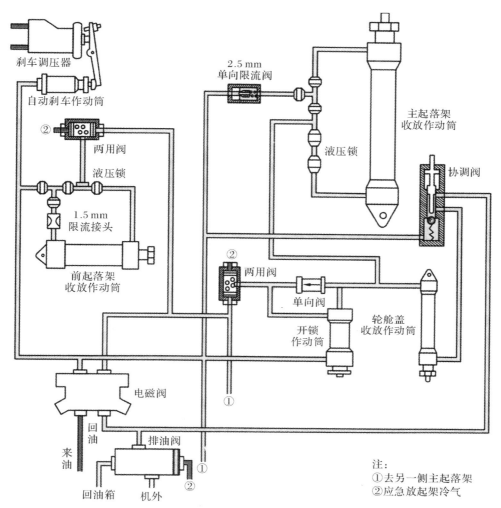

注:
①去另一侧主起落架
②应急放起架冷气

图 5-4-10　战斗机起落架收放液压传动原理图

（一）主要附件

1.起落架收放手柄

收放手柄用来接通收放电路操纵起落架的正常收放,又称收放开关,一般安装在座舱前仪表板上。各型飞机的收放手柄相似,有的手柄上设有告警灯。

收放手柄由微动电门盒、手柄等组成(见图 5-4-11),微动电门盒内装有微动电门,电门上有定位装置,操纵手柄带动定位装置接通或断开微动电门。手柄有放下、中立和收上三个位置,中立时微动电门断开。当沿轴向按压手柄时,定位装置解锁,即可将手柄扳至收上或放下位置,微动电门就接通收上或放下电路。松开手柄,靠滑套内弹簧的弹力将手柄锁在相应位置,并保持电路处于接通状态。若要断开电路,也需沿轴向按压手柄解锁后,再扳回到中立位置,微动电门被断开。也有些收放手柄采用了沿轴向外拉的解锁方式。为防止随意扳动而引发意外,手柄头部通常装有定位机构,可将手柄可靠地锁在规定位置。

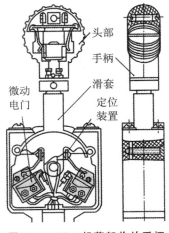

图 5 - 4 - 11　起落架收放手柄

2. 电磁阀

正常收放起落架电磁阀通常采用三位四通阀,应急放电磁阀通常采用随动式二位四通阀。电磁阀用来切换工作油路,有的飞机还控制活动腹鳍或进气道防护装置的油路。

3. 液压安全装置

作动筒传递的载荷大,收放速度快,到达终点时活塞与外筒之间可能产生较猛烈的撞击,为减弱撞击一般设有缓冲装置。另外,当作动筒处于极限位置时,单靠机械锁定位还不够,还要设置液压锁来增大可靠度。其工作原理是利用油液的不可压缩性,通过单向活门封闭作动筒工作腔的回油路,实现锁住活塞杆的目的。通常有单向液压锁、双向液压锁、带膨胀活门与应急活门的液压锁等。

(二)控制与工作

1. 正常收放起落架

(1)正常放起落架。将手柄扳到放下位置,来油经电磁阀与放下管路相通,收上管路与回油路相通。一路油液经两用阀进入前起落架收放作动筒,使其外筒向后移动而打开收上锁,活塞杆缩回将前起落架放下;另一路油液经两用阀进入开锁作动筒,将主轮舱盖和主起落架收上锁打开,然后进入各自的收放作动筒,放下轮舱盖和主起落架。收上腔油液经收上管路、电磁阀和排油阀回油箱。单向限流阀、限流接头在放起落架时起限流作用,控制放下时间,防止放下过快而发生撞击和回油压力过大。在排油阀内装有单向活门保证收放系统的回油只能回油箱。

(2)正常收起落架。将手柄扳到收上位置,来油经电磁阀与收上管路相通,放下管路与回油路相通。第一路油液进入前起落架收放作动筒,推外筒向前使收上锁处于准备上锁状态,活塞杆伸出,打开放下锁后将前起落架收上;第二路油液进入主起落架收上锁开锁作动筒,使收上锁处于准备上锁状态;第三路油液进入主起落架收放作动筒,将主起落架收上,然后顶开协调阀,油液经协调阀进入轮舱盖收放作动筒,将轮舱盖收上;第四路油液进入自动刹车作动筒进行收轮刹车。由于液压锁已被打开,放下腔油液经放下管路、电磁阀和排油阀回油箱。

为防止协调阀内部漏油而导致先收上轮舱盖,协调阀上有回油接头,可将渗漏的油液引回油箱。

为防止地面误收起落架,起落架系统设有空地开关及保险销。空地开关又称轮载开关、空地电门,一般装在主或前起落架扭力臂上,通过自动检测减震支柱是否压缩来控制起落架的收放电路和刹车电路:支柱未压缩时断开主机轮正常刹车电路,防止着陆接地前机轮带刹车;支柱压缩时断开收上电路,防止飞机未离地就误收起落架,并接通转弯系统、刹车系统及反推装置的预备电路。保险销又称地面锁,地面人员将销子插入外置放下锁的保险孔,或插入收放转动件与起落架支撑结构的定位孔,放下锁就被锁死。锁销头带有一条红布,表示地面保险销插入,起飞前必须取下保险销。

2. 应急放起落架控制与工作

当起落架不能正常放下时,可使用应急开关接通放起落架电路或使用应急气压开关应急放下起落架,或使用应急机械开锁装置(例如拉环或手柄)打开收上锁靠自重放下起落架,使用拉环开锁后的工作与正常放起落架相同。

利用气压系统应急放起落架部分一般由应急放起落架开关、排油阀、两用阀等组成(见图 5 - 4 - 10),应急放起落架开关就是带红色加力把手的冷气开关。应急放起落架时,打开应急放起落架开关,应急冷气瓶来气,冷气分三路:第一路经两用阀和液压锁进入前起落架收放作动筒,打开收上锁后将前起落架放下;第二路经两用阀进入开锁作动筒打开主轮舱盖和主起落架收上锁,然后进入轮舱盖收放作动筒将主轮舱盖放下,经液压锁进入主起落架收放作动筒放下主起落架;第三路通向排油阀,保证将从电磁阀回来的油液排出机外,以免大量油液挤回涨破油箱,并使放下迅速、可靠。

(三)联动工作

某些单垂尾战斗机为增强方向稳定性在后机身下部装有腹鳍。为防止腹鳍在飞机着陆时擦地,通常将腹鳍制成活动的且可收放。腹鳍收放必须与起落架相协调,即放下起落架时将腹鳍收上至水平位置,收上起落架后将腹鳍放至垂直位置。因此,起落架收放与腹鳍是联动的,通常由同一个电磁阀控制。

飞机滑跑和地面试车时为防止外来物进入进气道和发动机,下进气道配置的飞机在进气道前部装有由电动液压机构操纵的网状板保护装置与起落架位置联动工作。

第五节　转弯系统和减摆装置

飞机要在地面滑跑运动,应能够灵活转弯。目前,实现飞机地面转弯的方式主要有三种:不对称刹车(也称差动刹车)、双发飞机不对称推力和前轮偏转控制。不管采用哪种转弯方式,都需要前轮偏转,以减少驱动力以及前轮与地面的摩擦磨损。因此,飞机前轮都设计成可以左右偏转的机构。

一、前轮方向稳定性

为满足使用要求,前轮首先要能够自由转向,才能保证飞机地面运动时的方向稳定性和操纵性。不论哪种形式的前起落架,均需要前轮有一定的稳定距。

稳定距是指前轮接地点与支柱轴线之间的垂直距离 t(见图 5 - 5 - 1),当前轮由于某种原因偏转了一定角度时,作用于前轮的侧向摩擦力 T 会对支柱轴线产生一个恢复力矩,使前轮转回到原来位置。稳定距 t 必须满足 $t = f + R\sin\alpha > 0$,即地面反作用力的着力点应在支柱轴线延长线的后面。式中的 α 为支柱的倾斜角,f 为轮叉的偏心距,R 为机轮半径。试验表明,稳定距随前轮偏转角 θ 的变化而变化,即 $t = f + R\sin\alpha\cos\theta$。

稳定距不仅在前轮受到扰动后有自动纠偏的作用,还保证了前轮具有自动向飞机滑行方向偏转的能力,即稳定距使飞机前轮在滑跑时具有较好的方向稳定性。

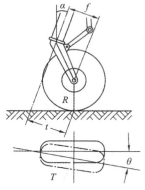

图 5 - 5 - 1　前轮稳定距

二、飞机转弯原理

(一)前轮偏转控制

飞机直线滑行时操纵飞机前轮向右偏转,偏转后的前轮相对于飞机运动方向有滑动的趋势,故地面对前轮产生向后的摩擦力 F,如图 5 - 5 - 2 所示。将这个力正交分解,垂直于轮轴方向的力 F_b 形成促进前轮滚动的力矩,沿轮轴方向的力 F_a 对飞机重心形成向右转动的转弯力矩使机头右转,同时主轮有向左运动的趋势,所以会受到向右侧的侧向摩擦力 F_d

和 F_f 的作用,对飞机重心形成向左的恢复力矩。这些侧向摩擦力则为飞机提供了向右转弯的向心力。因此,当飞机前轮向右偏转时,机头右偏,地面形成的向右侧的摩擦力提供转弯向心力,飞机滑行轨迹向右偏转。

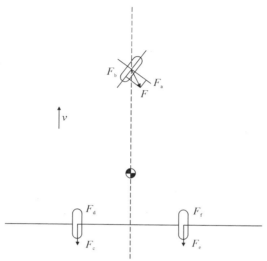

图 5－5－2　前轮偏转控制转弯原理

(二)不对称刹车(差动刹车)

当飞机滑行时,利用不对称刹车使两边主轮受到的地面阻力不等,从而对飞机重心形成转弯力矩,如图 5－5－3 所示。在转弯力矩作用下前轮被飞机带着侧向滑动,在地面对前轮的侧向摩擦力和前轮稳定距作用下,前轮向转弯方向偏转。这样主轮和前轮的摩擦力提高转弯向心力,飞机滑行轨迹向右偏转。双发飞机不对称推力转弯原理与不对称刹车类似。

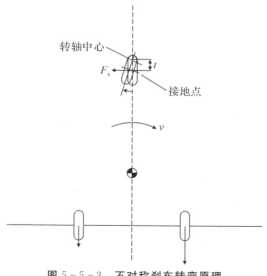

图 5－5－3　不对称刹车转弯原理

三、前轮转弯机构

小型、轻型或单前轮飞机一般采用差动刹车方式进行地面转弯。中、大、重型飞机及双前轮飞机在地面滑行时，由于转弯比较困难，普遍设置有前轮转弯机构（系统），供飞行员操纵前轮偏转时使用。

（一）组成

转弯系统通常由转弯机构和液压部分组成，有机液伺服和电液伺服两种类型，组成附件包括操纵机构、旋转套筒（又称转弯卡箍）、液压操纵阀、转弯作动筒、回输反馈机构等〔见图5-5-4(b)(c)〕。转弯作动筒壳体铰接在减震支柱上，活塞杆与旋转套筒相连，套筒套在支柱外筒上可旋转，而套筒又与扭力臂上臂铰接。

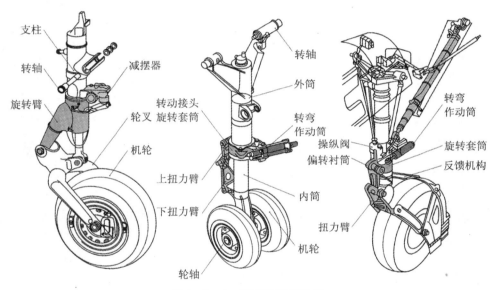

图5-5-4　前起落架的组成

（二）控制与工作

操纵前轮转弯时，来油经操纵阀去往转弯作动筒，作动筒带动套筒旋转，就会通过扭力臂带动前轮轴转动。同时，反馈机构将前轮的偏转回输给偏转衬筒，驱动操纵阀去关闭油路，以准确控制转弯角度，这样就构成了伺服反馈系统。

中、大型飞机的前轮转弯操纵机构有操纵手轮和脚蹬。手轮操纵主要在小速度滑行转弯时使用，脚蹬操纵主要在高速滑跑修正方向时使用，同时操纵前轮和方向舵偏转。小型飞机、战斗机只有脚蹬操纵机构，有大控制律（低速滑行转弯）、小控制律（滑跑方向修正）两种模式供飞行员使用（选择按钮设在油门杆或操纵台上）。只有起落架放下且前轮接地，才能操纵前轮转弯。飞机地面滑行时，飞行员旋转手轮或大控制律模式蹬脚蹬，前轮可大角度（例如55°或32°）偏转。飞机高速滑跑修正方向时，飞行员蹬脚蹬或小控制律模式蹬脚蹬，前轮小角度偏转（例如 10°或 8°）。没有前轮操纵动作时,转弯作动筒的两腔油液经液压操纵阀内的节流孔流通,起到耗能减摆的作用。

也有的战斗机借助与脚蹬行程有关的变传动比机构来实现前轮的小角度与大角度转弯,例如 1/3 行程以内偏转角不大于 5°,超过后传动比变大,全行程时前轮最大偏转角为 30°。

四、前轮中立机构

前轮中立机构用来使前轮在离地后和接地前始终保持在中立位置,以便顺利收入起落架舱和接地时保持方向,又称中立机构,有内置式和外置式。

外置式纠偏机构有楔杆式和滚棒凸轮式,装在前起落架外表可见处,多用于早期飞机。内置式中立机构安装在前起落架减震支柱内,由上、下凸轮组成,又称为内凸轮式纠偏机构,简称凸轮机构（见图 5-5-5）。下凸轮固定在支柱外筒内侧下部,不能转动,只能随外筒上下移动;上凸轮固定在支柱内筒的中部或下部,内筒通过连杆与轮臂或轮叉相连。上凸轮可以随支柱内筒上下运动,前轮偏转时还可以与轮臂或轮叉、前轮一起绕支柱轴线转动。飞机起飞离地后或着陆接地前,在前支柱内部气压和机轮重量作用下,上、下凸轮啮合,前轮保持在中立位置。飞机接地或滑跑时,支柱受到向上的垂直载荷作用而被压缩,上、下凸轮脱开,前轮即可左右偏转。

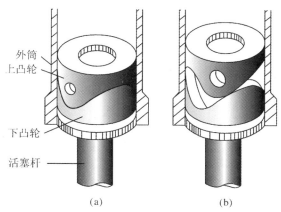

图 5-5-5　凸轮中立机构的工作原理
(a)凸轮啮合;(b)凸轮脱开

根据工作特点可知,如果支柱初始充气压力过小、内部过脏或锈蚀、旋转臂的活动部位过脏等,都会降低凸轮机构的性能,甚至失去作用。

五、前轮减摆机构

(一)前轮摆振

飞机高速直线滑跑过程中前轮受外界撞击偏转后在结构自身弹性力与地面摩擦力的交替作用下,不停地左右偏转,形成"S"形运动轨迹的高频小幅度自激振动,这种现象称为前轮摆振（见图 5-5-6）。

产生前轮摆振的原因在于，机轮（带支柱）是一个弹性体，在偶然受到外力干扰下（如地面不平、侧风、操纵不当等）使机轮偏离前进轴线一个距离 λ，这时轮面倾斜，前轮接地部分的形状变为非对称的弯腰形，同时受到了弹性恢复力的作用。当飞机继续前进时，机轮将一边偏转（增大 θ）一边向前进轴线靠近（减小 λ）。当滚过前进轴线（$\lambda=0,\theta=\theta_0$）时，由于惯性继续往前滚。这时，又出现了 λ，并不断增大，但同时又出现了弹性恢复力，轮胎接地部分又变成弯腰形，这样就使得入反向增大到 $-\lambda$ 后又开始减小。同时 θ 从 θ_0 减小到 0 后又开始反向偏转。以后如此反复进行，这样就形成了周期性的摆振。当然，在一般情况下（速度较小时），激振的能量小于阻尼能量（即阻止起落架支柱、机轮等产生位移、变形的力所产生的能量），摆振将不会发生。但当滑跑速度超过某一值（称为摆振临界速度 v_{cr}）时，激振的能量大于阻尼能量，就会发生摆振，并自发激振，越振越烈，λ_{max} 和 θ_{max} 越来越大，直到破坏。

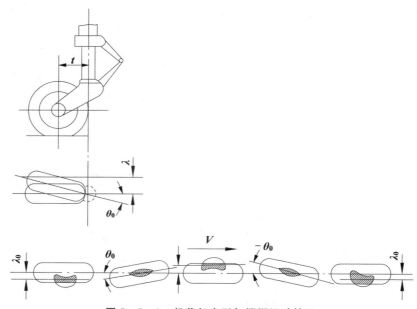

图 5-5-6　起落架变形与摆振运动情况

（二）前轮减摆原理

摆振不仅加剧前轮磨损与构件疲劳损坏，而且难以控制滑跑方向，驾驶舱仪表板剧烈抖动。为此，现代飞机除采用双前轮外，还通过安装减摆器等方式来减弱或抑制摆振。常见的减摆器为活塞式和旋板式（见图 5-5-7），装有前轮转弯机构的飞机利用液压转弯操纵机构进行减摆。

减摆器固定在支柱外筒上，其内的活塞或旋板通过传动装置与旋转臂相连，旋转臂借助轮叉随前轮轴转动。减摆器内充满油液，并被活塞或旋板隔成 2 个或 4 个油室，活塞或旋板上有供油液流动的节流孔。如果前轮发生摆振，旋转臂就带着活塞或旋板往复高速移动或转动，迫使容积减小油室内的油液经节流孔流入容积增大的油室内，油液高速流经节流孔时,油液作用力对支柱轴线形成了减摆力矩,阻止前轮摆振,同时消耗摆振能量,减摆力矩近似与前轮偏转的角速度成正比。

　　地面转弯时,由于偏转角速度很小减摆器并不影响地面转弯。在起飞滑跑离地前和着陆滑跑前期,前轮处于非控制状态时,容易发生摆振。当前轮处于操纵控制状态时一般不会发生摆振。

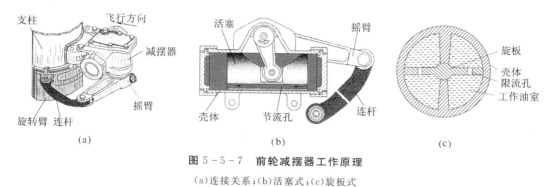

图 5-5-7　前轮减摆器工作原理

(a)连接关系;(b)活塞式;(c)旋板式

第六节　机轮刹车系统

　　机轮刹车系统用来供飞行员操纵主机轮刹车装置工作缩短着陆滑跑距离,改变地面滑行方向,停放及中止起飞等情况下将飞机止动。对刹车系统的基本要求是:刹车装置能产生足够的刹车力矩,刹车效率高;摩擦件的摩擦因数稳定,耐磨性与抗压性好,寿命长;刹车热能散失快,不会引起机轮过热与熔焊;刹车与解除刹车灵敏,刹车间隙能自动调节;发动机在地面最大工作状态时能刹住机轮;滑行时单刹车转弯容易控制。飞行员应正确使用刹车保证刹车安全和高效。

一、刹车减速原理

(一)促滚力矩与阻滚力矩

　　飞机在地面滑跑时,由于轮胎变形、地面变形等原因,使得地面垂直作用力的合力 P 向前偏离轴心一个距离 e,形成阻滚力矩 Pe(见图 5-6-1)。阻滚力矩要阻止机轮滚动而飞机还要带着机轮继续向前运动,机轮就有被拖动的趋势,地面必然对机轮产生一个向后的摩擦力 T。该摩擦力一方面对机轮轴心形成与滚转方向相同的滚转力矩 Tr,这就是促滚力矩,克服阻滚力矩维持机轮正常转动;另一方面摩擦力与飞机前进方向相反,必然要使飞机减速。T 越大,减速作用越大。

　　机轮正常滚动时,地面摩擦力随阻滚力矩而变化,阻滚力矩越大,T 越大。但飞机着陆滑跑所产生的阻滚力矩通常较图 5-6-1机轮滚转时的受力小,T 也较小,不足以使飞机尽快减速。只有通过刹车装置产生刹车力矩,人为增大阻滚力矩,才能迅速增大地面摩擦力,达到尽快减速、缩短滑跑距离的目的。

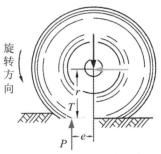

5 - 6 - 1　机轮滚转时的受力

(二)刹车力矩与结合力矩

刹车装置工作产生的刹车力矩也是阻滚力矩,其大小与刹车压力 p_{sc} 等有关。刹车力矩使 T 显著增大,滑跑速度迅速减小,飞机水平运动动能的大部分就会通过刹车装置转变为热能而耗散掉。刹车越重,刹车压力越大,刹车装置产生的阻滚力矩越大,地面摩擦力 T 就越大,飞机减速越快。但是,T 的增大是有限度的。当 T 增大到某一极限值时,再继续加大刹车压力,T 不仅不会再增加反而会减小,就会出现机轮与地面之间产生相对滑动的现象,称为拖胎、打滑或卡滞,机轮刚要出现拖胎时的这个极限地面摩擦力称为结合力 T_{jh}。显然,T_{jh} 越大,刹车力矩也会越大,刹车效果好且不拖胎。如果刹车过猛而造成拖胎,既不能有效缩短滑跑距离,还会加剧轮胎磨损甚至爆胎。

结合力 T_{jh} 与垂直作用力 P 及道面结合系数 μ_{jh} 有关,$T_{jh}=\mu_{jh}P$。由于 P 与升力成反比,故飞机减速时 μ_{jh} 增大,T_{jh} 增大,图 5 - 6 - 2 给出了同一跑道飞机滑跑速度 v 与 μ_{jh} 的关系,可见,μ_{jh} 并不是个常量,而是受多种因素影响的变量,它随滑跑速度、轮胎充气压力、轮胎磨损程度等的增大而减小,还与跑道的实际状况紧密相关。跑道上有积水、冰、雪或被胎面橡胶、油液等污染,μ_{jh} 会减小,粗糙跑道或合理开槽跑道可使 μ_{jh} 增大。

由 T_{jh} 形成的最大滚动力矩,就是结合力矩 M_{jh},$M_{jh}=T_{jh}r$,它会随着着陆滑跑时间 t 的增加(即滑跑速度 v 的减小)而增大,飞行员使用刹车时必须遵循这个客观规律。

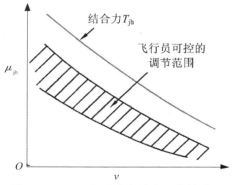

图 5 - 6 - 2　飞机速度与结合系数的关系

另外,机轮与道面的摩擦系数 μ 还与机轮的打滑率有关,刹车时机轮的实际运动状态是既有滚动又有滑动,而滚动是主要的。打滑率又称滑移量、滑动比,用来衡量机轮刹车制动的程度,是自动刹车、防滑刹车的重要参数,其定义是机轮对地面的相对滑动量,即

$$\sigma = \frac{v_0 - v}{v_0} \times 100\%$$

式中:v_0——机轮轴心的速度;

　　　v——机轮接地点的线速度。

机轮纯滚动时,打滑率为零;机轮刹死不滚动时,打滑率为 l;打滑率在 $10\% \sim 30\%$ 范围内,μ 较大,在 $0.2 \sim 0.8$ 之间。图 $5-6-3$ 给出了同一跑道不同干湿情况下打滑率与摩擦因数之间的关系。

(三)临界刹车压力

在其他条件不变时,刹车力矩随刹车压力的增大而增大,通常将刹车力矩增大到等于结合力矩 M_{jh} 时所使用的刹车压力,称为临界刹车压力 p_{lj},它随结合力矩的变化而变化。根据 M_{jh} 的变化规律,得到 p_{lj} 随 t 的变化规律(见图 $5-6-4$ 曲线 Oa)。可见,为获得较高的刹车效率,前三点式飞机前轮接地后,应随着滑跑速度的减小而逐渐增大刹车压力(曲线 bc),或采用由轻到重的一刹一松方法(点刹)。其特点是在短时间内允许刹车压力略超过 p_{lj}(曲线 be),比较容易控制,但机轮会产生滑动,轮胎磨损比较严重。若高速飞机点刹的频率低,则更为不利,故点刹通常仅适用于低速飞机。

现代飞机着陆速度高,滑跑能量大,要在滑跑的每一时刻准确控制压力保证安全高效刹车是很困难的,为此普遍设有防滑系统,详见本节中防滑系统。

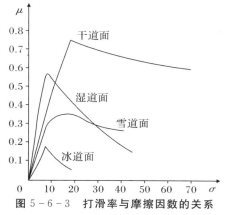

图 $5-6-3$　打滑率与摩擦因数的关系

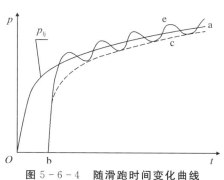

图 $5-6-4$　随滑跑时间变化曲线

二、刹车装置

主轮均装有刹车装置,用来产生足够的刹车力矩,在规定时间内吸收和消耗完着陆滑跑的大部分动能,使飞机尽快减速。刹车装置主要有弯块式、胶囊式、圆盘式三种(见图 $5-6-5$ ~图 $5-6-7$),一般在机轮的轮毂内,通过动、静摩擦件的相互接触,起到制动作用,又称为刹车盘。早期飞机采用弯块式,近代飞机使用胶囊式和圆盘式,现代飞机以圆盘式刹车装置为主。

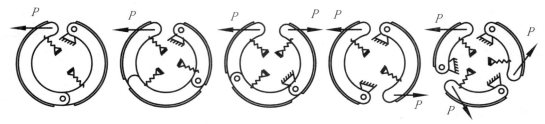

图 5-6-5 不同形式的弯块式刹车

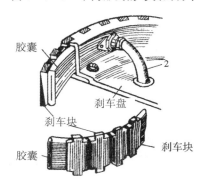

图 5-6-6 胶囊式刹车

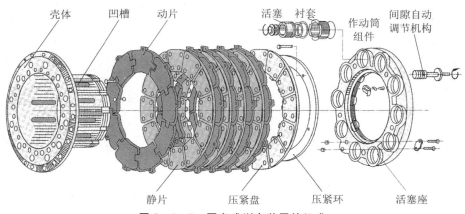

图 5-6-7 圆盘式刹车装置的组成

圆盘式刹车装置一般由壳体、压紧盘、动片、静片、作动筒组件和间隙自动调节机构等组成(见图 5-6-7)。动片卡在轮毂主体的内侧凹槽上,随机轮一起转动,同时还能做轴向移动。静片通过刹车盘壳体安装在轮轴上,不能转动,只能沿轴向移动。动片与静片交替叠合组装,形成摩擦偶。作动筒组件通常由活塞、活塞座、衬套等组成。间隙自动调节机构由拉杆、弹簧套、套筒、恢复弹簧、卡圈等组成,用来自动调整动片和静片之间的间隙。刹车时,压力油或冷气进入作动筒组件,推活塞伸出使压紧盘运动,将动片与静片压紧,动、静片之间便产生摩擦力矩,阻止机轮滚动,使机轮刹车;解除刹车时,作动筒内的油液或冷气排出,压力消失,在间隙自动调节机构的弹簧作用下,动、静片分离,恢复为原间隙,机轮刹车被解除。刹车装置上装有指示杆,可随动片、静片的磨损程度而自动改变指示杆的外露量,以便地面人员检查刹车装置的磨损情况。

动片和静片均为双面摩擦片,具有摩擦面积大、刹车工作平稳、刹车力矩大、刹车效率高、受热比较均匀等优点,但冷却条件不好,需采取一些隔热和散热措施,例如在轮轴上安装散热风扇等。

除钢片外,碳片、钢基或铁基粉末冶金片、陶瓷片等也已用于刹车装置,用碳纤维复合材料制成的刹车盘的耐受温度可达 1 100℃ 以上,而钢盘的耐受温度只有 850℃ 左右。

三、刹车控制与工作

通常靠气压或液压来执行刹车工作。气压刹车系统多用于二代及以下战斗机、教练机和轻型飞机。冷气刹车灵敏,但难以实现准确的伺服控制,故现代飞机以液压刹车为主,气压仅作为应急刹车使用。中、大型飞机因刹车功率需求大而采用了液压刹车。纯电动刹车装置也在发展中。

(一)气压刹车

气压刹车通常由正常刹车和应急刹车两部分组成。正常刹车由正常刹车调压器、刹车分配器、压力表、放气阀、惯性传感器和气压电门等组成(见图 5-6-8),刹车动力来自主气压源(主冷气系统);应急刹车由应急刹车调压器、减压器、两用阀和应急刹车开关等组成,刹车动力来自应急气压源(应急冷气系统)。为加速刹车和解除刹车动作有的系统还在刹车分配器出口设置了刹车放大器。

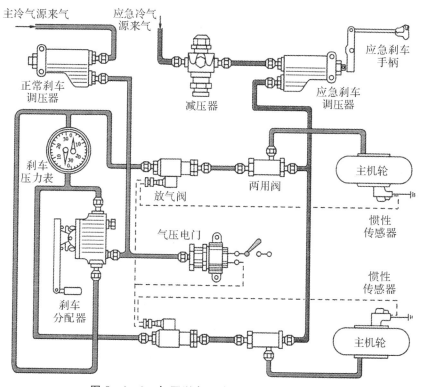

图 5-6-8　气压刹车系统的组成与工作原理

刹车时,脚蹬蹬平,握住刹车手柄,经传动顶压刹车调压器的推杆,调压器工作,主气压源冷气经刹车调压器、刹车分配器、放气阀和两用阀进入左、右刹车盘刹车,称为双刹车。握手柄越重,调压器调定刹车压力越大,前仪表板上的刹车压力表指示刹车压力(例如 0～2 MPa)。

当先握手刹车手柄再蹬脚蹬或先蹬脚蹬再握刹车手柄时,脚蹬带动刹车分配器工作,放掉一侧刹车盘内的部分或全部冷气,使左、右刹车盘产生压力差,以便控制飞机在地面转弯,称为差动刹车。转弯的快慢取决于两边刹车盘的刹车压力差,即与脚蹬的行程成正比。

松开刹车手柄时,刹车盘内的冷气从刹车调压器推杆上的放气孔排至大气中;或一侧刹车盘冷气从刹车分配器放掉,另一侧从刹车调压器放掉。

(二)液压刹车

液压刹车系统主要有机液伺服和电液伺服两种控制形式。

1.机液伺服刹车

正常刹车动力来自主液压源,应急刹车动力来自辅助液压源,组成附件有正常刹车调节器、分配器、防滑电磁阀、转换阀、两用阀、惯性/速度传感器、应急刹车调压器和应急刹车转换阀等。

系统控制与工作过程与如图 5-6-9 所示的气压刹车系统相似,包括正常刹车(双刹车和差动刹车)和应急刹车,刹车调压器、刹车分配器的功用和工作原理与气压刹车系统的相似。

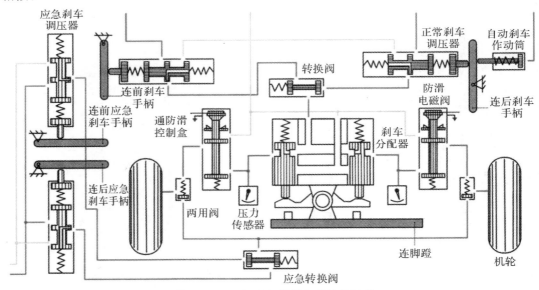

图 5-6-9　机液伺服刹车系统的组成

2.电液伺服刹车

由刹车指令传感器、防滑控制盒、液压锁、电液压力伺服阀、速度传感器、压力传感器、压力表、气压刹车阀和转换阀等组成(见图5-6-10)。

系统控制与工作过程与机液伺服刹车不同。踩下刹车踏板时,与其相连的刹车指令传感器输出幅值与踏板行程成正比的电压信号,经防滑控制盒处理后,接通伺服阀的进油,同时送信号给伺服阀,使伺服阀输出与踏板行程成正比的刹车压力至刹车装置进行刹车。还可实现防滑控制、接地保护和轮间交叉保护等功能。

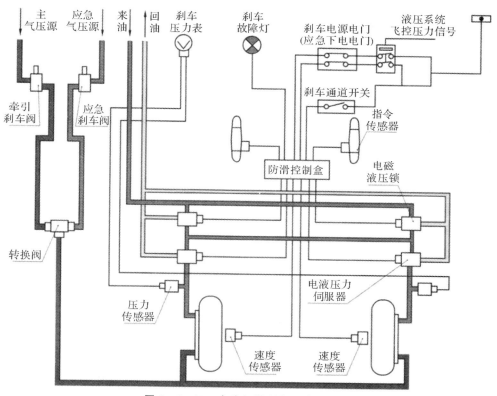

图5-6-10 电液伺服刹车系统的组成

四、防滑系统

防滑系统工作原理可简要描述为:防滑装置持续检测刹车机轮的滑动状态,根据检测结果及时调整输入的刹车压力,达到既有效刹车又不造成拖胎的目的。

防滑控制系统是闭环控制,飞行员给出刹车指令后,防滑装置监控刹车过程,既提高了刹车效率,又减轻了飞行员工作负担。按防滑控制原理有开关式和调节式,按实施方法有机械惯性防滑和电子防滑。开关式对应于机械惯性防滑系统,调节式对应于电子防滑系统,是先进飞机的首选。

(一)机械惯性防滑系统

1.控制原理

机械惯性防滑系统一般由惯性传感器、电磁阀等组成(见图 5-6-11),是早期飞机上的典型系统,每个刹车机轮上均装有一个惯性传感器或直接作用式传感器。

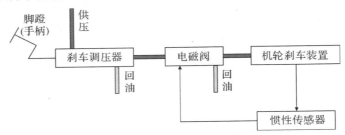

图 5-6-11 机械惯性防滑系统的工作原理

刹车过程中脚蹬(手柄)机轮转动减慢,当达到预先设定的负角加速度(即减速率)时,传感器接通微动电门,输出电信号控制防滑电磁阀,断开来气(油)路,同时打开放气(回油)路释放刹车装置中的压力,解除刹车。机轮又恢复转动,达到与飞机速度相适应的同步转速或预先设定转速时,传感器复位将微动电门断(以液压为例)开,电磁阀的放气(回油)路被关闭,来气(油)重新进入刹车装置,再次施加刹车压力。在整个刹车过程中,刹车系统以开(接通)→关(释压)形式反复循环动作,达到防滑控制的目的。

该系统结构简单,使用可靠,但刹车效率较低,一般为 40%～60%。

2.核心控制附件

(1)惯性传感器。惯性传感器用来感受机轮的负角加速度,及时将机轮拖胎信号输送给防滑电磁阀,是机械惯性防滑装置的敏感元件。传感器由壳体、传动轴、套筒、斜面筒、顶杆片、飞轮、摇臂、微动电门等组成(见图 5-6-12),壳体固定在轮轴或连接件上,传动轴齿轮与轮毂上的齿啮合在一起,与机轮同步转动。传动轴正常旋转时,通过顶杆片推斜面筒、套筒,并通过摩擦力作用带动惯性飞轮一起旋转。

机轮刹车时,若机轮转速突然转慢(即出现拖胎),在惯性力作用下,惯性飞轮带动套筒和斜面筒相对于传动轴继续向前转动一个角度,迫使顶杆片沿斜面筒伸出并推动杠杆,克服弹簧弹力,将微动电门压下,电磁阀通电释压自行解除刹车。顶杆片伸出到极限位置时,斜面筒在传动轴上的运动受到限制,飞轮就不再带动套筒相对于传动轴转动,而是靠自身动能相对于套筒朝前旋转,并靠摩擦块的摩擦作用,将顶杆片保持在伸出位置,保持一定的解除刹车时间。

刹车装置释压后,机轮加速转动,当传动轴转速超过飞轮转速时,又带动飞轮一起旋转,顶杆片回到初始位置,微动电门断开,电磁阀断电,关闭放气(回油)路。

在整个刹车过程中,机轮处在刹车、解除、再刹车、再解除的循环状态。此外,只有当飞机滑跑速度超过某一值(例如 30 km/h)时,飞轮的惯性力才足以克服弹簧力接通微动电门。

因此在牵引飞机或低速滑行时防滑装置不会参与工作。

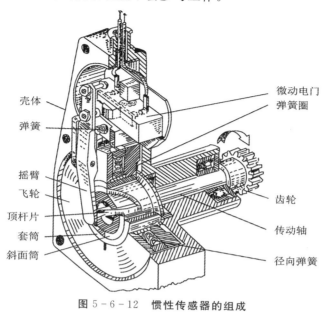

左侧标注：壳体　弹簧　摇臂　飞轮　顶杆片　套筒　斜面筒

右侧标注：微动电门　弹簧圈　齿轮　传动轴　径向弹簧

图 5 - 6 - 12　惯性传感器的组成

（2）电磁阀。电磁阀用来接收惯性传感器送来的拖胎信号，及时释放刹车盘内的压力，解除机轮拖胎。气压刹车系统使用放气阀，液压刹车系统使用回油阀，多为二位三通阀。

刹车时，如果没有机轮拖胎信号，电磁阀不通电，来气（油）与刹车装置管路相通，可进行正常刹车，此时电磁阀仅仅起到一段导管的作用。机轮拖胎时，惯性传感器发信号使电磁阀通电，阀内切换工作位置，将来气（油）路堵死，刹车装置与放气（回油）路相通释压，解除拖胎。拖胎信号消失后断电，阀复位重新加压刹车。

（二）电子防滑系统

1. 控制原理

电子防滑系统由机轮速度传感器、电子控制盒、伺服阀等组成（见图 5 - 6 - 13）。系统根据机轮速度传感器发出的信号，经控制盒处理后控制电液伺服阀连续调节刹车压力，最大限度地利用道面的结合系数。

早期为准调节式系统。当机轮减速率超过预选值时，刹车压力就被释放，释放时间取决于机轮的打滑深度。当机轮从滑动状态恢复为正常滚动时，刹车压力又以较低的水平施加，然后逐步加大，直至检测到下一个滑动状态。由于是根据预编程序来判断是否退出滑动状态，而不是机轮速度的时间历程，故在干跑道上有很好的控制性能。但在湿滑跑道上，由于频繁地松刹，类似于开关式系统，控制效果较差。完全调节式系统在准调节式基础上发展而来。两种系统的主要差别是滑动控制逻辑，在滑动期间，完全调节式系统基于敏感的机轮速度信号，而不是预编程的程序响应，刹车压力减小量或再次加压是基于机轮转动或从滑动到转动恢复的速率，是一种自适应控制系统，在干、湿跑道上均有良好的控制性能。

电子防滑系统刹车效率较高，一般为 80% 左右，有的可达 90%。具体控制原理和方法不尽相同,有速率式控制、相对滑动量控制、速度差加偏压控制等,其目的都是为了更好地适应跑道状况,提高系统调节和控制的精度和效果。

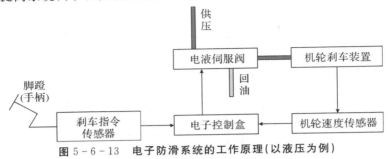

图 5-6-13 电子防滑系统的工作原理(以液压为例)

2. 核心控制附件

(1)速度传感器。速度传感器用来感受机轮的转速,向控制盒提供与机轮速度成正比的电压,作为防滑刹车控制的输入信号。传感器实质上是二个小型变磁阻式交流发电机,当机轮带着传感器转子旋转时,根据电磁感应原理,线圈上会产生近似正弦变化的感应电压,该电压就是传感器的输出信号,这样就产生与机轮速度成正比、具有一定电用的频率信号。

(2)电子控制盒。电子控制盒用来接收刹车指令传感器和速度传感器(或单独速度传感器)的输出信号、飞机滑行速度信号,连续检测和判断机轮自由滚动速度的变化率,输出电流信号给伺服阀,及时准确调节刹车压力,以适应各种跑道状况。

控制盒一般具有余度,分别包含主控通道和辅助通道。主控板提供防滑控制功能,辅助通道提供接地保护、滑水保护、轮间交叉保护、故障检测等功能。图 5-6-14 给出了一种控制盒的控制原理,将速度信号与基准速度进行比较,形成误差信号(即机轮的滑动信号),瞬时级(比例器)、偏压级(积分器)、微分级(微分器)是常用的 PID 控制。瞬时级是在误差信号峰值较大但时间很短(例如机轮跳离地面,突然遇到积水或结冰道面)的情况下,向伺服阀输入一个高速增益的修正信号,迅速地控制刹车压力;偏压级可使刹车压力在长时间内接近但又不超过临界刹车压力,只在短时间内出现打滑情况,提高刹车压力控制的准确性;微分级放大误差信号的变化率,输出一个快速的超前控制信号,对跑道干湿不均、机轮速度突变等进行控制,对快速大滑动提前发出控制信号加以抑制。

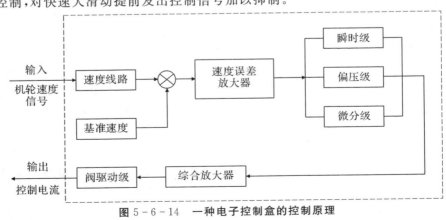

图 5-6-14 一种电子控制盒的控制原理

（3）电液压力伺服阀。电液压力伺服阀用来接收控制盒的电流指令成比例地输出刹车压力。该阀具有电液信号转换、压力反馈和功率放大功能，是电子防滑压力控制的中心附件之一，通常采用电液压力喷挡伺服阀，也称电液伺服阀如图 5-6-15 所示。

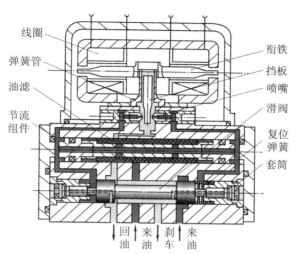

图 5-6-15　电液压力伺服阀的组成与工作原理

除核心控制附件外，防滑系统还装有防滑电门、压力电门、空地开关等电路控制附件。防滑电门用来控制防滑装置的电源电路，通常置于接通位置。压力电门用来控制防滑装置的预备电路，当去往刹车装置的压力超过某一值（例如 0.07 MPa）时，电门才接通防滑预备电路，保证防滑功能的实现。

五、刹车方式

先进的机轮刹车系统一般有正常刹车、自动刹车、应急刹车、停机刹车与收轮刹车等使用方式。正常刹车功能完备，应急刹车相对简单。按操纵方式有刹车手柄操纵和刹车踏板操纵，若为手柄操纵，需在刹车调压器之后设置刹车分配器，以实现差动刹车，达到地面滑行转弯和纠偏控制的目的。

（一）正常刹车

正常刹车是指既能获得最高刹车效率又可防止机轮拖胎的常用方式。刹车压力由踩刹车踏板或握刹车手柄的轻重程度来决定。正常刹车按飞行员的操纵量来调节刹车压力，当压力过大导致机轮打滑率超过规定时，防滑装置或控制系统配合工作，自动减小压力解除机轮打滑，尔后又迅速刹车，保证刹车时充分利用结合力矩缩短滑跑距离，又不使机轮拖胎。

因此，正常刹车就是人工刹车与防滑装置工作的结合，保证刹车的安全与高效。

（二）自动刹车

飞机着陆接地前，飞行员根据着陆性能要求和跑道条件，通过刹车选择电门选取合适的刹车减速率等级，送入自动刹车组件的逻辑电路。飞机接地后，当机轮转速达到一定值时，微处理机比较地速与所选减速率,输出控制信号给自动刹车组件的伺服阀,使进入刹车盘的油压与减速率相对应,压力电门同时将刹车信号返回微处理机监控。若同时使用反推,则刹车压力会自动减小,以保持预选减速率。防滑组件也一同工作,实现全自动刹车。人工刹车可超控自动刹车,当正常刹车压力达到一定值时,自动刹车退出工作。

自动刹车方式主要应用在现代民航飞机上。

(三)应急刹车

应急刹车在正常压力源故障时使用,又称备用刹车。单液压源的应急刹车由应急电动泵或应急蓄压器供压。有的飞机则采用气压刹车,多液压源飞机则由备用液压源供压。当正常刹车管路的压力电门感应到无压或低压时,接通应急刹车选择阀供压,靠踩刹车踏板或拉应急刹车手柄进行控制。应急刹车一般不具备防滑和差动刹车等功能。

(四)停机刹车与收轮刹车

地面工作时,停机刹车可刹住机轮防止飞机滑动,通常靠蓄压器来保持。先正常刹车,再拉出停机刹车手柄将刹车机构固定,刹车压力就保持恒定。有的飞机是将刹车调压器固定在刹车位置。停机刹车有信号指示,飞机滑出前松开刹车,信号灯熄灭才能加大油门。

飞机起飞离地后,为顺利收上起落架,应止动高速转动的机轮,一般与起落架收上电路联动,主轮靠刹车装置止动,前轮靠自身的收轮刹车装置(如果有)止动。由于制动过程是自动进行的,有的飞机也将其称为自动刹车,但与前面所述的自动刹车并不相同。

第七节　改善着陆性能装置

一、起飞加速装置

起飞加速装置用来增大起飞滑跑过程中的加速度,以缩短起飞滑跑距离,包括地面和舰上装置。地面装置主要有起飞加速器、起飞弹射装置、起飞加速车和斜向发射装置,舰上装置主要有蒸汽式、电磁式等弹射器。

蒸汽式弹射器使用舰上主锅炉的高压蒸汽作为动力弹射能量大,安全性和加速性能好,可使重量 $3\sim20$ t 的飞机的起飞速度达到 $250\sim350$ km/h,每分钟可弹射 $1\sim3$ 架飞机。

航空母舰上一般装 $2\sim3$ 部弹射器,分别设在前飞行甲板和斜角甲板上。电磁式弹射器具有容积小、对舰上辅助系统要求低、效率高、重量轻、运行和维护费用低廉等优点,正在推广应用中。

二、着陆减速装置

着陆减速装置用来增大飞机着陆滑跑过程中的减速度,显著缩短滑跑距离。常用的着陆减速装置是主轮刹车装置,着陆动能较大的飞机上还装有着陆减速伞、减速板和发动机反推装置等。本节重点介绍减速伞。

（一）减速伞

1.减速伞的组成

减速伞（也称为阻力伞）主要通过增大气功阻力来使飞机减速，通常由引导伞、主伞、伞绳、伞袋和挂环等组成（见图5-7-1），主伞、引导伞、伞绳和挂环均装在伞袋内。

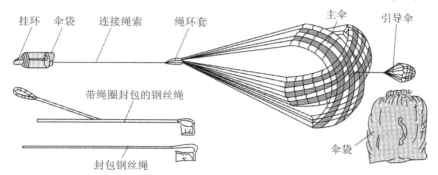

图5-7-1　着陆减速伞的组成

飞机尾部设有圆柱形伞舱，减速伞通过挂环与伞舱内的伞钩相连。飞机着陆滑跑时，经飞行员操纵，打开伞舱门，引导伞首先被弹出并张开，再拉出主伞。主伞打开后，产生很大的气动阻力，使飞机减速。

为防止着陆开伞过早或空中意外开伞，在伞舱内的减速伞与机尾连接机构上设有安全装置，包括限载机构、锁机构、无伞信号装置。正常情况下靠冷气打开伞舱门、放伞及抛伞，座舱内还装有应急放伞手柄，用来进行机械放伞。

减速伞产生的气动阻力与飞机滑跑速度的二次方成正比，能弥补刹车装置在滑跑速度较大时减速作用小的缺点。二者结合使用飞机在整个滑跑过程中都能产生较大的减速度。

2.减速伞的抛放机构

减速伞的抛放机构主要由伞锁、舱门锁、微动电门、地面抛伞机构等部分组成（见图5-7-2）。伞锁主要是用来悬挂减速伞，通过它把阻力传到机身上，使飞机减速。当不需要减速伞时，能及时将减速伞抛掉。伞锁工作状态分为"开锁""假锁"和"真锁"三个位置（见图5-7-3）。

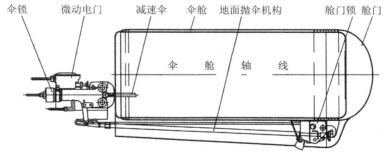

图5-7-2　飞机减速伞系统示意图

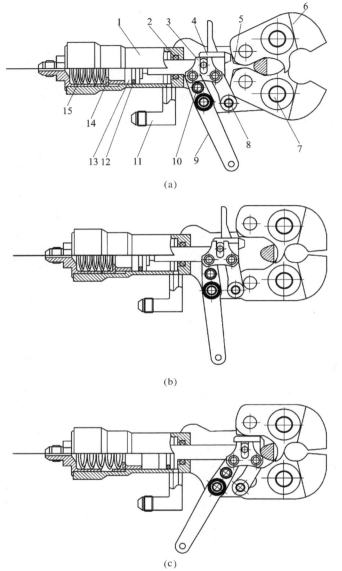

1—壳体；2—封严圈；3—拨叉；4—滑块；5—滑轮；6—钩爪；7—螺栓；8—销；9—摇臂；
10—碰珠机构；11—气嘴；12—封严圈；13—活塞；14—止动衬套；15—压缩弹簧

图 5 - 7 - 3　伞锁结构示意图

(a)"开锁"位置；(b)"假锁"位置；(c)"真锁"位置

图 5 - 7 - 3(a)为"开锁"位置。飞机着陆放伞后，需要抛伞时，驾驶员将减速伞操纵开关置于抛伞位置，冷气从抛伞进气嘴进入动作筒的右室，推动活塞杆向左移动，带动滑块一起左移，使滑块退出伞锁锁钩尾端的滚轮，钩爪在扭力弹簧和减速伞气动阻力的作用下，迅速张开，减速伞被抛掉，这一位置为伞锁的"开锁"位置。

图 5 - 7 - 3(b)为"假锁"位置。包装好的减速伞袋，被推入伞舱后，露出伞包前面的挂环撞入伞锁上、下两钩爪内，使滑块一起向逆航向方向移动，滑块插向两滑轮之间，并带动摇

臂转动。当止动衬套移动至冷气动作筒（锁壳）内壁的凸台上时被限动，活塞和滑块被摇臂组处的限动销限动。此时，虽然上、下两钩爪已经扣住挂环，但滑块与滑轮的接触点，仍位于两滑轮中心轴线的左侧。这样，只要在挂环处施加一定的拉力，便能迫使滑块向左移动，上、下钩爪在扭力弹簧的作用下张开，而伞锁从"假上锁"状态变为"开锁"状态。因此，这一位置称为"假上锁"位置。

在飞行过程中，伞锁的工作位置始终处于"假上锁"位置。若舱门空中意外被打开，减速伞会在气动或减速伞自身质量力的作用下，使伞锁呈开启位置，将伞抛掉，保证飞机飞行安全。

图 5-7-3(c)为"真锁"位置。飞机着陆需放伞时，驾驶员将减速伞操纵开关置于放伞位置，冷气从放伞进气嘴进入动作筒的左室，推动活塞杆和滑块由"假上锁"位置向右移动，当滑块和滚轮的接触点与两滑轮中心线重合时，作用在钩爪上的外力，不会使钩爪张开，这一位置即为"真上锁"位置。

当滑块从"假上锁"状态向"真上锁"状态运动时，同时带动摇臂组随之一起转动，通过摇臂下端连接的协调钢索带动舱门锁的开锁摇臂，在到达"真上锁"的同时，舱门锁锁开锁，舱门打开，减速伞被放出。

为了使减速伞系统工作得安全可靠，座舱告警灯盒内安装了无伞指示灯，并在电路上采取了安全措施。微动电门机构是无伞指示灯的控制机构。当伞舱内没有安装减速伞或空中将伞飞丢时，座舱内的无伞指示灯亮，提醒飞行员注意减小飞机着陆速度，同时使用机轮刹车，以防止发生意外。微动电门机构安装在减速伞伞锁的壳体上，是座舱内的无伞指示灯的控制机构，随伞锁的三个工作状态的不同而变化，控制无伞指示灯的亮与灭。

当伞锁处于"假上锁"位置时，伞锁摇臂组上的长拨叉与触头相接触，钢球落在顶杆的细颈部分，微动电门处于断开状态。告警灯盒内无伞指示灯熄灭，表示伞舱内有伞。

开舱门放伞时，伞锁由"假上锁"状态向"真上锁"状态位置运动过程中，接通微动电门线路，无伞指示灯被燃亮，表示减速伞已不在舱内。

抛伞时，伞锁由"真上锁"状态运动到"开锁"状态的过程中，无伞指示灯继续保持燃亮。此时，伞锁呈开锁状态，在没有再次装减速伞之前，一直保持这种状态。

（二）扰流板和减速板

扰流板通常设置在中、大型飞机后缘襟翼之前的机翼上，翼面两边对称布置，采用液压传动控制方式。一般有三种工作状态：减速状态，飞行中需要快速下降高度、着陆滑跑及中断起飞等情况时使用，左右扰流板同时偏转；副翼状态，一侧副翼上偏时，同侧的扰流板随之上转，而另一侧扰流板不动，以提高横向操纵效能；混合状态，同时具有减速和副翼功能。有的扰流板还用来削弱机翼的突风载荷。

减速板是用来增大飞机气动阻力的装置，通常安装在机身或机翼上，由液压或冷气操纵。减速板平时与机身或机翼贴合，其外表面就是飞机流线型的一部分。当需要减速时，飞行员通过减速板控制开关，控制液压电磁阀接通放减速板的液压或气路，由作动筒推动减速板开启一定角度,增大启动阻力,使飞机迅速减速。飞行速度越大,减速板的增阻效果越好。歼击机普遍装有减速板,可以提高飞机减速性,进而提高飞机的机动转弯性能。

(三)反推装置

反推装置主要通过改变发动机推或拉力的方向使飞机减速多用在大、重型飞机上,既可在着陆滑跑中使用也可在飞行中使用。螺旋桨式飞机的反推装置可使螺旋桨桨叶角变为负迎角,螺旋桨产生与飞行方向相反的拉力,即负拉力;喷气式飞机的反推装置可改变发动机燃气的喷射方向使燃气全部或部分向前喷出产生反向推力。反推装置不受飞机运动速度和跑道情况影响,飞行员可根据需要来控制反推力的大小,因此减速效果好。但存在着构造复杂、重量较大和消耗燃料较多的缺点通常与其他减速装置配合使用。

(四)拦阻钩系统

为了能在航空母舰上实现短距离着舰,舰载机尾部装有拦阻钩系统,着舰时拦阻钩钩住甲板上的拦阻索,利用拦阻机产生的液压阻尼消耗飞机的动能,可以保证飞机在短距离止动。

拦阻钩系统一般包括拦阻钩、减摆-收放作动筒、稳定器、拦阻钩上位锁、保险杆及系留环等。拦阻钩具备减摆和防跳特性,拦阻钩垂直偏转角一般为 60°左右,拦阻钩水平偏转角一般为±18°左右,依靠液压系统实现收放,如图 5 - 7 - 4 所示。

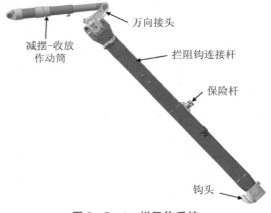

图 5 - 7 - 4　拦阻钩系统

本 章 小 结

本章主要介绍飞机起飞着陆系统的相关知识。起飞着陆系统是飞机的重要组成部分,需要完成支持飞机的地面停放、滑跑、减缓撞击以及改善起飞着陆性能等功能。现代飞机一般都采用轮式起落架系统,为了减小着陆滑跑距离,大多都安装有机轮机轮刹车系统,有的高速飞机还配置了着陆减速伞,舰载飞机为了有保证在有限的甲板长度内可靠减速,在机身后部安装有拦阻钩。

▶拓展阅读

中国飞机刹车盘从"跟跑"到"领跑"

对飞机而言,每一次起飞降落,刹车的可靠性,都是必须确保的第一安全项目。可别小看这飞机的刹车盘,它是飞机的关键部件之一,与飞机的"心脏"发动机和"大脑"飞控一样,同等重要。飞机刹车盘,连接国家"大国防"

碳/碳复合刹车材料是 20 世纪 70 年代欧美发达国家率先使用的飞机刹车盘制作材料。然而,这项技术被美、英、法三国牢牢地控制。

国家要自强,不能没有血性:

1972 年,中航制动开始探索新型刹车盘材料的研制;

1977 年,研制出国内第一套扇形片结构的航空碳刹车盘;

1987 年,碳刹车材料制备工艺和防氧化技术获得成功;

1993 年,碳/碳复合材料刹车制备技术获得国家发明专利;

1994 年,碳/碳复合材料防氧化技术获得国家发明专利;

1998 年,碳/碳刹车盘在歼-10 飞机上首飞成功;

2003 年,碳/碳刹车盘获中国第一个 TSOA 技术标准批准书,随新舟 60 飞机飞出国门;

2008 年,碳陶刹车盘在我国某型飞机上实现了成功首飞。

此后,广泛地应用在舰载机、歼击机和运输机等 10 多种先进飞机上,使我国成为了世界上首个将碳陶刹车盘成功应用于飞机机轮刹车上的国家。

碳陶刹车盘新型材料融合了粉末冶金刹车材料和碳/碳复合刹车材料的优点,具有重量轻、硬度高、刹车平稳、耐高温、耐腐蚀、环境适应性强和使用寿命长等优点,被公认为性能优异的新一代刹车材料。突破了世界制备技术的三大难题,形成了 5 个重大技术发明点,获得了 19 项国家专利。2017 年,碳陶刹车盘技术荣获国家技术发明二等奖。

这是一次技术的巅峰飞跃,更是一次刹车材料的产业革命,特别是对高频次、高能载、高风险、高成本的军用飞机,战略意义非同凡响。这项饱含"中国创造"智慧的自主创新成果,引发了世界的广泛关注。

思 考 题

1.飞机起飞着陆及地面运动时,飞行员哪些不当的操纵动作会导致起落架受力过大?

2.根据轮胎与减震缓冲装置的工作关系,试分析轮胎充气压力、减震器灌充量不正常对飞机减震装置性能的影响。

3.请归纳判断起落架是否放下并上锁的方法有哪些。

4.试分析发动机不对称推力转弯的原理。

5.结合刹车减速原理,试分析刹车时如何避免机轮拖胎及爆破。

第六章 飞行操纵系统

▶学习重点

(1)飞机操纵系统的发展历程。

(2)飞机主操纵系统的结构组成。

(3)机械操纵系统主要附件的工作原理。

(4)典型辅助操纵系统的功用及原理。

▶关键词

飞机操纵系统 aircraft control system　　　主操纵系统 master control system

辅助操纵系统 auxiliary control system　　　自动控制系统 autopilot

驾驶杆 control column　　　　　　　　　　脚蹬 pedal

载荷感觉器 load sensor　　　　　　　　　液压助力器 Hydraulic booster

力臂调节器 automatic gear ration changer

飞行操纵系统是指飞机上用来传输并增强操纵指令、驱动舵面运动、控制飞行姿态的系统。飞行员通过飞机的飞行操纵系统操纵飞机绕纵轴、横轴和立轴旋转,以改变或保持飞机的飞行状态。飞机操纵系统是飞机的重要组成部分之一,它的工作性能,直接影响着飞机飞行性能的发挥,如果系统损坏,飞机就可能像"脱缰之马"一样,难以控制,以致危及飞行安全。

第一节　操纵系统概述

一、典型飞机操纵系统的组成

飞机操纵系统由机械、液压和(或)电气、电子等部附件构成。根据指令来源分为人工飞行操纵系统和自动飞行控制系统。人工飞行操纵系统通常由主操纵系统、辅助操纵系统和告警系统组成(见图 6-1-1),自动飞行控制系统建立在人工飞行操纵系统的基础上。

主操纵系统用来操纵升降舵(或全动平尾)、副翼和方向舵,实现飞机的俯仰、滚转和方向的稳定与机动控制以改变或保持飞行姿态;辅助操纵系统用来操纵襟翼、缝翼、扰流板、调整片等舵面实现增升、减速、配平等控制以改善飞行性能、减轻操纵负荷；告警系统用来给出飞机在不安全起飞状态、接近失速状态及其他极限状态的告警信号。

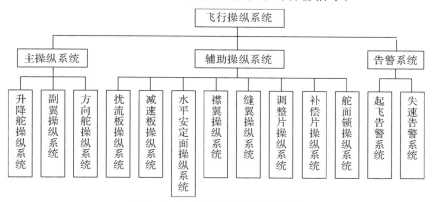

图 6-1-1　飞行操纵系统的组成

二、飞行操纵系统的基本要求

飞机飞行操纵系统除应满足传力构件强度刚度足够、重量轻、生存力强、维护方便等一般要求外，还有一些人机工效方面的特殊要求具体包括以下几个：

（1）飞行员手脚的操纵动作与人体的生理反应一致，以免错误操纵。

（2）操纵轻便，驾驶杆力、杆位移的大小及其变化要合适，有适当的感觉力，且随飞行速度、高度和舵偏角的变化而变化，既能防止操纵过量，又可减轻疲劳。

（3）操纵灵敏、准确，操纵与传动机构的间隙和弹性变形小，不应有操纵迟钝的感觉，机体结构发生应力变形时系统不发生卡阻现象。

（4）各舵面的操纵互不干扰。

（5）操纵机构和传动机构均设有限动装置，能限制舵面的最大偏角，防止因操纵过量而导致飞机姿态失控。

三、飞行操纵系统的发展

自飞机诞生以来，飞机的飞行包线在迅速扩大，飞行速度从低速到超声速，飞行高度从低空到高空，并出现了多种非常规的气动布局形式，飞机的操纵与控制也变得越来越困难和复杂。为持续改善和提高飞机的操纵品质，减轻飞行员的操纵负担，飞行操纵系统经历了从简单机械操纵系统、助力机械操纵系统、增稳与控制增稳系统到电传操纵系统这四个典型的技术发展阶段。

（一）简单机械操纵系统

自飞机诞生以后的前 30 多年中，主操纵系统是简单机械操纵系统，它由钢索的软式操纵（见图 6-1-2）发展为拉杆的硬式操纵（见图 6-1-3），驾驶杆及脚蹬的运动经过钢索或拉杆传递，直接拖动舵面运动，飞行员在操纵过程中，必须克服舵面上承受的气动力，但只要对传动摩擦、间隙和传动系统的弹性变形加以限制，就可获得满意的操纵性能。

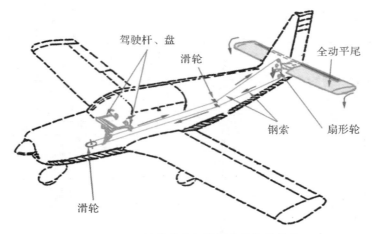

图 6-1-2　简单软式机械操纵系统的组成

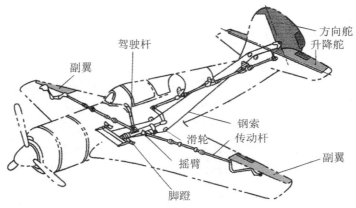

图 6-1-3　简单硬式机械操纵系统的组成

(二)助力机械操纵系统

　　早期的飞机,由于飞行速度慢且外形尺寸不大,飞行员凭借自己的体力就可以很容易地对飞机进行操纵,所以当时的飞机采用的是简单机械式操纵系统,其中没有助力装置。但是,随着飞机飞行速度的不断提高以及飞机外形尺寸的不断增大,在飞机操纵系统尾端设备(例如副翼、升降舵、方向舵)上的空气动力也会显著增大,从而使得各舵面枢轴的力矩显著增大,虽然通过减小操纵系统的传动系数或通过舵面补偿装置可以减小各舵面枢轴的力矩以减小飞行员的操纵杆力(或脚蹬力),但还是不能满足要求。因为减小操纵系统的传动系数,要受到座舱空间等条件的限制。而空气动力补偿面过大,不仅会影响舵面的最大偏转角,还容易因制造误差而引起过补偿问题。更何况在跨声速和超声速飞行时,由于空气压缩性的影响,舵面上空气动力的分布会发生急剧变化,依靠空气动力补偿面也难使杆力符合要求。

　　因此,现代高速飞机和重型飞机的操纵系统广泛地采用了助力装置。利用液压或电力来带动舵面,以减小驾驶杆力,降低飞行员的劳动强度,改善飞机的操纵性。有助力器的飞机操纵系统,简称助力操纵系统。在这种系统中,飞行员仍能通过拉杆或钢索感受到舵面上的气功力,并依据这种感觉来操纵飞机。

根据液压助力器传动方式的不同,助力操纵系统可以分为有回力和无回力两种形式。有回力的助力操纵系统又叫可逆助力操纵系统(见图6-1-4),当液压助力器工作时,利用回力连杆把舵面传来的一部分载荷传给驾驶杆,驾驶员可以感受到舵面传来的一部分载荷作用,让驾驶员得到感觉。

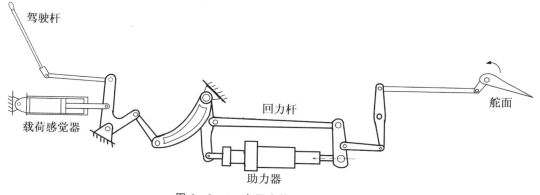

图6-1-4　有回力的助力操纵系统

超声速飞行时,飞机的焦点急剧后移,纵向静稳定力矩剧增,此时需要相当大的操纵力矩才能满足飞机的机动性要求。同时,由于尾翼上出现了超声速区,升降舵操纵效能大为降低,因此不得不采用全动平尾进行操纵。全动平尾的铰链力矩很大,并且数值的变化范围较宽,非线性特性影响严重,飞行员无法直接承受舵面上的铰链力矩并依据它来操纵飞机,因此出现了全助力操纵系统,全助力操纵系统又称为无回力的助力操纵系统(见图6-1-5),或称为不可逆助力操纵系统,驾驶员不能感受到舵面传来的载荷作用,舵面传来的载荷全部由助力器克服。

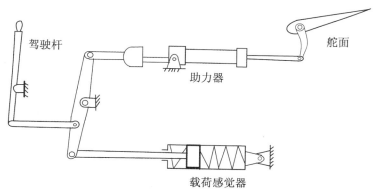

图6-1-5　无回力的助力操纵系统

在不可逆助力操纵系统中,断掉了舵面与驾驶杆的直接联系,飞行员的操纵指令将直接控制助力器上的分油活门,从而通过助力器改变舵面的偏转,并承受舵面的铰链力矩。此时,驾驶杆上所承受的杆力仅用于克服传动机构的摩擦力,与飞行状态无关,飞行员无法从杆力的大小来感觉飞机飞行状态的变化,这不符合飞行操纵要求。为使飞行员获得必要的操纵感觉,感受到适当的杆力和杆位移,在系统中须加入人感装置(如载荷感觉器、调效机构、力臂调节器等)。人工感力装置由弹簧、缓冲器以及配重等构成,用来提供驾驶杆上所受的人工感力。这种人工感力虽然在移动操纵面时不需要,但在操纵飞机时,给飞行员提供适当的操纵品质,还是必要的。

(三)增稳与控制增稳系统

20世纪50年代中期以来,随着飞机向高空、高速方向发展,飞行包线不断扩大,常常会出现高空、高速飞行时飞机的静稳定性增加而阻尼不足,低速飞行时稳定性不够的现象。单纯依靠改变人工操纵系统和飞机的气动外形,已经难以满足操纵品质的要求。为提高飞机的稳定性和改善阻尼特性,第一次将人工操纵系统与自动控制结合起来,将增稳系统引入人工操纵系统中,形成具有增稳功能的全助力操纵系统。

1. 阻尼器

第二代歼击机强调飞机的高空高速性能,超声速飞机气动外形常采用大后掠角的三角翼和较大长细比的机身。超声速飞行时,飞机的焦点后移,静稳定力矩增大;高空大气稀薄,飞机自身的阻力力矩很小,动稳定性不足,受到扰动或操纵时机头出现剧烈摆动飞行员就难以完成跟踪、瞄准等任务。由自动控制理论可知,以飞机角速度作为反馈信号,可稳定飞机的角速度,这相当于增加飞机运动的阻尼,能够抑制振荡。以飞机角速度为反馈信号构成的控制系统,称为阻尼器(见图6-1-6)。根据需要,飞机可在俯仰、滚转和偏航上单独或一并加装阻尼器。

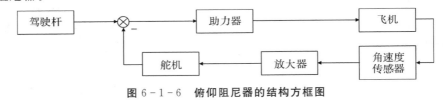

图6-1-6 俯仰阻尼器的结构方框图

2. 增稳系统

尽管俯仰阻尼器对飞机的纵向稳定性带来有利影响,一定程度上改善了飞机的短周期反应特性,但是并不能改变飞机的纵向静稳定性。超声速飞行有合适的静稳定性时,亚声速飞行时的静稳定性却常感不足,甚至是静不稳定的。因此在俯仰阻尼器的基础上,除引入俯仰角速度反馈回路信号外,还引入法向过载或迎角的反馈回路信号来改善静稳定性,提高飞机短周期运动的固有频率,既能增加飞机的俯仰运动阻尼,又能增强飞机的纵向静稳定性,就构成了稳定增强系统(Stability Augmentation System,SAS),简称增稳系统。

在这种系统中,增稳系统和驾驶杆是互相独立的,并不影响飞行员的操纵。由于舵面既受驾驶杆的机械传动指令控制,又受增稳系统产生的指令控制,为保证操纵安全,增稳系统对舵面的操纵权限受到限制,一般仅为舵面全权限的3%～6%。

根据需要,飞机可在俯仰、滚转和偏航上单独或一并加装增稳系统。图6-1-7是引入纵向角速度和法向过载的纵向增稳系统结构方框图。

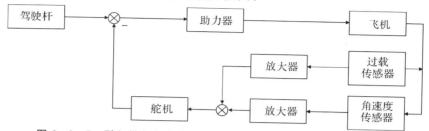

图 6-1-7　引入纵向角速度和法向过载的纵向增稳系统结构方框图

3.控制增稳系统

增稳系统在增大飞机阻尼和改善稳定性的同时,在一定程度上降低了飞机的操纵反应灵敏性,从而使操纵性变坏。为克服这个缺点,在增稳系统基础上,进一步发展成为控制增稳系统(见图 6-1-8)。与增稳系统的主要区别在于:控制增稳系统还将飞行员操纵驾驶杆的指令信号变换为电信号,并经过一定处理后引入增稳系统中,作为增稳系统的指令输入信号,控制舵机的运动。通过合理的设计,可获得满意的操纵性和机动性,较好地解决了稳定性与操纵性之间的矛盾。由于飞行员可通过该系统直接控制舵面,控制增稳的权限可增大到全权限的 30% 以上。

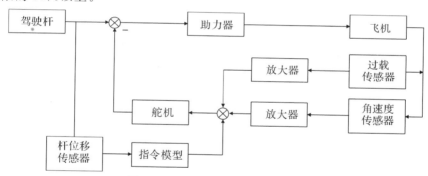

图 6-1-8　控制增稳系统方框图

在增稳和控制增稳系统时代,自动控制系统还不能做到绝对可靠,因而提供的自动系统的控制能力或权限只能是有限的,以保证一旦自动系统故障时还能安全飞行。所以这样的系统只能对飞机的稳定和操纵做出一定程度的改善,而不能有质的飞跃。

(四)电传操纵系统

传统的机械操纵系统存在着重量大,占据空间大,有摩擦、间隙和弹性变形,操纵和传动机构复杂,不易与自动飞控综合等缺点,增稳和控制增稳系统虽然提供了有限的自动控制权限,也只在一定程度上改善了飞机的稳定性和操纵性。20 世纪 70 年代初,在控制增稳系统基础上发展出来的电传操纵系统,则克服了前述系统的一系列缺点,飞机的操纵品质得到了根本性的跃升。

单通道电传操纵系统主要由传感器、飞行控制计算机和舵机等组成(见图 6-1-9)。传感器测量飞行员操纵、飞机运动和大气等参数,转换成电信号后送给飞控计算机;飞控计算机解算并处理所有电信号后,产生舵面偏转角指令;舵机是将电信号转变为机械位移的执行机构,通常将舵机与助力器组合在一起构成复合舵机,来直接驱动飞机舵面偏转。

高度综合化的数字电传操纵系统需要用软件来计算并输出全部飞行控制信号,所以飞控计算机是电传系统的中央控制器,包括飞行员指令在内的所有电信号都要经其处理,软件规模较大,主要完成余度管理、控制律计算、故障监控和自检测等工作。

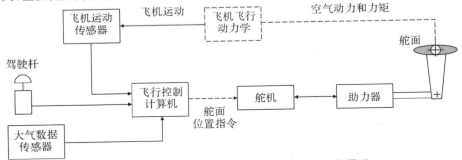

图 6-1-9 单通道电传操纵系统的组成与工作原理

电传操纵系统是一个全时间、全权限的"电信号系统＋控制增稳"的飞行操纵系统,它将控制增稳系统中的机械传动部分完全取消,飞行员的操纵指令完全通过电信号,利用控制增稳系统实现对飞机的操纵且具有多个余度使得操纵系统的安全可靠性更高、故障率更低,四余度电传系统(见图 6-1-10)的故障率可达 10^{-8} 次/飞行小时。

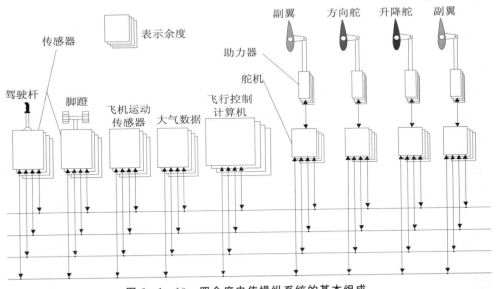

图 6-1-10 四余度电传操纵系统的基本组成

电传系统是将飞机运动作为被控参量,并实时反馈回系统中对飞机运动进行控制的电信号传输系统,即利用电信号对飞机运动进行全权限控制。由于单套电信号传输系统的可靠性远低于机械操纵系统,无法满足飞行安全要求,故电传系统必须采用余度技术,即引入多重设备执行同一指令、完成同一任务。余度有相似余度和非相似余度,非相似余度常用在可靠性要求极高的民航飞机飞行控制系统中。余度系统能够执行故障检测、故障隔离和系统重构等工作,即:对组成系统的各个部分具有故障监控、信号表决能力;系统或组成系统的某部分出现故障时具有故障隔离能力;出现故障后系统能重新组织余下的完好部分,具有故障安全或双故障安全能力,并在少量降低性能指标的情况下继续承担任务。

四余度电传操纵系统实质上由 A、B、C、D 四套完全相同的单通道系统按一定的关系组合而成(见图 6-1-11)。

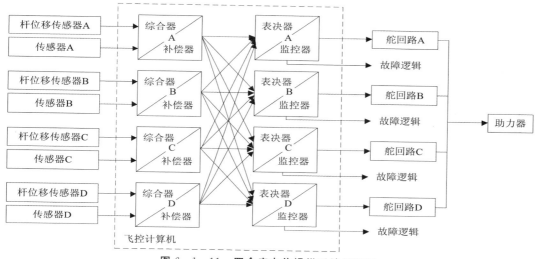

图 6-1-11　四余度电传操纵系统原理图

每个综合器/补偿器都要完成对四个传感器信号的数据处理、增益调整、滤波、动态补偿和信号放大;每个表决器都要判断四个输入信号中有无故障信号,并从中选择一个正确无故障的信号输出,这种通道之间彼此交叉连接,称为交叉增强,可以显著提高系统的安全可靠性;监控器用来检测识别有故障的部件和通道,如果四个输入中的任一个被检测出故障信号后,系统自动隔离该故障信号,不将其送给后面的舵回路。

四套系统均工作正常时,飞行员操纵驾驶杆产生四个相同的电信号指令,分别送到相应的综合器/补偿器、表决器/监控器中。每个表决器的输入端都有来自四个综合器/补偿器的输出信号,各通道分别输出一个正确的信号到相应的舵回路,共同驱动一个助力器使舵面偏转,操纵飞机作相应的运动。如果某一通道的传感器或其他部件出现故障,表决器/监控器就会隔离该故障信号,并按规定的表决方式选出正确的工作信号送给舵回路,飞机仍按飞行员的操纵意图做相应运动。如果某一通道的舵回路出现故障,它本身就能自动切断与助力器的联系(因为舵回路采用了余度舵机),助力器仍能接收正确的无故障信号。同样,如果系统中某一通道再出现故障,表决器/监控器表决出三个信号中的两个相同信号,作为正确信号输出,电传系统仍能正常工作。可见,四余度电传系统具有双故障安全的故障等级,故又称为双故障/工作的电传操纵系统,自监控的三余度电传系统具有同样的故障等级。

(五)主动控制技术

20 世纪 80 年代以来,电传操纵系统获得了极大发展,许多新研制的军用及民用飞机均采用了电传操纵系统。以电传操纵系统为基础的主动控制技术(ACT)在飞机设计中得到应用,操纵系统的设计已由过去的被动过程转变为主动过程,主动控制技术就是在各种飞行状态下通过飞行控制系统使作用在飞机上的气动力按需变化,从而使飞机性能达到最佳,并使成本、使用费用降低的一种飞行控制设计技术。以前将这种设计技术称为随控布局,目前广泛采用的说法是主动控制技术,而随控布局仅是主动控制技术在飞机设计中的具体应用。新设计概念下的航空器称为随控布局飞行器。

主动控制技术的主要内容包括放宽静稳定性、直接力控制、机动载荷控制、阵风载荷减缓、乘坐品质控制、主动颤振抑制、边界控制、综合飞行/火力控制等,已经在电传和数字控制理论的基础上从单项控制技术逐渐进入了综合控制阶段。

目前,电传操纵系统正在向自适应飞控系统的方向发展。随着高超声速飞机的到来,以及为减小阻力和提高隐身性的无尾飞机的出现,飞机的气动特性变化范围很大,常规飞行控制方法很难胜任,必须采用自适应控制。而且当军用飞机作战中部分舵面被打坏或民用飞机个别舵面因故障而不能工作时也需要自适应控制系统自动诊断故障并进行重构。新一代的自适应飞控系统由于计算工作量很大,将采用并行处理和神经网络技术,并将采用光纤来传输大量数据,从电传操纵系统发展为光传操纵系统。

四、飞机操纵系统的结构组成

主、辅助操纵系统均由操纵机构、传动机构、驱动机构和舵面组成,并设有位置指示和信号装置。主操纵机构有驾驶杆(盘)和脚蹬,辅助操纵机构有手柄、操纵盘、开关、电门等;非电传系统的传动机构由传动杆、摇臂、钢索、滑轮等组成;驱动机构有液压舵机、电动舵机等。

(一)操纵机构

操纵机构通常是指飞行员手脚直接操纵的部分,包括手、脚操纵机构。手操纵机构用来操纵升降舵或全动平尾和副翼,脚操纵机构用来操纵方向舵飞机在地面运动时还可操纵前轮转弯和主机轮刹车。

1. 手操纵机构

手操纵机构有杆式和盘式(见图 6-1-12)。机构设计保证了纵、横向操纵的独立性:单独操纵升降舵时副翼不偏转,单独操纵副翼时升降舵也不偏转。杆式比较简单,杆长一般为 350～600 mm,可前推、后拉和左右压,适合飞行员一只手握驾驶杆、另一只手握油门杆,多用于机动性较好且操纵力小的飞机。盘式较复杂,多用于机动性较低的中、大型飞机。

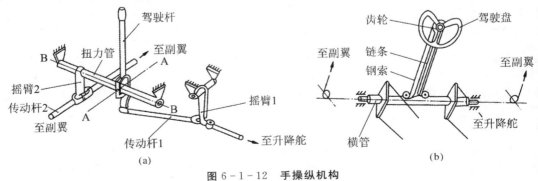

图 6-1-12　手操纵机构

(a)驾驶杆式;(b)驾驶盘式

2.脚操纵机构

脚操纵机构有平放式和立放式(见图 6－1－13)。平放式脚蹬装在平行四边形机构上,脚蹬前后移动时无转动,脚蹬间距大一般与杆式配合使用。立放式脚蹬摇臂支点固定在平放轴上,通过增大与脚蹬连接的摇臂来获得足够的力臂,脚蹬间距小,多与盘式配合。采用脚踩踏板操纵主轮刹车的飞机,以脚蹬为转轴的刹车踏板安装在脚蹬的前上方(图中未示出)。

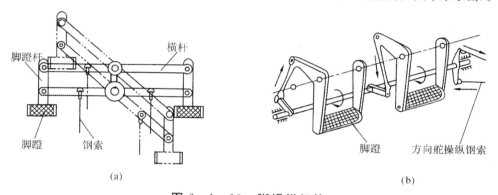

(a)　　　　　　　　　　　　　　　　　(b)

图 6－1－13　脚操纵机构

(a)脚蹬平放式;(b)脚蹬立放式

在操纵机构上还装有一些设备(见图 6－1－14),脚蹬位置调整设备,以适应不同身材飞行员的需要;驾驶杆(盘)和脚蹬的限动装置,限制各自的最大偏转角;驾驶杆头部的射击扳机、减速板按钮、刹车手柄、通话按钮等。

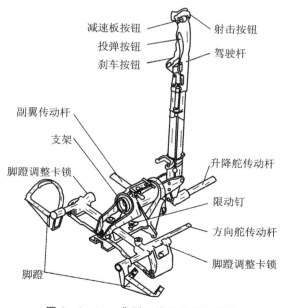

图 6－1－14　典型二代机的操纵机构

3. 双套操纵机构

教练机、双座战斗机、轰炸机和运输机通常装有双套操纵机构,按串列式或并列式布置。两套机构彼此相连,保证了操纵动作的一致性,但在某些功能上有优先控制权,例如教练机后舱拥有解除前舱刹车的权限。

(二)传动机构

传动机构是指将操纵机构产生的动作和施加的力传递给舵面的部分,分为软式、硬式和混合式,主、辅助操纵系统有各自的传动机构。

1. 软式传动机构

软式传动机构由钢索、滑轮、扇形轮、松紧螺套和张力补偿器等组成。钢索由多股钢丝编织而成,只能承受拉力,不能承受压力,故需由两根钢索构成回路,以保证舵面能向两个相反的方向转动;滑轮和扇形轮用来支持和改变钢索运动方向,扇形摇臂还可以改变力的大小;松紧螺套由正反螺纹的螺杆和螺套组成,用来调整钢索的预加张力;钢索张力补偿器用来补偿因外载荷和周围气温变化产生的钢索张力变化。

软式机构的优点是结构重量轻、构造简单、通过性好,缺点是刚度小、钢索受拉易伸长、操纵灵敏性差。

2. 硬式传动机构

硬式传动机构由传动杆、摇臂和导向滑轮等组成。传动杆又称拉杆,用于传递操纵力。摇臂除支持传动杆外,还有改变力、位移、运动速度、传动杆运动方向的作用,有单摇臂、双摇臂和复合摇臂之分。导向滑轮用来支持传动杆,增加传动杆的稳定性。

硬式机构的优点是可承受拉力和压力、刚度大、变形小、舵面不易引起振动、操纵灵敏性较好,缺点是构造复杂、重量大、不易绕过内部设备和装置。

3. 混合式传动机构

混合式传动机构由软式和硬式混合组成,兼有二者的优点。一般来说,舵面气动力较小的低速飞机和机动性较低的运输机,多采用软式或混合式传动机构。现代战斗机和操纵灵敏度要求较高的飞机,多采用硬式传动机构。

4. 特殊形式的传动机构

装有多功能舵面的飞机采用了一些特殊机构,例如:在副翼与扰流板配合工作的高速飞机或大型飞机上,装有副翼与扰流板的联动机构;在装有襟副翼的飞机上,设有襟副翼传动机构;在装有升降副翼的飞机上,设有升降副翼传动机构,等等。

（三）传动系数和传动比

传动系数和传动比都是表征操纵系统传动特性的参数。

1. 传动系数

驾驶杆（或脚蹬，下同）移动行程 ΔX 时，舵偏角会相应改变 $\Delta \varphi$（见图 $6-1-15$，以平尾操纵为例），传动系数 K 就是指单位杆位移所产生的舵偏角，$K = \Delta \varphi / \Delta X$。如果不考虑操纵和传动线系的摩擦力则飞行员操纵驾驶杆所做的功就等于克服铰链力矩 M_j 驱使舵面偏转所做的功，即 $F_s \Delta X = M_j \Delta \varphi$，$F_s$ 表示杆力。

由此，得到传动系数的另一表达式：$K = \Delta \varphi / \Delta X = F_s / M_j$。说明传动系数既可表示单位杆位移时舵面的偏转量，也反映了克服单位铰链力矩时所需的杆力。

传动系数过大或过小都不好。传动系数过大，则杆力太大操纵费力，且杆行程稍有变化时舵偏角就改变很多，操纵不准确；传动系数过小，则杆力太小，不便于根据力的感觉操纵飞机，且会使杆的全行程过大，以致过多占用座舱空间，也不便于操纵。

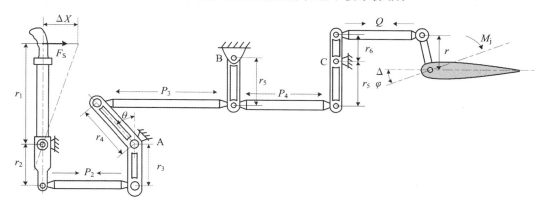

图 $6-1-15$　传动系数和传动比

2. 传动比

传动比是指施加在驾驶杆上的力 F_s 与舵面操纵摇臂上的传动力 Q 的比值，表示为 $n = F_s / Q$。操纵系统由多组摇臂和传动杆组成，摇臂传动比是指摇臂输入端上的作用力与输出端上的作用力之比，根据做功恒等原理，摇臂传动比也等于输出端上的力臂值与输入端上的力臂值之比，驾驶杆也可看作为系统的一个摇臂。由图 $6-1-15$ 可知，驾驶杆和各摇臂的传动比分别为

$$n_{驾驶杆} = \frac{F_s}{P_2} = \frac{r_2}{r_1} \tag{6-1-1}$$

$$n_A = \frac{P_2}{P_3} = \frac{r_4 \cos \theta}{r_3} \tag{6-1-2}$$

$$n_B = \frac{P_3}{P_4} = \frac{r_5}{r_4} = 1 \qquad (6-1-3)$$

$$n_C = \frac{P_4}{Q} = \frac{r_7}{r_6} \qquad (6-1-4)$$

则操纵系统的传动比为

$$n = n_{驾驶杆} n_A n_B n_C = \frac{F_s}{Q} \qquad (6-1-5)$$

式(6-1-15)表明,驾驶杆和各摇臂的传动比决定了操纵系统的传动比,其值为各摇臂传动比的连乘积,也等于各摇臂(包括驾驶杆)输出端上的力臂值之积与输入端上的力臂值之积的比值,故操纵系统传动比与驾驶杆、各摇臂的尺寸和工作状态等因素有关。

3. 传动比和传动系数的关系

设操纵摇臂的力臂值为 r,可得 $M_j = Qr$,整理后得 $n = Kr$。该式表明,传动系数与传动比成正比,在描述操纵系统的传动特性时具有相同的意义。

4. 线性与非线性传动机构

如果没有特殊装置来改变操纵系统的传动比,在舵面偏转过程中,传动系数基本上是不变的,舵偏角随驾驶杆行程的变化近似成直线关系,即线性关系。传动系数不变的操纵系统往往不能满足操纵要求。这是因为:如果传动系数始终保持较大数值(见图 6-1-16 中的线 1),那么要使舵面偏转一个小角度 φ_1,驾驶杆的行程 X_1 就太小,飞行员就难以准确把握操纵量,而且操纵比较费力;如果传动系数始终保持较小数值(见图 6-1-16 中的线 2),舵偏角 φ_2 很大时,杆行程 X_2 又会过大。因此,有些飞机的操纵线系安装了能使传动系数随杆行程而改变的非线性传动机构。装有非线性传动机构的操纵系统,杆行程与舵偏角之间成曲线关系(见图 6-1-16 中的线 3)。在舵偏角 φ_1 较小时,杆行程 X_3 较大,便于飞行员准确操纵飞机,而在舵偏角 φ_2 较大时,杆行程 X_4 又不于过大。

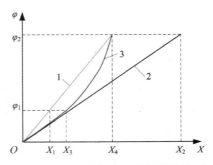

图 6-1-16　舵偏角与杆行程的关系

(四)驱动机构

随着飞机飞行速度、外形尺寸的显著增大,舵面铰链力矩很大,单纯依靠减小传动系数和增大气动补偿面的办法来减轻飞行员操纵力变得十分困难因此在简单机械操纵系统线系上加装助力器等附件,通过液压(或电动)助力器进行功率放大,再驱动舵面偏转,系统就发展为助力操纵系统。现代飞机的主操纵系统多为不可逆的液压助力操纵。

飞机操纵系统常用的驱动机构有液压助力器和电动助力器。

液压助力器有多种类型性能和构造各有特点但基本原理相似。图 6−1−17 所示的液压助力器由滑阀、活塞及作动筒、摇臂等组成,滑阀带有两个圆柱形凸肩,活塞与活塞杆头部连成一体,摇臂交接在头部支座(O 点)上,B 端通过拉杆与驾驶杆相连,A 端连接滑阀。

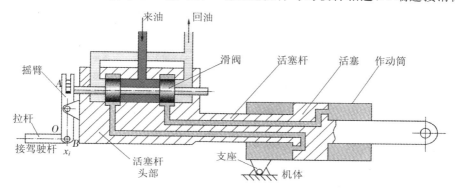

图 6−1−17　液压助力器的组成与工作原理

驾驶杆在中立位置时,摇臂处于垂直状态,滑阀两个凸肩分别遮住去往作动筒两个腔的油路,活塞不动,助力器处于静止状态。当拉杆向右运动时,摇臂绕 O 点逆时针转动一个角度,滑阀向左移动,打开通向作动筒两个腔的油路。来油与作动筒左腔相通回油与右腔相通,活塞两边的压力差迫使活塞向右运动,也就使得活塞杆头部向右运动,摇臂绕 B 点顺时针转动,逐渐关小来油。如果这时拉杆停止运动,滑阀重新切断去作动筒的油路,活塞停止运动,塞杆相对未拉杆时向右移动了一定距离。拉杆向左运动情况与向右相反。

可见,助力器在工作时,活塞杆运动的方向、距离和速度均随滑阀的运动而改变,故为一种省力装置。飞行员只需要用很小的力,驱使滑阀运动来控制油路,即可借助液压克服很大的舵面载荷,操纵舵面偏转。活塞上的压差力同时作用在作动筒壳体上,经支座传给机体结构,并不会传到前面的操纵线系中去。

这里将一般性机液伺服助力器组成部件的功用做一总结:分配机构(也称分油阀,有滑阀、转阀等形式)分配油路,不同的阀开度就能借助液压使活塞两腔产生相应的压力差,二者成正比;执行机构(包括活塞、活塞杆及头部)将液压能转换为机械能,带动负载运动;反馈机构(例如 AOB 摇臂)与活塞运动同步减小阀开度,使舵面随输入拉杆停在所需位置上,摇臂既用于操纵又起到反馈作用,故称为操纵反馈摇臂。

现代飞机操纵系统已广泛采用了电液伺服助力器,它用电液伺服阀代替了机械式分配机构靠电信号控制阀的运动,这种助力器通常称为舵机。舵机是飞机自动飞行控制系统的基础。电液伺服阀、液压作动筒和位移传感器是液压舵机最基本的组成部件(见图 6−1−18),力矩马达根据操纵信号和位移传感器反馈信号的差值来工作。有的舵机不直接驱动舵面舵面仍由助力器驱动而助力器的输入端再与舵机的输出端连接。

能够同时接收机械信号和电信号来工作的助力器,一般称为复合舵机。

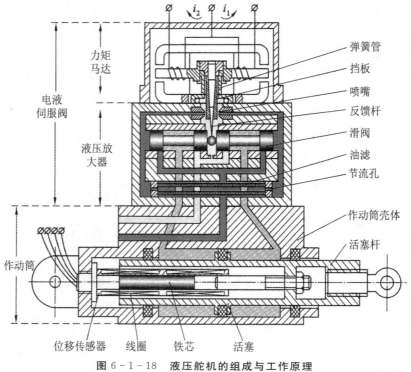

图 6-1-18　液压舵机的组成与工作原理

(五)可操纵的舵面

飞机上可操纵的舵面又称为操纵面、活动面、控制面或翼面,舵面在典型战斗机上的布置如图 6-1-19 所示,舵面在民航飞机上的布置如图 6-1-20 所示。

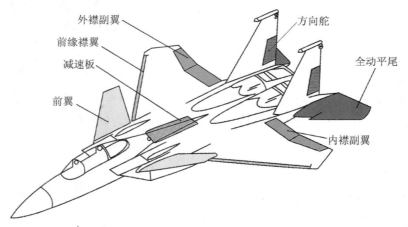

图 6-1-19　舵面在战斗机上的布置

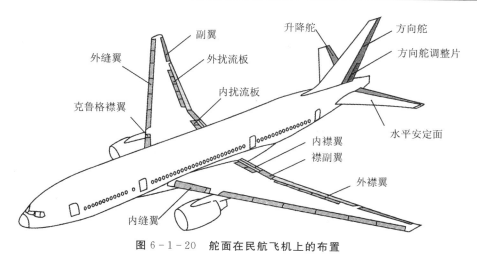

图 6 - 1 - 20　舵面在民航飞机上的布置

按功用和特点,舵面有主、辅助之分,见表 6 - 1 - 1。

表 6 - 1 - 1　舵面的主要功用

系　统	舵　面	主要功用
主操纵系统	升降舵、全动平尾、前翼	产生俯仰力矩,实现俯仰操纵
	副翼	产生横滚力矩,实现横侧操纵
	方向舵	产生偏航力矩,实现方向操纵
辅助操纵系统	后缘襟翼	增升装置,改善起飞、着陆性能
	前缘襟翼	增升装置,改善起飞、着陆性能
	前缘缝翼	增升装置,改善起飞、着陆性能
	飞行扰流板(片)	空中减速,辅助副翼横侧操纵
	地面扰流板(片)	地面卸升
	减速板	减速
	随动补偿片	帮助舵面转动,减小操纵力,为气动补偿装置
	反补偿片	提供适当操纵力,防止操纵过量
辅助操纵系统	调整片	减小或消除操纵力,保持飞机平衡
	调整片	减小或消除操纵力,保持飞机平衡
	补偿调整片	兼有气动补偿和消除杆力的作用
	可操纵的水平安定面	对飞机进行俯仰配平

部分高性能飞机和中、大型飞机设有多功能(复合)舵面,纵向、横向和航向的操纵有交联关系,一个舵面兼具多种功能。例如,升降副翼兼有升降舵和副翼的功能,襟副翼兼有襟翼和副翼的功能。

由于飞机用途、性能和尺寸不同,操纵及传动形式也存在差异,并非所有飞机上均设置全部舵面,但主舵面、增升装置等是飞机必备的基本舵面。

(六)空气动力补偿装置和平衡装置

在副翼、升降舵和方向舵的后缘,大多装有空气动力补偿装置和平衡装置,前者用来使飞行员操纵省力,后者用来在长时间稳定飞行时消除驾驶杆力(或脚蹬力)。

1. 空气动力补偿装置

该装置是指在舵面(或安定面)上设置的突角补偿、移轴补偿、内封补偿或随动补偿等装置,可使舵面的一部分面积(即补偿面)产生与其他部分相反的气动力矩,来减小舵面的枢轴力矩,也就节省了飞行员的操纵力。常见的是随动补偿装置(见图6-1-21)。

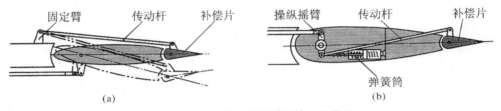

图6-1-21 随动补偿装置的工作原理
(a)随动补偿;(b)弹簧式随动补偿

随动补偿装置由补偿片和传动杆等组成,传动杆一端与补偿片相连,另一端与机翼(或安定面)上的固定臂相连。当舵面向某一边偏转时,补偿片由于受到传动杆的牵制,自动向另一边偏转,从而产生补偿力矩。

还有一种弹簧式随动补偿装置,只要操纵力超过弹簧的预加弹力,弹簧筒就会伸长或缩短,补偿片的传动杆随之运动,使补偿片朝着舵面的反方向偏转,产生补偿力矩。

2. 平衡装置

平衡装置主要有调整片、补偿调整片、可操纵的水平安定面和修正片等类型。

(1)调整片结构与补偿片相似,但由飞行员利过一套独立机构来操纵。在任一稳定的飞行状态,只要将调整片操纵到适当位置,就可利用其产生的气动力矩来平衡舵面枢轴力矩,这样就可消除驾驶杆或脚蹬力,并将舵面保持在应有的偏角上,使飞机保持平衡。

(2)补偿调整片。补偿调整片是补偿片和调整片的组合(见图6-1-22),兼有气动补偿和消除杆力的功能。

补偿调整片的传动摇臂铰接在舵面的转轴上,上端通过传动杆1与调整片机构相连,下端则通过传动杆2与补偿调整片相连。飞行员操纵调整片时传动杆上传动摇臂和传动杆2使补偿调整片偏转,可消除杆力;飞行员只操纵舵面时,调整片机构不动,传动杆1和传动摇臂也不动,补偿调整片就像随动补偿片一样,自动向舵面的反方向偏转,产生气动补偿力矩。

(3)可操纵的水平安定面。可操纵的水平安定面通常设置在飞行中俯仰力矩变化较大的飞机上。例如,有些飞机飞行中重心变化很大,或放下襟翼后机翼压力中心变化很大,飞机的俯仰力矩就可能发生显著变化,单纯靠飞行员操纵升降舵和调整片来保持飞机平衡就非常困难,故采用了可操纵的水平安定面。水平安定面与机体的连接方式与定轴式全动平尾的连接方式相似。

(4)修正片。修正片是一条固定在舵面后缘的型材,作用原理与调整片相似,但不能在飞行中操纵,只能在地面根据前次飞行中发生的不平衡情况,将其扳到适当偏角,来调整飞机的平衡。

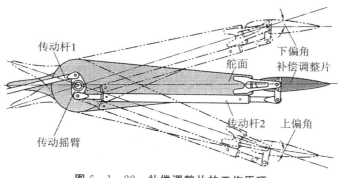

图 6 - 1 - 22 补偿调整片的工作原理

第二节　主操纵系统

现代飞机的主操纵系统多为不可逆的液压助力操纵,本节以超声速飞机为例,介绍不可逆助力方式主操纵系统的组成及传动情况主要附件的功用、基本组成和工作原理。需要指出,飞机不同,有的主舵面(例如方向舵)仍为无助力的人力操纵线系。

一、平尾(或升降舵)操纵系统

(一)基本组成

平尾(或升降舵)操纵系统主要由驾驶杆、液压助力器、载荷感觉器、力臂调节器、调整片效应机构、传动杆、摇臂等组成(见图 6 - 2 - 1),若要使本系统具备自动飞行控制功能,还应设置纵向舵机、自动驾驶仪及其切断开关等自动飞控部附件。

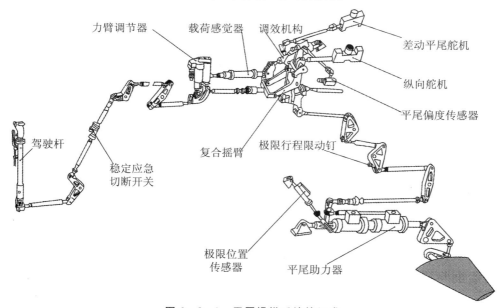

图 6 - 2 - 1 平尾操纵系统的组成

(二)主要附件

1.载荷感觉器

载荷感觉器用来制造适当的杆力,使飞行员从驾驶杆上间接地感受模拟舵面气功载荷的作用和变化,有效改善杆力特性和飞机的操纵性。基本要求是:载荷感觉器施加在驾驶杆上的力,应与舵偏角(或杆位移)分段成正比,当驾驶杆和舵面在中立位置时杆力应为零,同时还应保证在松杆时驾驶杆能自动回到配平位置。

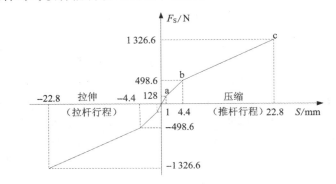

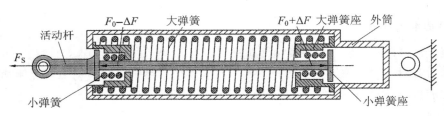

图 6 - 2 - 2 弹簧载荷感觉器的组成及特性

载荷感觉器有弹簧、气压和液压等形式,弹簧载荷感觉器靠一组刚度不同的弹簧来调节杆力梯度,而气压和液压载荷感觉器按飞行速压调节杆力梯度。弹簧载荷感觉器由外筒、大弹簧及大弹簧座、小弹簧及小弹簧座和活动杆组成(见图 6 - 2 - 2),活动杆连接力臂调节器活动臂的上臂,外筒通过摇臂与调整片效应机构相连。当活动杆处于中立位置时活动杆所受外力之和为零。当飞行员操纵驾驶杆使活动杆左右移动时,弹簧变形产生弹力,将使飞行员产生操纵力的感觉。大、小弹簧本身带有一定的预加弹力,安装在大、小两组弹簧座之间。活动杆开始左移时,右边小弹簧进一步压缩而左边小弹簧被放松,活动杆所受的弹簧力为

$$F_s = (F_0 + \Delta F) - (F_0 - \Delta F) = 2\Delta F \qquad (6 - 2 - 1)$$

式中:F_0——小弹簧的预加弹力;

ΔF——一个弹簧变形产生的弹力增量。

活动杆移动一定距离(图 6 - 2 - 2 中为 1 mm)后,右边小弹簧座与大弹簧座相接触。继续使活动杆左移,右边小弹簧不再继续压缩,此时右边大弹簧座左移使大弹簧受到压缩,左

边小弹簧继续放松,活动杆上的力增大,变为大弹簧压缩力增量与小弹簧力变化量之和。左边小弹簧完全放松后,继续使活动杆左移时,活动杆上的力增量就只由大弹簧的压缩力增量决定。由于小弹簧的刚度大于大弹簧,载荷感觉器的杆力特性曲线出现不同的梯度。

从曲线上可以看出,驾驶杆位移越大,弹簧的压缩量越大,作用在驾驶杆上的力就越大,且小位移时杆力梯度大,大位移时杆力梯度小,这样就提供了良好的纵向操纵品质。

2.调整片效应机构

为减小和卸除载荷感觉器制造的杆力(也称感力),减轻飞行员疲劳,线系上设有卸除杆力的装置(对弹簧载荷感觉器而言,就是消除弹簧被压缩的位移)。由于其与无助力时飞行员操纵调整片具有同样的效应,故称之为调整片效应机构,简称调效机构。

调效机构由双向转动的电动机构、叉形件等组成(见图6-2-3),电动机构壳体固定在飞机机体上,叉形件通过摇臂、转轴等与载荷感觉器外筒相连(见图6-2-4)。有的飞机将调效机构与载荷感觉器合为一体,构成了载荷机构。

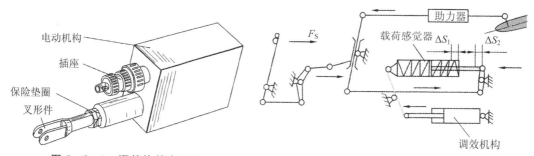

图6-2-3　调整片效应机构　　　　图6-2-4　调效机构工作原理

电动机构将旋转运动转换成叉形件的直线运动,叉形件伸出或缩回驱使载荷感觉器外筒移动,改变了其内弹簧的压缩量。当外筒移动量 ΔS_1 等于弹簧压缩量 ΔS_2 时,作用在杆上的力 F_S 便完全消除,此时飞行员不需用力,就可将驾驶杆和舵面保持在要求的位置上。

通常在驾驶杆上装有调效机构操纵电门,电门的操纵方向与驾驶杆的操纵方向一致。如要卸除带杆力,则向后扳电门,杆力逐渐减小,调整适当后松开电门即可。调效机构在中立位置时,仪表板上相应的中立绿灯亮。

3.力臂调节装置

载荷感觉器能使杆力随驾驶杆行程而变,不变的传动系数能使舵偏角随杆行程而变,非线性机构能使传动系数随舵偏角而变,但均不能反映出飞行速度和高度改变所带来的舵面枢轴力矩的变化,也就是过载的变化。为克服上述缺点,跨声速和超声速飞机在操纵系统中装有力臂调节装置,可根据飞行速度和高度的变化来调节杆力,同时调节传动系数,以保证在不同飞行速度和高度条件下飞行员操纵驾驶杆同样行程后飞机的机动动作大致相同。

(1)力臂调节传动原理。力臂调节装置通过改变力臂调节器的力臂值来满足操纵性要求。如图6-2-5所示,力臂调节器活动臂的下端通过传动杆与平尾相连,上端与载荷感觉器的活动杆相连,活动臂下端接耳中心到转轴中心的距离就是力臂。活动臂伸出到最下位置时称为最大力臂位置(简称大力臂),活动臂缩回到最上位置称为最小力臂位置(简称小力臂)。

从图6-2-5可以看出,驾驶杆移动同样的行程 ΔX,力臂调节器转动同样的角度 $\Delta\theta$,但由于力臂 $r_1 > r_2$ 平尾增加的偏转角 $\Delta\varphi_1 > \Delta\varphi_2$,说明力臂增大后,传动比也增大。反之,则传动比减小。同时在上述条件下,由于 $r_1' < r_2'$,载荷感觉器弹簧的压缩量 $\Delta S_1 < \Delta S_2$,使大力臂时的杆力 F_{S1} 小于小力臂时的杆力 F_{S2}。

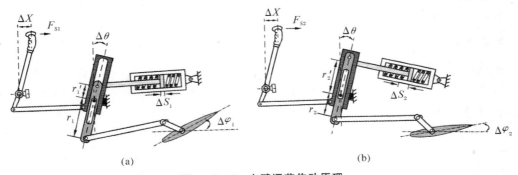

图6-2-5　力臂调节传动原理
(a)大力臂位置;(b)小力臂位置

由此可得出结论:大力臂位置时,平尾偏转角大,杆力小;小力臂位置时,平尾偏转角小,杆力大。

(2)力臂调节装置的组成与工作原理。调节装置由控制箱、力臂调节器、力臂指示器和大力臂信号灯等组成[见图6-2-6(a)]。控制箱装在座舱内,与全静压管相通,根据飞行表速和高度向力臂调节器发出操纵信号,控制其电动机构工作。

力臂调节器由壳体、电动机构和活动臂等组成[见图6-2-6(b)],通过转轴安装在垂尾前部机体结构上。电动机构内部除装有一个双向电动机和活动臂外,还装有回输电位计和大、小力臂的终点电门以及大力臂信号灯接通电门。调节器可根据控制箱送来的操纵信号,使活动臂伸出或缩回,以改变力臂的大小。不同型号的调节器有各自的大力臂和小力臂的臂值。

指示器安装在仪表板上,指示力臂的大小。指示器上刻有表速和高度数字,外刻度是表速,内刻度是飞行高度。不通电时指针指左端圆点,通电后当指针在最左边时,表示大力臂,绿灯亮。表速增大,指针顺时针转动,表示力臂减小;指针在最右边时,表示小力臂。

力臂调节装置有自动和人工两种操纵方式。正常情况下,应将转换电门置于自动位置,调节装置根据飞行高度、速度自动调节力臂;自动状态出现故障时,将转换电门置于手动位置,飞行员通过按压手操纵电门来改变力臂值。"手操纵"电门松开后,电门将自动回中立,力臂则停在操纵后的位置上。

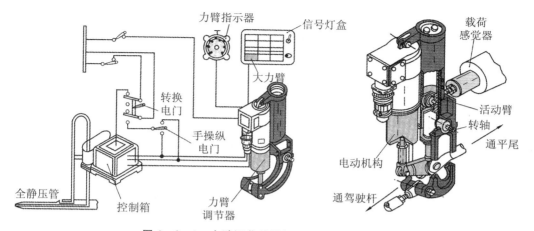

图 6-2-6　力臂调节装置与力臂调节器的组成

(a)力臂调节装置;(b)力臂调节器

(3)调节规律。转换电门在自动位置时,力臂调节装置按预定的调节规律工作。其基本规律是:亚声速飞行时,力臂只根据表速进行调节;超声速飞行时,力臂只根据高度进行调节。某型力臂调节器的调节规律可简化为线性关系(见图 6-2-7,数据仅为说明问题而给出)。

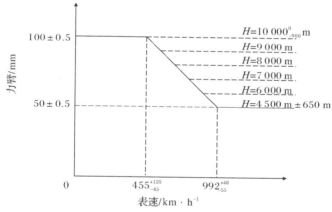

图 6-2-7　某力臂调节器的调节规律

在 0～(4 500±650) m 高度之间,力臂只按表速变化进行调节:$v_表$≤455 km/h,保持大力臂位置不变;455 km/h<$v_表$<992 km/h,表速增大,力臂减小,直至小力臂位置;$v_表$≥992 km/h,保持小力臂位置不变。力臂开始按表速进行调节时的表速称为始调表速(455 km/h),力臂停止按表速进行调节时的表速称为止调表速(992 km/h)。

高度在 4 500～10 000 m 之间时,各高度的始调表速相同,但止调表速随高度的升高而减小。在此高度范围内,力臂有时按表速调节,有时按高度调节。当飞行表速小于所在高度的止调表速时,力臂按表速调节,表速增大力臂减小;当飞行表速大于所在高度的止调表速时,力臂按高度调节,高度升高力臂增大。

高度在 10 000 m 以上时,止调表速与始调表速相等,力臂不再按表速、高度进行调节,保持在大力臂位置不变。

为便于理解,图 6-2-8 将力臂调节器的调节规律划分为三个区域:第一区为大臂区,$v_表 \leqslant 455$ km/h 或高度 $H \geqslant 10\ 000$ m;第二区为小臂区,$v_表 \geqslant 992$ km/h 且 $H \leqslant 4\ 500$ m;第三区为变臂区,范围在前两个区域之间,即图 6-2-8 中阴影线之间的区域。

变臂区中的 AC 线段上各点对应的高度和表速,表示在各个不同的飞行高度下 M 数等于或接近 1 时的表速。AC 线左下方的变臂区 $M<1$,该区域的力臂值只随表速变化,与高度无关;AC 线右上方的变臂区 $M>1$,该区域的力臂值只随高度变化,与表速无关。从图上很容易判明力臂的变化情况,以 B 点(表示中等高度、中等表速、中等力臂值)为例:如果保持飞行高度不变,表速增加时力臂值不变,表速减小时则力臂值增大;如果保持飞行表速不变,高度增加时力臂值增大,高度减小时力臂值不变。

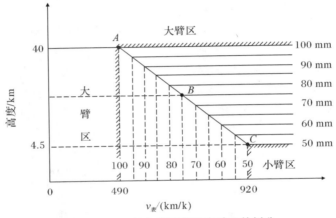

图 6-2-8 某力臂调节器变臂区的划分

(4)力臂指示器。图 6-2-9 为某型力臂位置指示器,用于指示力臂的臂值。力臂位置指示器是以速度和高度为显示的双刻度表,外刻度指示速度,内刻度指示高度;左限动位为大臂位置,右限动位为小臂位置。当表速未超过 455^{+120}_{-45} km/h 时,指针停在左限动位;高度在 $0 \sim (4\ 500 \pm 650)$ m 时,表速在 $(455^{+120}_{-45} \sim 992^{+48}_{-55})$ km/h 范围内变化时,指针按速度变化,表速超过 992^{+48}_{-55} km/h 时,指针停在右限动位;高度在 $(4\ 500 \pm 650) \sim 10\ 000^{0}_{-900}$ m 时,表速在 $(455^{+120}_{-45} \sim 992^{+48}_{-55})$ km/h 范围内变化时,指针在指示到实际飞行高度标记前按速度指示;高度在 $10\ 000^{0}_{-900}$ m 以上时,指针始终停在左限动位。

图 6-2-9 力臂位置指示器

在飞机起降阶段,动压小,需要大力臂,以保证飞机操纵性能。如果力臂调节器故障,会极大地威胁飞机的起降安全。除力臂指示器外,还可通过最大力臂指示信号灯来综合判断。比如,在起飞阶段,力臂应该处于大力臂位置,此时,大力臂指示灯是燃亮的;当增速到始调表速时,力臂开始根据表速向小力臂变化,大力臂指示信号灯应该灭。但需要考虑力臂调节器空速信号的误差,从图中可以看到,(455+120)km/h,也就是表速大于 575 km/h,大力臂信号灯应该灭,不灭,说明故障,大速度,大力臂,飞机操纵将过于灵敏。

在着陆阶段,当减速到表速(455-45)km/h,也就是 410 km/h 时,大力臂指示信号灯应该亮,否则说明故障,小速度,小力臂,飞机操纵效能低,操纵反应迟缓,威胁着陆安全。

总而言之,起飞、着陆前一定要通过力臂调节器指示信号灯检查力臂调节器确实在大力臂位置。

二、副翼操纵系统

副翼操纵系统通常由驾驶杆、拉杆、摇臂、载荷感觉器、调效机构、助力器(或复合舵机)等组成(见图 6-2-10),根据飞机的具体情况,还可能装有稳定应急切断开关、位移传感器、非线性机构、极限位置传感器等与平尾操纵系统相似的其他附件。

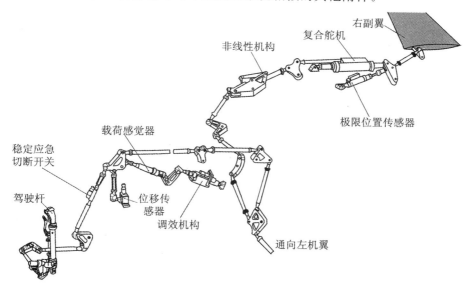

图 6-2-10 副翼操纵系统的组成

稳定应急切断开关用来在飞行员操纵时断开自动驾驶仪的稳定功能。

复合舵机用来承受作用在副翼上的全部气功载荷,是人工操纵和自动驾驶仪横向通道的执行机构。人工操纵时作为助力器使用,自动驾驶仪工作时作为舵机使用,并可综合两者的控制指令去操纵副翼同时完成人工和自动驾驶仪对飞机的控制。

非线性机构用来使副翼操纵系统的传动系数随所需驾驶杆移动行程而变化,以改善系统在整个飞行范围内的操纵品质。驾驶杆偏离中立位置不大时,传动系数较小,可保证低空大速度飞行时横向的精确操纵(即不致过灵);随着驾驶杆偏离中立越远,传动系数增大,还能满足高空飞行(副翼效能降低)时仍有良好的横向操纵特性。

极限位置传感器用来在副翼偏转到极限位置时,断开自动驾驶仪系统,使复合舵机中的舵机部分回中上锁,防止副翼超过最大偏转角。调效机构的作用与平尾操纵系统的类似。

三、方向舵操纵系统

方向舵操纵系统通常由脚蹬、拉杆、摇臂、载荷感觉器、脚蹬中立机构、调效机构、助力器(或复合舵机)等组成(见图 6 - 2 - 11),根据具体情况,还可能装有行程限制开关等与平尾、副翼操纵系统相似的其他附件。

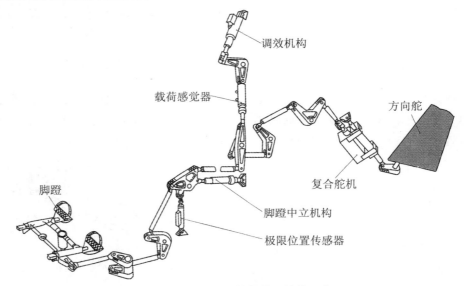

图 6 - 2 - 11 方向舵操纵系统的组成

方向舵用脚蹬操纵,通过电液复合舵机驱动方向舵偏转。舵机承受方向舵上的全部铰链力矩,人工操纵时是不可逆式的液压助力器,自动驾驶仪工作时接受其控制信号,作为舵机使用,通过复合摇臂操纵助力器,实现自动驾驶的航向控制。

为模拟操纵力的感觉,以及消除舵机工作时的反传力对飞行员的不适感觉,系统中安装了受飞行马赫数控制的载荷感觉器。为改善载荷感觉器在中立位置附近的回中特性,还装有脚蹬中立机构。系统也装有调效机构,飞行员可根据需要扳动方向舵调效电门,实现脚蹬力的配平。

为防止人工大位移操纵时可能超过舵面允许的偏转范围而出现碰撞现象,系统装有方向舵行程限制开关,以便在舵面偏转到极限位置前切断舵机的输出,保护操纵系统或结构不致碰撞损坏。

四、差动平尾控制系统

差动平尾控制系统用来在左右压杆操纵副翼偏转的同时依据压杆量来控制左、右平尾差动偏转,以产生与副翼同向的力矩,共同完成飞机的滚转操纵,提高机动性能。

系统不工作时,副翼操纵系统和平尾操纵系统各自独立、互不干扰,它是由副翼操纵系统的前段、平尾操纵系统的后段经差动平尾控制交联而成的一个随动调节系统。

第三节　辅助操纵系统

辅助操纵系统包括襟翼、调整片、减速板、水平安定面等辅助舵面以及舵面锁的操纵,主要用来改善飞机的飞行性能,减轻飞行员的操纵负担。通常通过液压、气压、电动及人力等方式实现,操纵时基本没有位移和力的变化感觉,只有位置指示。系统也由操纵机构和传动机构组成,操纵机构包括手柄、操纵盘、开关、电门等,传动机构除传动轴、万向接头、传动杆、摇臂等构件外还有液压或电动传动装置、作动筒、舵面锁机构、偏转机构等附件,以满足不同的传动需求。

一、调整片操纵系统

调整片操纵系统用来对飞机实施配平操纵,以减小或消除操纵力,减轻飞行员的操纵负担,主要在无助力或助力断开的情况下使用。飞行员按压调整片操纵电门,电动机构带动调整片偏转(见图 6 - 3 - 1),偏转方向与主舵面相反,操纵动作的方向与相应的主操纵方向一致。调整片在中立位置时,中立绿灯亮。

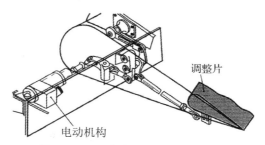

调整片

电动机构

图 6 - 3 - 1　电动式调整片操纵机构

当主操纵系统发生故障时,可单独操纵调整片对飞机姿态进行一定程度的调整。但此时调整片操纵动作的方向与正常配平操纵时相反。

起飞前,飞行员应根据飞机重心等条件,将升降舵调整片预调到起飞性能所要求的位置,以便在飞机抬头离地时的操纵杆力适当。对于某些螺旋桨飞机,为克服螺旋桨滑流、进动和反作用力的综合影响而产生的偏航力矩,起飞前还需将方向舵调整片预调一定角度。

二、襟翼与缝翼操纵系统

襟翼与缝翼操纵系统分别用来操纵襟翼、缝翼的放下和收上,通常为单独操纵,有的飞机襟翼或缝翼可根据飞行速度和姿态变化而自动工作。一并装有襟翼和缝翼的飞机,二者的收放操纵通常是同步的。飞机不同襟缝翼收放的形式、角度、时机、收放动力和操纵执行附件等均不相同,少数飞机用电动机构或电动马达驱动,多数飞机用液压驱动且有备份能源,以作动筒(或伺服作动器、伺服舵机)和螺旋作动筒为执行附件,收放到位控制及信号由微动电门、伺服机构等给出。

(一)后退开缝式襟翼收放系统

1.基本组成

典型的后退开缝式襟翼收放系统由电磁阀、等量协调阀、作动筒、液压锁、两用阀、残油分离阀、应急放电门和操纵盒等组成(见图6-3-2),操纵盒有收上、起飞、着陆和恢复按钮,按钮旁有表示襟翼到位的信号灯。

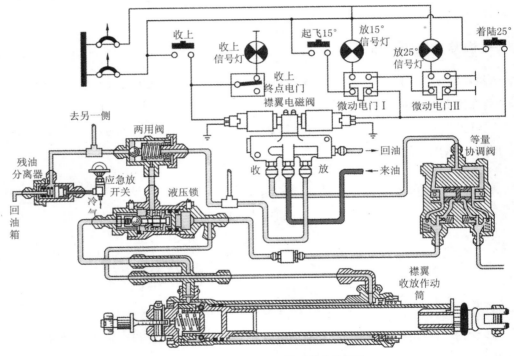

图 6-3-2 后退开缝式襟翼的收放管路

2.控制工作

放襟翼:按下起飞按钮,电磁阀右侧的电磁铁通电,来油从放下接头流出,经两用阀、液压锁进入收放作动筒的放下腔先打开钢珠锁然后将襟翼放下。作动筒另一腔的油液经液压锁、等量协调阀和电磁阀回油。当襟翼放到15°位置时,15°作动电门自动断开电磁阀电路,断开来油,襟翼靠液压锁保持在15°位置。如果按下着陆按钮,则襟翼将一直放到25°位置,靠油压力和液压锁使襟翼保持在25°位置。

收襟翼：电磁阀左侧的电磁铁通电，来油从电磁阀的收上接头流出，经等量协调阀和液压锁进入作动筒收上腔，将襟翼收上，并使作动筒内的钢珠锁上锁。襟翼收上后，按下恢复按钮，收上按钮弹起，电磁阀断电。

飞机着陆时，若液压操纵失效，可利用冷气将襟翼应急放到 25°位置。

有的飞机采用了机动襟翼放下角度可随表速而自动变化。

(二)前、后缘机动襟翼收放系统

有的战斗机机翼装有前缘机动襟翼和后缘机动襟翼，以提高空中机动能力，分别由伺服作动筒控制，有自动控制和人工操纵两种模式。典型的前、后机动襟翼操纵系统由电磁阀、襟翼伺服作动器等组成。

1.自动控制

大气数据计算机提供系统所需的飞前襟伺服作动器行参数，转换成电信号送给襟翼伺服作动器，按预定的调节规律实现对机动襟翼的自动操纵。襟翼放下角度随迎角 α 和飞行马赫数而变化。前缘襟翼的放下角度为 0°～25°，后缘襟翼的放下角度为 0°～10°。当速度增大到 $Ma > 1.0$ 或 $v_{表} > 965$ km/h 时，前、后缘襟翼收上，并退出自动工作状态。当速度减小到 $Ma \leqslant 0.98$ 或与 $v_{表} \leqslant 950$ km/h，前、后缘襟翼又恢复为自动工作状态。当后缘襟翼控制系统出现故障时，后缘襟翼故障灯亮，并自动收上后缘襟翼；当前缘襟翼控制系统出现故障时，前缘襟翼故障灯亮，并自动收上前、后缘襟翼。机动襟翼的收放管路如图 6 - 3 - 3 所示。

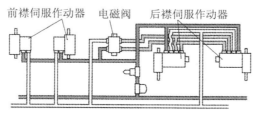

前襟伺服作动器　　电磁阀　　后襟伺服作动器

图 6 - 3 - 3　机动襟翼的收放管路

2.人工操纵

襟翼受座舱内的前缘襟翼操纵电门、前缘襟翼应急放电门和后缘襟翼操纵手柄控制。飞行员扳动襟翼操纵电门、操纵手柄分别操纵前缘襟翼、后缘襟翼的收放，放下角度均为 25°。起飞和着陆时，前缘襟翼应收上，后缘襟翼应放下 25°。

前缘襟翼操纵电门有自动和收上位置前缘襟翼应急放电门有正常和应急放下位置。当将应急放电门置于正常位置、操纵电门置于收上位置时，前缘襟翼收上，同时收上灯亮；当操纵电门置于自动位置时，前缘襟翼受大气数据计算机输出信号控制，其放下角度随飞行马赫数和迎角而变化。当将应急放电门置于应急放下位置时,不论操纵电门在任何位置,前缘襟翼都放下到 25°。

后缘襟翼手柄有收上、自动和放下位置。当将手柄置于收上位置时,后缘襟翼收上,收上灯亮;将手柄置于放下位置时,后缘襟翼放下 25°,放下灯亮;将手柄置于自动位置时,后缘襟翼受大气数据计算机输出信号的控制,其放下角度随飞行马赫数和迎角而变化。

(三)前缘襟翼和襟副翼收放系统

1.前缘襟翼收放系统

前缘襟翼收放系统由舵机、分配机构、液压作动筒和双向节流阀等组成(见图 6-3-4),从飞行控制计算机来的操纵电信号输送给舵机,舵机输出机械位移给分配机构,分配机构改变油路,使前缘襟翼作动筒活塞杆伸出,驱动前缘襟翼同步偏转。

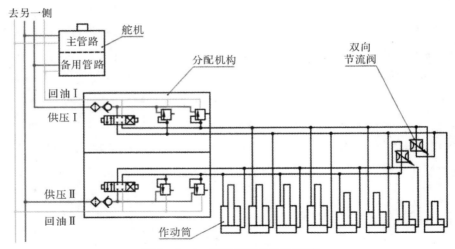

图 6-3-4 前缘襟翼的收放系统

舵机受电门控制。将电门置于自动位置时若起落架放下则前缘襟翼向下放出规定角度(例如 23°),若起落架收上则前缘襟翼收上,此后根据迎角 α 和马赫数的变化,前缘襟翼自动在 0°～30°。变化当 $Ma>1.05$ 时无论迎角大小前缘襟翼均收上。将电门置于人工收上或放下位置时,无论迎角大小和起落架状态如何,前缘襟翼均收上或放出(例如 30°)。

2.襟副翼收放系统

典型的襟副翼操纵系统由减压器、舵机、分配机构、节流阀、作动筒等组成(见图 6-3-5),有自动控制和人工操纵两种模式。

电门置于自动控制位置时,由飞控计算机输出信号给舵机,舵机控制分配机构下作舵机控制分配机构工作。驾驶杆可操纵襟副翼在某一角度范围内(例如±1°)差动偏转。飞机大迎角机动飞行时,计算机控制可使左、右襟副翼同步下偏某一角度(例如 5°),以增加升力。

电门置于人工操纵位置时,电动机构输出机械位移使分配机构工作,液压使作动筒活塞杆伸出,两侧襟副翼同步下偏某一角度(例如 18°)。

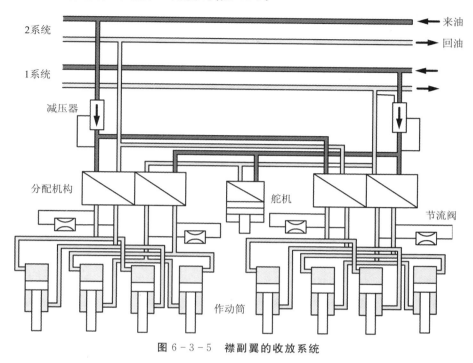

图 6-3-5　襟副翼的收放系统

(四)主要附件

襟翼电磁阀用来控制襟翼收放油路,常用的有两位三通、三位四通电磁阀。等量协调阀用来等量分配通向左、右襟翼的油液流量,使襟翼收放速度一致,保持同步收放,又称分流阀。襟翼伺服作动器用来控制襟翼的收放角度,一般由多个附件组合而成,也称为襟翼电液伺服舵机,前缘和后缘襟翼使用各自的伺服作动器,组成和工作原理相似。

三、扰流板与减速板操纵系统

(一)扰流板操纵系统

扰流板操纵系统用来操纵扰流板偏转,多采用液压助力方式。扰流板通常设置在中、大型飞机后缘襟翼之前的机翼上翼面两边对称布置。扰流板一般有三种工作状态:减速状态,飞行中需要快速下降高度、着陆滑跑及中断起飞等情况时使用,左右扰流板同时偏转;副翼状态,一侧副翼上偏时,同侧的扰流板随之上转,而另一侧扰流板不动,以提高横向操纵效能;混合状态,同时具有减速和副翼功能。有的扰流板还用来削弱机翼的突风载荷。

1.基本组成

典型系统由操纵手柄、传动和反馈附件等组成,每对扰流板由 1 个液压助力器带动。助力器由分配机构、反馈拉杆和 2 个收放作动筒组成,每个分配机构操纵 2 个作动筒,带动 1 对扰流板收放(见图 6-3-6)。操纵手柄通常安装在中央操纵台上。

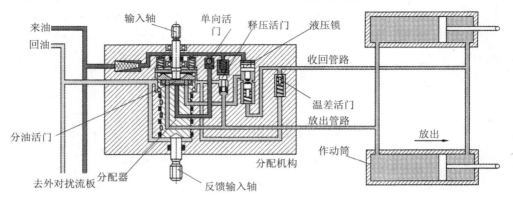

图 6-3-6　内对扰流板的收放系统

分配机构用来分配去往 2 个作动筒的油液流量由分配器、液压锁、温差活门、释压活门、油滤和单向活门等组成分配器由分油活门、支撑环、分配器和反馈输入轴等组成。手柄带动输入轴使分油活门转动扰流板的偏转量经反馈拉杆带动分配器相对分油活门转动。液压锁用于无来油时封闭作动筒收回腔的油液温差活门用来释放由于油温升高导致升压的收回腔油液,释压活门用来释放因来油压力偏高时产生的回油阻力。

2.传动工作

不操纵手柄时,来油经油滤后作用在液压锁柱塞上,打开液压锁,同时经单向活门去往分油活门。当分油活门在中立位置时,来油不能去往作动筒,作动筒也不回油,作动筒活塞杆静止不动。

前推手柄时,传动机构带动分配机构输入轴转动,使分油活门相对分配器顺时针转动,形成一对对称分布的工作孔,来油进入放出腔,推作动筒活塞杆伸出,带动扰流板放出,收回腔经液压锁与回油相通,活塞杆的移动速度随分油活门工作孔的开度而变化。扰流板放出的同时,反馈机构开始工作,反馈信号经反馈拉杆传动,带动反馈输入轴转动,以遮盖工作孔的方式转动分配器。如果分油活门停在给定位置则分配器关闭来油和回油路,扰流板就停在给定的放出角度上。后拉手柄时,扰流板收回。

转动驾驶盘时,经传动机构带动,上偏副翼一侧的扰流板跟随向上偏转,另一侧的不动。助力器工作与上述相似。扰流板的工作状态由座舱内的信号装置和指示器显示。

(二)减速板操纵系统

减速板操纵系统用来操纵减速板朝向机身外侧偏转。减速板通常设置在战斗机上,位置各不相同。减速板多为电控液压直接操纵,采用电磁阀控制。电磁阀断电时,来油通收上管路,减速板靠作动筒来油保持在收土位置;电磁阀通电时,来油通放下管路,减速板迅速放出。

四、水平安定面操纵系统

水平安定面操纵系统是中、大型飞机特有的一种操纵系统,操纵动力可来自于人力、电动或液压,一般要借助螺旋作动筒机构,由飞行员操纵驾驶盘上的电门进行控制(有的飞机为中央操纵台上的手柄)。鼓轮、电机或液压马达带动螺旋作动筒工作,将螺帽的转动转为螺杆的上下移动,驱动水平安定面绕其转轴偏转,具体位置由俯仰配平指示器显示。

起飞前,应根据飞机的载重和平衡情况完成水平安定面的配平,水平安定面必须调到起飞位置,以保证起飞过程中的纵向操纵。

本 章 小 结

本章主要介绍飞机飞行操纵系统的相关知识。飞机操纵系统是飞机的重要组成部分之一,它的工作性能直接影响着飞机飞行性能的发挥以及飞行的安全。飞行操纵系统主要由主操纵系统和辅助操纵系统两部分组成,主操纵系统用来操纵飞机的副翼、平尾、方向舵,辅助操纵系统用来操纵襟翼、调整片、减速板等。随着技术的不断发展,飞行操纵系统从最初的简单机械操纵发展到了现在广泛使用的电传操纵。

同时调节传动系数,以保证在不同飞行速度和高度条件下飞行员操纵驾驶杆同样行程后飞机的机动动作大致相同。

▶拓展阅读

七秒钟的惊天一搏

2005 年 5 月 20 日,是一个天朗气清的好天气。李中华作为带飞教员,与试飞员梁剑锋共同驾驶三轴变稳飞机进行试飞。

就在准备着陆时,突然,机载变稳系统发出告警,告警红灯骤然亮起!紧接着,飞机猛向左滚转,瞬间大侧滑进入"倒扣"状态,向地面急速坠落。此时,飞机时速 270 km,高度仅有500 m,飞机左右摇摆着急速下坠,气流声、呼啸声格外刺耳,座舱里尘埃弥漫,各种杂物漂浮眼前,座舱外麦田、河沟、村庄迎面扑来,几乎已经近在眼前。跳伞逃生已无可能,眼看就要机毁人亡。

前舱试飞员梁剑锋喊了声"飞机不行了"。此时,后舱传来李中华镇定的声音:"别动,我来!"蹬舵、压杆,飞机毫无反应;按下操纵杆上的紧急按钮,还是毫无反应。告警灯仍在不停闪烁,巨大的过载把两人身体紧紧压向机舱一侧,李中华的大脑依旧在高速思考。灵感,在生死须臾间突然乍现!意识到问题可能出在变稳计算机上,李中华抬手一把将右侧 3 个控制电门全部关闭!这一关,飞机在距离地面仅 200 m 时,终于停止了摇摆,并立即响应了操纵。李中华毫不迟疑,迅速操纵将倒扣的飞机翻转过来,同事猛加油门,飞机然拉起,昂头冲上天空,冲出了死亡线!

七秒钟!从遇险到脱险,复杂的一系列操作,只有短短七秒钟。李中华这惊天一搏,不仅挽救了两名优秀试飞员宝贵的生命,也挽救了全国仅此一架的"国宝"级的三轴变稳飞机,保住了几十年来上万名科研人员智慧和心血的结晶。

在李中华的试飞生涯中,驾驶过歼击机、歼击轰炸机、运输机 3 个机种共 26 种机型,遭遇过 15 次空中重大险情、5 次空中特大险情,都被他奇迹般地一次次化险为夷,从东北到西北再到西南,李中华在祖国上空留下的一道道美丽弧线,是一场场酣畅淋漓的生命试飞。

2017 年 7 月 28 日,中央军委颁授"八一勋章"仪式在北京八一大楼隆重举行。习近平主席亲自为李中华和其他九位代表佩戴勋章、颁发证书,同他们亲切握手、合影留念。

"李中华同志是挑战极限、勇争第一的试飞英雄。"这句简短的颁奖词,是对李中华试飞生涯的高度概括和赞扬,也是对全体试飞员的肯定和鼓舞。

思 考 题

1.在不可逆助力操纵系统中,助力器、载荷感觉器、调效机构和力臂调节器之间存在什么样的关系?

2.归纳力臂调节器的工作原理及调节规律。

3.如何从飞行使用角度理解电传操纵系统的余度和控制律?

4.试归纳简单机械操纵、助力操纵、增稳与控制增稳、电传操纵系统在杆力、舵面偏转控制信号和舵面驱动力方面的差别。

5.根据飞行操纵系统的功用、组成和基本工作原理,以思维导图、流程图或框图形式,归纳出飞行操纵系统知识点的脉络。

第七章 燃油系统

▶学习重点

(1)航空燃油的种类,燃油系统的功用。

(2)油箱分组及耗油顺序。

(3)燃油系统的增压与通气。

(4)油量测量与指示。

▶关键词

燃油系统 fuel system   燃油箱 fuel tank

输油系统 fuel transfer system   燃油增压泵 fuel boost pump

空中加油系统 flight refuel system 软油箱 bag tank

燃油系统在组成和工作原理方面与飞机上其他液体系统有不少共同点。但飞行中燃油大量消耗,因此,燃油供给系统又有其自身的特点。比如油箱数目多,输入管路和通气管路的连接比较复杂等等。飞机的燃油系统通常由配置在机体上的燃油系统(也称燃油供给系统、低压燃油系统)和安装在发动机(含辅助动力装置)本体上的燃油调节系统(也称高压燃油系统)这两大部分组成,二者共同工作。

第一节 燃油系统概述

一、航空燃油

航空燃油分为两大类:航空汽油(Aviation Gasoline,Avgas),用于往复式发动机的飞机上;航空煤油(Jet Fuel),用于喷气发动机的飞机上。

(一)航空汽油

航空汽油主要用于活塞式航空发动机。它蒸发性能好、易燃、性质稳定、结晶点低和不腐蚀发动机零件。

航空汽油是石油的直馏产品和二次加工产品与各种添加剂混合而成的。其主要性能指标是辛烷值和品度值。航空汽油的辛烷值是指与这种汽油的抗爆性相当的标准燃料中所含异辛烷的百分数。这种标准燃料由异辛烷和正庚烷混合液组成。它表示航空汽油的抗爆性能,即在发动机中正常燃烧(无爆震)的能力。对辛烷值的要求依发动机的特点而异,主要取决于压缩比,压缩比越大,辛烷值应当越高。为提高辛烷值,可往汽油中加入含有抗爆剂(如四乙基铅)的乙基液。品度值指的是以富油混合气工作时发出的最大功率(超过这一功率便出现爆震)与工业异辛烷所发出的最大功率之比,用百分数表示。

常用汽油牌号为 75 号和 95 号,75 号为无铅汽油,主要用于无压气机的活塞发动机,95号主要用于有压气机的大型活塞发动机。

(二)航空煤油

空气喷气发动机广泛使用的石油烃燃料,根据沸点范围不同分为三类:①宽馏分型(沸点范围 60～280℃);②煤油型(沸点范围 150～280℃),高闪点航空煤油的初沸点可提高到175℃;③重馏分型(沸点范围 195～315℃)。通常使用的是第二类,故称之为航空煤油。

航空煤油比汽油具有更大的热值,价格低,使用安全,适用于航空燃气涡轮发动机和冲压发动机。用于超声速飞行的煤油还应有低的饱和蒸气压和良好的热安定性。因煤油不易蒸发,燃点较高,燃气涡轮发动机起动时多用汽油。航空煤油的组成一般有下列规定:芳香烃含量在 20% 以下(其中双环芳烃含量不超过 3%),烯烃含量在 2% 以下,正构烷烃含量用燃油结晶点不高于 −60℃ 来限制。航空燃油中还加有多种添加剂,用以改善燃油的某些使用性能。常用航空煤油牌号有 RP-1、RP-2、RP-3 和 RP-5 等,舰载机在舰基使用时一般加注闪点较高的 RP-5 航空煤油。

二、燃油系统的组成

燃油系统用来储存燃油,在所有飞行状态和工作条件下,按一定顺序向发动机连续供给规定压力和流量的燃油,有的还具备冷却机上其他设备(或系统)和保持飞机重心于规定范围内等特殊功能,故分为储存燃油、向发动机供油、冷却及平衡等部分(见图 7-1-1)。

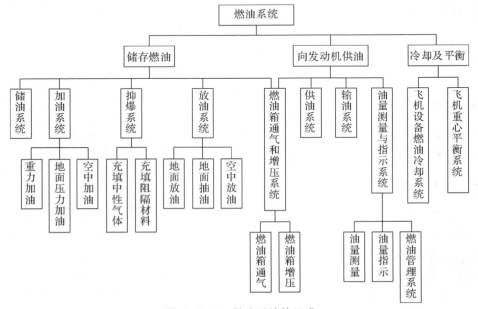

图 7-1-1　燃油系统的组成

为方便使用,习惯上将燃油系统划分为储油系统、输油与供油系统、增压与通气系统、加油与放油系统、油量测量与信号指示系统等。在现代飞机上,输油控制、油量测量、信号指示等功能已集成到燃油管理系统中。

三、燃油系统的主要功用

飞机燃油系统主要用于以下用途:一是存储燃油,飞机油箱中存储着飞机完成飞行任务所需的全部燃油,包括紧急复飞和着陆后的备用燃油。二是可靠供油,飞机燃油系统应在各种规定的飞行状态和工作条件下保证安全可靠地将燃油供向发动机。三是调节重心。通过燃油系统,可调整飞机横向和纵向重心位置,横向重心调整可保持飞机平衡,减小机翼机构受力,纵向重心调整可减小飞机平尾配平角度,减小配平阻力,降低燃油消耗。四是作为冷却介质。燃油可作为冷却液压油和其他附件的介质。

第二节　储　油　系　统

储油系统用来储存发动机(含辅助动力装置)工作所需的燃油,主要指燃油箱。

一、油箱布置

为有效扩大飞机的飞行范围,燃油系统的配置应灵活,例如增装各种合适的附加油箱,或者具有空中受油能力,以提高飞机执行不同飞行任务的耐受性。

飞机的用途决定了燃油系统油箱的布置方案,战斗机油箱通常设置在机翼和机身中部,图7-2-1给出了战斗机燃油箱的配置情况,燃油储存在机翼及机身油箱内。战斗机一般还配备了外挂油箱。运输机油箱一般都设置在机翼中,为了增大航程也有机型在机身下部布置油箱。为了尽可能多地装载燃油,现代飞机油箱的设置更加灵活,甚至将平尾、垂尾、尾鳍、副翼和进气道的外墙都利用起来,作为油箱使用。

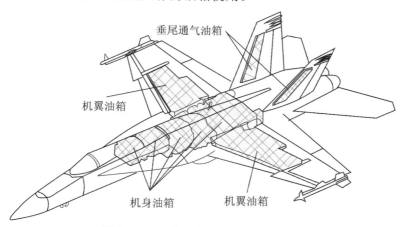

图 7-2-1　典型战斗机燃油箱的配置

二、油箱分组

为保证飞机的重心变化符合规定同时达到耗油顺序简单、输油控制附件少、飞行姿态变化时输油口不会露出油面的目的,通常将临近的几个油箱连通起来构成油箱组,各组油箱(含组内油箱)燃油按预定顺序供给发动机。

燃油箱通常分成若干组。战斗机油箱分为机身前组、主组、机身后组、机翼油箱组、副油箱组等;双发及多发飞机的油箱通常按发动机数量分组,每个油箱组的燃油都针对指定的发动机,不会因其与某台发动机更近而改变供油规则。各油箱组中通常有一个油箱是供油箱(又称消耗油箱),本油箱组的燃油均需经供油箱再去往对应的发动机,保证实现不间断的供油。除副油箱组外,油箱组之间、组内油箱之间均用导管连通,故每组油箱可视为一个大油箱,有效地简化了用油顺序。

燃油系统的总储油量是每个油箱(组)油量之和,各油箱(组)的油量可能不同,受最大起飞重量等因素的限制,同一飞机执行不同任务时的载油量也可能不同。

以某型战斗机飞机为例说明,机身油箱分成3组:第一组油箱包括1油箱和2油箱连通管以上部分,在1油箱下部装有1油泵;第二组油箱包括2油箱连通管以下部分、2A油箱及3油箱在3号油箱下部装有2油泵;第三组油箱包括4、5、6油箱,在4油箱下部装有3油泵。副油箱和机翼油箱分别为四组和五组。

三、油箱类型

燃油主要储存在两类油箱中,一类是软织物膜或橡胶类的软油箱,另一类是利用飞机结构制成的整体结构油箱。

(一)软油箱

软油箱的强度和刚度取决于放置该油箱的飞机结构情况,因造型方便、密封可靠、重量轻、便于安装,广泛用于机身油箱。油箱内装有硬铝材料制成的支撑框,以维持油箱形状,油箱壁由内层耐油橡胶和外层涂胶帆布胶合硫化而成,并装有用于连接附件的各种橡胶结合盘。一个油箱组上通常装有重力加油口、油量表传感器、压力加油开关、浮子活门、燃油泵和放油开关等附件(见图7-2-2)。

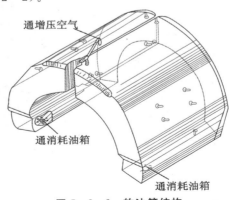

图7-2-2 软油箱结构

（二）整体结构油箱

整体结构油箱本身就是飞机承力结构的一部分,利用机身、机翼或尾翼的结构元件直接制成,例如机翼油箱由机翼前、中或后梁壁与两侧翼肋壁分隔成的机翼翼箱的内部空间形成(见图7-2-3),并做了防腐蚀和胶密封处理。

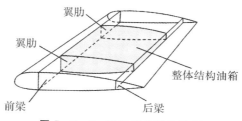

图7-2-3　机翼整体结构油箱

目前,部分飞机的机翼和机身油箱仍在使用硬油箱,通常用防腐能力较强的铝锰合金板件冲压焊接而成,其内的隔板用来增大油箱的强度和刚度,并减弱油液晃动,硬油箱上也装有重力加油口、油量表传感器、压力加油开关、浮子活门、燃油泵、放油开关和组合阀等附件。实际上,整体结构油箱也可看作是一种特殊的硬油箱。

（三）倒飞油箱

为了保证飞机在倒飞和负过载飞行时的正常供油,战斗机的供油箱底部一般单独装有倒飞油箱(又称倒飞装置),也有的飞机设置单独的蓄压机来保证负过载飞行时的供油。

倒飞油箱一般由壳体、倒飞活门、重锤和板形单向阀等组成(见图7-2-4),供油箱的增压泵装在倒飞活门内。正过载飞行时重锤将倒飞活门打开,燃油经板形单向阀进入倒飞油箱,再从倒飞活门下端的开口处流入增压泵而去往发动机。飞机产生负过载时,重锤将倒飞活门关闭,燃油从活门另一端进入增压泵,保证增压泵继续向发动机供油。

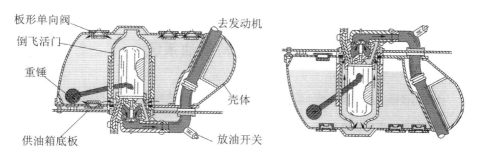

图7-2-4　倒飞油箱的组成与工作原理

(a)正飞；(b)倒飞

（四）外挂油箱

按挂点位置,外挂油箱有机身、翼下和翼尖三种。机身和翼下外挂油箱有不可投放油箱和可投放油箱,与飞机外形一体化设计的固定式外挂油箱称为保形油箱(见图7-2-5),可投放的外挂油箱称为副油箱,广泛应用在作战飞机上。机身副油箱常通过挂架悬挂在机身通用挂梁上,机翼副油箱则吊挂在机翼挂梁上,进入战斗空域前抛掉。

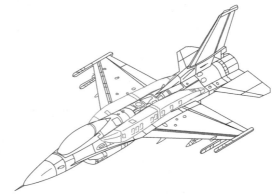

图7-2-5 保形油箱

典型的机身副油箱由前段、中段、后段和尾段组成(见图7-2-6),前、后段通过对接圈与中段相连,或者与中段焊接在一起。前、后段下部各有一个放油塞。

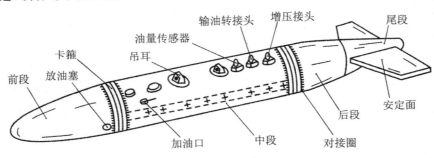

图7-2-6 机身副油箱的组成

第三节 输油与供油系统

为了保证发动机能够持续可靠得到燃油供给,并且燃油消耗过程中飞机的中心不发生大的变化,输油与供油系统用来将燃油箱内的燃油按一定顺序输送到供油箱,再向发动机供油。

一、耗油顺序

现代飞机燃油系统的油箱很多,往往难以将它们都装在飞机重心附近。这一点对于高速的飞机尤为突出。因为高速飞机机翼的厚弦比较小,大部分油箱只能安装在机身内,有时不得不把若干油箱配置在机身上距飞机重心较远的部位。为了在燃油消耗的过程中,使飞机重心的移动量不致过大,各类飞机都根据其重心的允许活动范围,规定了一定的用油顺序。

为减少飞行员的工作量,并最大限度地减小飞行中燃油管理的风险,燃油的转输和消耗一般采用自动或半自动的控制方式。单座飞机通常不需要飞行员对输油顺序、飞机重心和燃油泵工作采取任何的操作动作,有两名以上飞行员或空中机械师的飞机可采用半自动化系统,允许在必要条件下对输油顺序、燃油泵工作、交叉供油进行操作。

一般遵循以下原则耗油:同时或交替消耗近似对称布置油箱的燃油;耗油过程中飞机重心变化应在规定范围内;军用飞机应先消耗外挂油箱的燃油,并提前消耗机翼油箱的燃油(专用于机翼卸载作用的除外);优先消耗强烈受热油箱、远离飞机重心油箱的燃油。

以某型战斗机飞机为例,说明耗油顺序,如图7-3-1所示。

(1)机身各油箱消耗部分燃油后,第一组油箱通向3油箱的输油阀打开输油。

(2)第一组油箱在消耗部分燃油后(此时机身油箱总共消耗50 L油),副油箱通向2油箱的输油阀打开输油。

(3)先用完副油箱后舱的燃油,再用完前舱燃油。

(4)继续消耗第一组油箱的燃油50 L,然后用完机翼后油箱的燃油,再用完机翼前油箱的燃油。

(5)将第一组油箱的燃油全部用完。

(6)继续消耗3、4、5、6油箱一部分燃油后,第三组油箱输油阀打开,用完3组油箱的燃油。

(7)最后消耗第二组油箱的燃油。

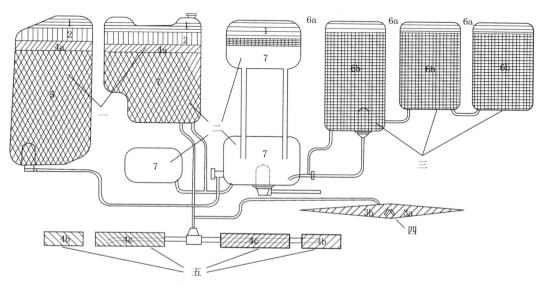

图7-3-1　某型战斗机耗油顺序图

二、供油方式

向发动机供油的方式取决于飞机的技术战术要求,与机上油箱数量及安装位置、发动机数量及安装位置密切相关。

在机动性较好的飞机上,通常分别将各油箱与一个装在发动机附近的油箱串联起来,并按一定顺序将各油箱中的燃油输入这个油箱,然后再从该油箱将燃油输往发动机。这个直接与发动机接通的油箱,叫作消耗油箱。由于消耗油箱向发动机供油的管路较短,因此,当飞机作特技飞行时,燃油的惯性压力对输油的影响较小。采用这种方式供油,燃油在管路中的压力损失也较小,有利于提高发动机燃油泵的进口油压。

整个系统只需要在消耗油箱中装设保证特技飞行供油的设备。这种形式的输油管路(见图7-3-2)中间为消耗油箱,后油箱直接与消耗油箱串联,两个副油箱是并联以后再与消耗油箱串联的。副油箱输油管路中的单向阀,用来防止飞机倾斜时两个副油箱内的燃油互相串流,以及防止消耗油箱内的燃油倒流。

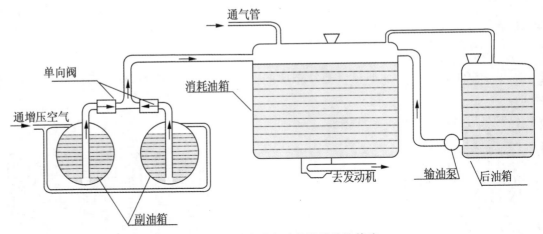

图 7 - 3 - 2 装有消耗油箱的供输油管路

通过对油箱进行通气增压以及发动机安装位置低于油箱等方式,来有效提高燃油的转输及供油的可靠性,有的飞机则具有靠燃油自重向发动机供油的能力。

三、组成与主要附件

系统一般由燃油泵、引射泵、单向阀、燃油滤、防火开关、连通开关、浮子活门、油量表传感器、耗量表传感器、压力信号器、输油管路、控制设备等组成,图7-3-3给出了单发飞机的燃油系统。

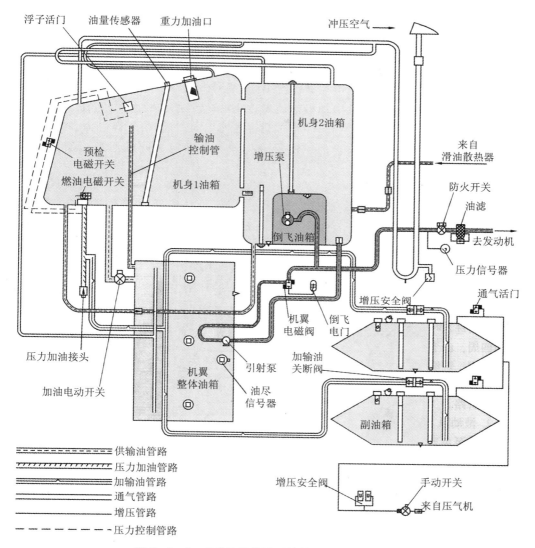

浮子活门　油量传感器　重力加油口　冲压空气

预检
电磁开关

燃油电磁开关

机身1油箱

输油
控制管

机身2油箱

增压泵

倒飞油箱

来自
滑油散热器

防火开关

油滤

去发动机

压力信号器

增压安全阀

通气活门

压力加油接头

加油电动开关

机翼
整体油箱

引射泵

油尽
信号器

机翼
电磁阀

倒飞
电门

加输油
关断阀

副油箱

增压安全阀

手动开关

来自压气机

供输油管路
压力加油管路
加输油管路
通气管路
增压管路
压力控制管路

图 7-3-3　单发飞机燃油系统的组成与工作原理

(一)燃油泵

　　燃油泵用来将燃油增压后输往供油箱或供给发动机,沉浸在燃油中工作。向供油箱转输燃油的泵称为输油泵,直接向发动机供油的泵称为增压泵。增压泵又被称为低压泵,经其增压后的燃油对发动机燃油调节系统的高压泵提供一定的进口压力。除非在设计上能够依靠重力使燃油由供油箱流入发动机,否则供油箱中都要设置增压泵,以避免出现燃油供给不足。

　　按结构形式,燃油泵有叶轮泵(例如电动泵、气动涡轮泵、液动涡轮泵、液压马达泵)、容积泵(与液压泵结构相似)和引射泵等,这里只简要介绍电动泵、液动泵和引射泵。

1.电动泵

电动泵安装在各供油箱内或供油管路中,一般为离心式,同类型泵的内部构造相似,但供油压力和流量不同。交流电动泵的使用比较广泛,只在主电源为直流电的飞机上使用直流电动泵,直流电动泵也常用作起动燃油泵或应急燃油泵。

电动叶轮泵一般由扇轮、离心叶轮、导向器、进油滤网和直流电动机等组成(见图7-3-4),泵的外壳和导向器构成工作腔。电动机带动离心叶轮旋转,燃油经滤网和壳体内的油路,再经过导向器形成的油路进入叶轮内。叶轮转动将燃油甩向四周,由于离心力和叶轮通道扩压器的作用,燃油被增压。增压后的燃油沿着壳体与电动机之间的通道流出,进入供油管路。

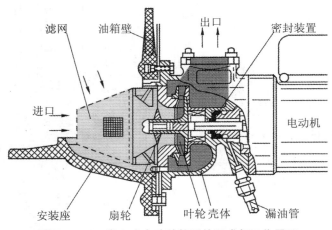

图7-3-4 离心式电动叶轮泵的组成与工作原理

2.液动泵

液动泵主要用在燃油温度高的高速飞机上,泵的重量轻、体积小、耐高温,可用液压马达或液动涡轮驱动。为合理利用电源和液压源,或降低某一能源出现故障对燃油系统工作的影响大型飞机可同时采用交流电动泵和液动泵、交流电动泵和直流电动泵等组合形式。

3.引射泵

引射泵用来将输油箱内(或底部)的燃油引射至供油箱内,一般装在输油箱内的最低部位,又称喷射泵、引射器。引射泵按文氏管原理工作(见图7-3-5),动力来源是增压泵输出的高压燃油。高压燃油从收敛的喷嘴高速喷出时,被引射的燃油面与喷嘴出口间形成压力差,输油箱燃油被吸入,二者混合在一起,输往供油箱。

与其他类型泵相比,引射泵的优势在于本身无需独立的动力源或控制电路,而且工作相当可靠。

(1)燃油滤。燃油滤用来滤除燃油系统中的机械杂质及其他污染物按过滤精度有粗、细两种。粗油滤和旁通阀装在增压泵的入口处,可保证在油滤堵塞和泵故障的情况下,燃油仍然能够顺利流入发动机。有的燃油滤与燃油放油(或沉淀)开关组合成为一个附件。

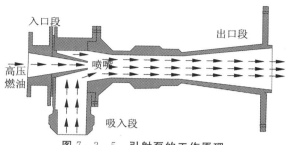

图 7 - 3 - 5　引射泵的工作原理

（2）防火开关。防火开关用来在空中发动机失火或地面维护时断开向发动机的供油，又称燃油关断开关、断油开关，装在每台发动机的供油管路上，相应的控制电门和指示灯装在驾驶舱内。

（3）连通开关。连通开关用来连通各台发动机或各油箱组之间的供油管路，以消除某种原因造成的油量消耗不平衡现象，或实施联合供油，控制电门和指示灯也装在驾驶舱内。飞行中出现两侧发动机或机翼油量不平衡时，打开连通开关，待信号灯亮后，关闭一侧油路的增压泵。机动飞行或出现强烈颠簸时，即使连通开关打开也不允许关闭某一侧的燃油泵。

（4）传感器。燃油系统中装有各种压力、温度等传感器。压力传感器一般装在靠近发动机燃油进口和油泵出口处，分别用来感受发动机燃油进口和油泵出口的油压，发出指示信号。温度传感器一般装在靠近发动机燃油进口处，用来感受燃油进口温度。其他类型传感器还有各种油量表传感器、耗量表传感器、压力信号器、油面传感信号器等，用来控制输油及输油管理系统的工作。

（5）输油管理系统。输油管理系统用来在地面和飞行状态下，按一定控制顺序将燃油输往供油箱和发动机，是现代飞机燃油管理系统的重要组成部分。典型的燃油管理系统包含了输油管理与油量测量系统的绝大部分组成附件。

油箱内布置有油量传感器、补偿传感器、油面信号器等元件，可测出相对应的油箱油量，进而发出控制指令，接通或断开相应的油泵电路，完成预定的转输和供油工作，自动保证飞机重心的变化在规定范围以内，并发出低油面告警、油尽指示及其他特征油量信息。

（6）其他附件。系统中还设有浮子活门、单向阀等辅助附件。浮子活门用来控制油箱的油面高度和油路的燃油压力，以控制各油箱的输油时机和满油信号。

四、工作原理

系统的工作一般包括向供油箱转输燃油和向发动机供油两部分。下面以图 7 - 3 - 1 为例，简要叙述基本输油和供油工作原理。

（一）向供油箱转输燃油

向供油箱转输燃油是指将 1 油箱、机翼油箱、副油箱的燃油按照预定顺序和流量输往 2 油箱。

1 油箱和 2 油箱互相连通为消耗油箱组。1 油箱内燃油经上部的 2 个连通口和下部带单向阀的连通口进入 2 油箱，单向阀用来防止 2 油箱的燃油倒流至 1 油箱内。

机翼油箱的燃油经引射泵引射输至 2 油箱,消耗时机由 1 油箱内输油控制管(回油管)决定。当 1 油箱油面高于输油控制管时,机翼油箱燃油引射至 2 油箱内,又经控制管流回机翼油箱,此时发动机消耗的燃油仍是消耗油箱组内的燃油。当 1 油箱油面与控制管管口平齐时,发动机消耗的是机翼油箱内的燃油,当油尽信号器发出信号时,座舱内综合告警灯盒上的机翼油箱油尽绿灯亮。飞机倒飞时,倒飞电门断开电路,机翼油箱电磁阀关闭,机翼油箱停止输油,保证倒飞油箱内的油输往发动机。

副油箱采用增压输油的方法,将燃油输往 1 油箱。悬挂副油箱的情况下,发动机起动,首先消耗 2 油箱内燃油,油箱油面下降至浮子活门位置时,浮子打开泄压口,使燃油电磁开关打开。来向发动机压气机的增压空气进入副油箱,将副油箱的燃油通过燃油电磁开关输至 1 油箱。

(二)向发动机供油

2 油箱内增压泵出口与发动机低压泵进口相连的管路就是供油管路。增压泵出口油路分为两路,一路经机翼油箱电磁阀进入引射泵,然后流回 2 油箱;另一路经防火开关、油滤去往发动机低压泵。正常情况下增压泵工作,当泵因故不能正常工作时,系统可依靠重力实施供油,此时消耗油箱组内的燃油在发动机低压泵抽吸作用下,经由增压泵内的旁路单向阀流向发动机,可保证在某一飞行高度下,发动机以最大推力状态工作,直至耗尽机翼油箱以外的各油箱内燃油。

第四节　增压与通气系统

一、功用与类型

增压与通气系统主要有两个功用:一是在各种飞行状态下油箱有一定的余压,避免高温燃油在低压下形成燃油蒸气保证燃油系统的高空性;二是使油箱与大气相通,按需控制空气流入或流出油箱,防止油箱产生负压。若使用惰性气体增压,还能提高系统的防火安全性,也有的系统借助增压气体作为输油动力。由于大多数油箱既要保持规定压力,又在需要时能与大气相通,常将二者综合起来,称为油箱增压通气系统。

系统通常分为敞开式和闭式两种。

(一)敞开式通气增压系统

通气管上不设调节和控制附件,通过冲压口引入机外大气对油箱增压(见图 7-4-1),经管路分别进入各油箱。有的飞机为了充分利用速压,还在通气管口处加装了迎风罩由于压力不大,常用于低速飞机机身油箱的通气。

在燃油供给系统中,油箱往往不止一个,如果每个油箱都单独设置接受速压的通气管,则各油箱内油面上的气压可能不相等,在油箱并联供油情况下,就会因各油箱输油不均匀而影响飞机的平衡。因此,各并联油箱上部都是连通的,它们从一个共同的接受速压的通气管引入空气。

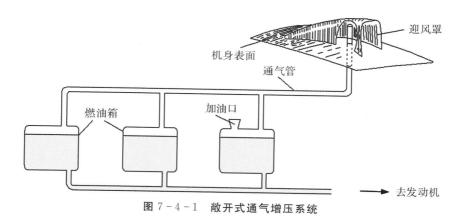

图 7 - 4 - 1 敞开式通气增压系统

（二）闭式通气增压系统

采用敞开式通气的油箱,当飞行高度增加到一定程度时,由于大气密度小,油面上的气压便不能保证燃油供给系统可靠地向发动机供油。因此,在升限较高的飞机上,广泛采用了闭式通气装置。闭式通气装置的特点是:油箱不与大气相通,而把来自发动机压缩器或储存于气瓶内的压缩气体引入油箱。油箱内油面上的气压由装在管路中的安全阀控制。当油面上气压大于外界气压一定数值时,安全阀即被顶开放气,以免油箱因受力过大而爆破。目前飞机上采用的闭式通气装置的油箱。一般还通过一个单向阀与接受速压的通气管相连(见图 7 - 4 - 2),以备在飞机急剧俯冲、外界气压迅速增大时,引入一部分外界空气,使油箱不致被压坏。

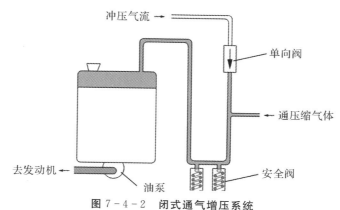

图 7 - 4 - 2 闭式通气增压系统

二、组成与工作原理

在图 7 - 4 - 3 中,压力控制阀用来调节发动机引气的增压压力,一般由单向阀、减压阀和安全阀组成。单向阀能够在加油过程中阻止发动机引气回流,并具有阻止燃油进入空气增压管路的功能;减压阀控制空气增压压力为规定值;安全阀用来在减压阀失效的情况下,防止过高的增压压力损伤燃油系统。

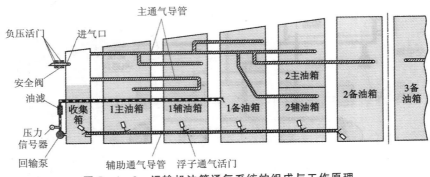

图 7-4-3 运输机油箱通气系统的组成与工作原理

较稳定的区域;通气导管与各油箱相通;安全阀保证油箱压力不超过某一定值;负压活门用来在飞机进入俯冲或下滑状态时,防止油箱产生负压(冲压压力可能高于油箱内压力);浮子活门在油箱压力低于通气管路气压时控制空气进入油箱,并防止燃油进入通气管路。

在进气口附近设有燃油收集箱(又称通气油箱),收集经通气管路流出的燃油,并按需回输到飞机油箱中。一旦收集箱充满,则多出的燃油就会通过进气口排出机外,产生燃油外流。如果夏季早晨将飞机加满油并全天停放,受热膨胀后的燃油被迫流入收集箱,将频繁出现这种油箱漏油的假象。

第五节　加油与放油系统

一、加油系统

加油系统包括地面重力加油、地面压力加油和空中加油,放油系统包括地面放油、空中应急放油。

(一)地面重力加油

地面重力加油是指通过油箱上的重力加油口对飞机加注燃油是小型飞机、二代及以前飞机的主要加油方式(见图 7-5-1)。由于加油时间长,满油时机不易掌握,现役飞机多已将其作为备用加油方法。但因加油便捷可用于偏远机场或战场区域,此方式一直得以保留。

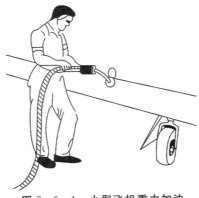

图 7-5-1　小型飞机重力加油

(二)地面压力加油

地面压力加油是指从飞机上的一个或多个加油接头,以密封方式和规定压力,通过燃油管路及控制附件,将地面压力加油设备的燃油加注到机内油箱及外挂油箱,是现代飞机的首选加油方式。其优点是加油压力大,用时少,而且能够电控加油过程,加油量可以自动设定,提高了效率,也便于日后进行空中加受油装置的改装。

压力加油系统通常由压力加油接头、加油控制板(盒)、电动加油开关、关断阀、加输油关断阀、油面控制器、单向阀、导管等组成(见图7-5-2)。

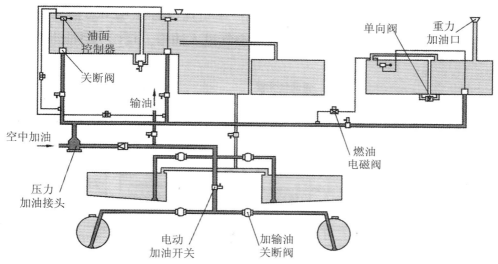

图7-5-2　压力加油系统的组成与工作原理

压力加油接头用来对接地面压力加油设备,为自封活门式接头,多采用国际标准设计,在国内外机场通用;电动加油开关控制各油箱组加油管路的通断,装在通往油箱或油箱组的加油支管及多点加油的连通管路上,以实现油箱或油箱组的选择加油及多点加油系统的单点加油;加油关断阀受油面控制器控制,加到正常满油或应急满油油面时切断加油油路,停止向油箱加油;油面控制器装在油箱上部,控制正常满油油面和应急满油油面,有浮子活门式和磁浮子-干簧管开关式;燃油电磁阀用来实现正常和应急加油的油路控制,并可控制副油箱的输油。

燃油系统中装有压力信号器,用来感受燃油压力,发出油泵工作、加油进行或其他信号。每个油面控制器上还可设置电控式预检活门,以便对各油箱或油箱组进行压力加油控制系统的预检来判断压力加油控制是否正常。

压力加油前,将加油控制板(见图7-5-3)上的加油电门、副油箱电门和机翼油箱电门扳至加油位置,相应的加油电动开关、加输油关断阀打开。当电源灯、机翼和副油箱灯亮后,即可进行压力加油。若机翼油箱、副油箱不加油,则不需打开机翼、副油箱电门。

需要注意:加油前,飞机和加油车均应接好接地线;电源接通后才允许对接压力加油接头;加油结束时,先断开压力加油车的油泵(卸压),后分离加油接头,再断开电源。可视情进行预检。

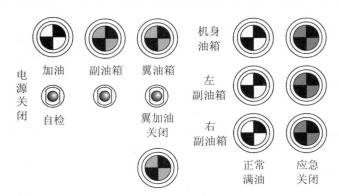

图 7 - 5 - 3　压力加油控制板

(三)空中加油

空中加油是指使用加油机对飞行中的受油机加注燃油,空中加油系统是指加油机上的加油设备和受油机上的受油设备进行空中对接加油的全套装置,目前有插头-锥套式和滑槽插座-伸缩管式两种。

1.插头-锥套式

该设备主要由输油软管卷盘装置、压力供油机构和电控指示装置等组成,一般安装在机翼外端或机身尾部(见图 7 - 5 - 4),加油时放出软管,故又称软管式。橡胶软管长为 16～30 m,末端有锥套,外形呈伞状,内有加油接头。在锥套外端的伞衣中间布置有若干照明灯,供夜间加油照明使用。虽然输油速度不快,但一架加油机可同时为多架受油机加油,这取决于加油机上的加油设备数量。

受油设备主要是插头(也称探头),通常安装在受油机机头侧面或机身背部,其后端与飞机地面压力加油系统导管相连,有收放式、半收放式和固定式等 3 种。

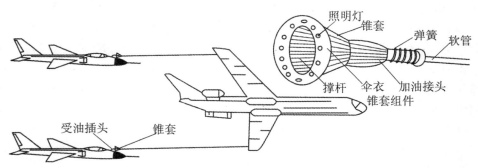

图 7 - 5 - 4　插头-锥套式加油

2.滑槽插座-伸缩管式

该设备主要由伸缩管压力加油机构和电动指示监控装置等组成,一般安装在机身尾部下方,加油时放出伸缩管(见图 7 - 5 - 5),故又称硬管式。

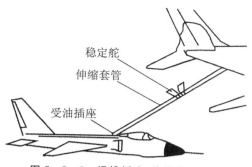

稳定舵
伸缩套管
受油插座

图 7-5-5　滑槽插座-伸缩管式加油

伸缩管包括主管和套管，全长约 14 m，伸缩范围约 6 m，主管外壁装有升降索和 V 形稳定舵。由于加油管径粗、阻力小，输油速度达 6 500 L/min，但同一时间只能为一架飞机加油。

受油设备主要是滑槽和受油插座，一般安装在受油机的机身背部，其后端与飞机地面压力加油系统相连。

二、放油系统

（一）地面放油

地面放油是指在地面将机上部分或全部燃油及油箱内积存的水分和沉淀物放出机外，也可实现油箱间的燃油转输。地面放油有多种方式，不同飞机可以用单一或组合方式放油。

1. 地面抽油

地面抽油有两种方式：一是在油箱内设有抽油阀抽油管路与压力加油系统管路相连，燃油经地面抽油设施抽出机外；二是利用重力供油管路，燃油经抽油阀至压力加油管路，靠地面抽油设施抽出机外。两种方式均以地面抽油设备为动力源，且机上供油管路与压力加油管路连通，可快速放出机上燃油。

2. 地面压力放油

地面压力放油是指通过机上地面压力加油系统将机上燃油快速放出，有多种实现方式。例如以空中放油系统油泵为动力源的地面压力放油、以燃油系统油泵为动力的地面压力放油、利用供油和压力加油系统实现地面油箱间的燃油转输。

3. 燃油系统放沉淀

燃油系统放沉淀有两种方式：一是地面放出油箱内剩余燃油时，排出油箱底部的水分和沉淀物；二是通过装在每个油箱底部的放沉淀开关单独放出水分和沉淀物，无须完全放油。

（二）空中应急放油

空中应急放油是指在飞行过程中，按规定要求、在给定时间内，释放一定数量的燃油，以迅速减轻飞机重量，达到安全着陆或快速爬升的目的。空中放油通常为应急状态，有重力放油和动力放油两种。

1. 重力放油

空中放油时,电机带动放油槽从翼根后缘伸出,利用燃油重力直接放油,由放油阀控制放油管路的通断(见图7-5-6)。这种系统不适用于发动机后置的飞机。

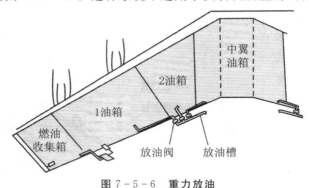

图 7-5-6　重力放油

2. 动力放油

应急放油口一般设在翼尖后缘,当各油箱内的增压泵工作时,燃油进入放油总管。打开应急放油阀时,燃油经应急放油口从翼尖排出机外(见图7-5-7)。当油箱内油面降至关断高度或发动机供油压力降至安全值时,应急放油阀自动关闭,以保证有足够的剩油量。战斗机也可使用发动机加力燃油泵对燃油增压,发动机在非加力状态时,通过加力燃烧室中的专用放油管直接进行空中放油。空中应急放油必须遵从地面指挥,到指定空域、规定高度上放油,以保证地面人员和财产的安全。此外,还应特别注意避开居民区和工业区。

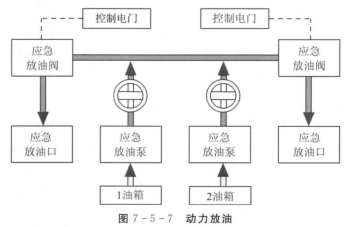

图 7-5-7　动力放油

第六节　油量测量与信号指示系统

为便于飞行员实时了解飞机的用油情况及剩余油量,掌握燃油系统的工作状况,及时发现和正确处理故障,燃油系统设有油量测量与信号指示系统。

一、油量测量系统

油量测量系统用来在地面和飞行状态下,连续测量和指示飞机的可用油量,也是现代飞机燃油管理系统的主要组成部分。其具体功用有:连续测量和指示飞机总的储油量,连续测量和指示各油箱组的油量,发出低油面告警信号需要时提供控制指令信号和规定油量信号,向机载设备发出油量信息。

系统通常由机载计算机、油量指示器、油量传感器、补偿传感器、油面信号器等组成,油量测量主要有电容式、涡轮式、浮子式、超声波和应用放射性元素等方式,电容式应用较为广泛。

通过在油箱的不同部位布设油量传感器、补偿传感器、油面信号器,测量传感器的电容器,油箱中一定的油面高度与电容器一定的电容量相对应,计算机接收油量传感器和补偿传感器信号,结合飞机姿态和加速度信息,自动处理数据后,即可实时得到各油箱(组)油量和全机总油量。

二、信号指示系统

信号指示系统包括油量指示器(又称油量表)、燃油系统控制面板、告警灯(牌)等。

(一)油量指示器

油量指示器用来指示机内油箱总油量、主组油箱油量和副油箱的油量,有指针式、数码轮式、数码管式、液晶显示和综合显示等一般安装在仪表板的正前方。

1. 指针式指示器

图7-6-1(a)的指示器表盘上有内、外圈刻度,内圈量程为0~1 500 kg,指示主油箱油量;外圈量程为0~4 800 kg,指示机内油箱总油量和副油箱油量,通过安装在指示器下方的转换电门可进行主、总、副油量指针的转换(图中未示出)。

2. 数字式指示器

图7-6-1(b)的数字式指示器能更准确地显示油量,上窗口显示主油箱油量,下窗口显示全机油量,指示器通常还具备油量自减、前后舱油量指示通讯等功能。

在现代飞机上,已将燃油系统的油量信息集成在多功能显示器画面上(见图7-6-2)。

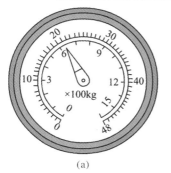

(a)

(b)

图7-6-1　油量指示器

(a)指针式;(b)数字式

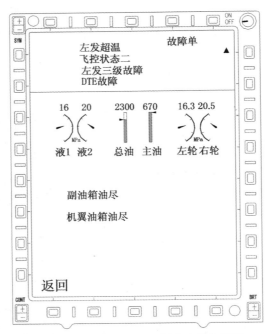

图 7 - 6 - 2　多功能显示器燃油信息画面

(二)燃油系统控制面板

控制面板用来监控整个系统的工作情况,有输油开关板、控制盒、信号灯盘和综合显示器等形式。控制面板上装有若干个油泵和燃油开关的电门及其信号灯(见图 7 - 6 - 3)。

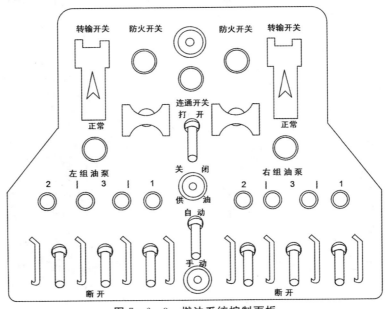

图 7 - 6 - 3　燃油系统控制面板

例如,油泵电门及油泵工作信号灯、连通开关电门及其信号灯、防火开关电门及其信号灯、机翼油箱油尽信号灯、燃油切断信号灯、机翼油箱加油信号灯、机身副油箱油尽信号灯、机翼副油箱油尽信号灯和副油箱悬挂信号灯。

(三)告警灯(牌)

告警灯(牌)主要用来在燃油系统发生故障时,提醒飞行员及时处置,例如改变飞行计划、故障处置及返航。主要有油泵故障告警灯、满油告警灯、剩油告警灯等(见图 7-6-4)。

图 7-6-4　多功能显示器中燃油系统告警灯

本 章 小 结

本章主要介绍飞机燃油系统的相关知识。飞机常用的燃油有航空汽油和航空煤油两种,活塞式发动机一般使用航空汽油,喷气式发动机一般使用航空煤油。燃油系统需要完成存储足量燃油、向发动机可靠供油、调节飞机中心以及冷却其他介质等功能。燃油系统通常由储油、输油与供油、通气与增压、加油与放油、油量测量与指示等部分组成。

▶拓展阅读

生物航空燃料

生物航空燃料是指以动植物油脂或农林废弃物等生物质为原料,采用加氢法等技术生产的航空燃料。航空生物燃料原材料来源广泛,包括藻类、麻风树、油籽作物、餐饮废油和农业废物等。由于其原料是可再生的,与传统石油基航空燃料相比,具有很好地降低二氧化碳排放的作用。

从 2008 年开始,一些欧美国家广泛开展了生物航空燃料的示范飞行。2011 年开始进行生物喷气燃料的商业飞行,多家航空公司在大型客机上对生物航空燃料比例小于 50% 的航煤油品进行过飞行测试。美国空军与海军分别在 C - 17 大型运输机、A - 10 攻击机、F/A - 18 攻击机上使用 50% 生物质调和航煤进行了飞行测试,表现出良好的安全性。

2008 年,中国石油与美国霍尼韦尔公司的合作,以小桐子(麻风树种子)为原料采用加氢工艺技术生产生物航空燃料,已于 2011 年在国航客机上验证飞行成功。

2009 年,中国石化启动生物航空燃料的研发工作,并成功开发出具有自主知识产权的生物航空燃料生产技术。2011 年 12 月,首次生产出以棕榈油为原料的合格生物航空燃料。2012 年 10 月,又成功将餐饮废油转化为生物航空燃料产品。

2014 年 2 月,中国民用航空局向中国石化颁发了 1 号生物航空燃料技术标准规定项目批准书,这标志着国产 1 号生物航空燃料正式获得适航批准,可以投入商业使用。

思 考 题

1. 根据燃油系统的组成和功用,归纳系统应满足哪些一般性的功能要求。

2. 飞机倒飞时是如何保证向发动机供油的? 倒飞时间和间隔受哪些因素限制?

3. 试分析如果燃油泵出现故障,发动机还能不能从油箱获得燃油。

4. 根据燃油系统的功用、组成和基本工作原理,以思维导图、流程图或框图形式,归纳出燃油系统知识点的脉络及相互关系。

第八章　环境控制系统

▶学习重点

(1)高空环境对人体生理的影响、座舱环境参数要求。

(2)座舱温度调节基本原理、制冷方式。

(3)座舱压力调节基本原理、调节制度、座舱压力调节器工作原理。

▶关键词

座舱环境控制系统 cabin environment control system

座舱压力制 cabin pressure system　　　座舱压力调节器 cabin pressure regulator

座舱温度表 cabin air thermometer　　　座舱高度 cabin altitude

排气活门 air discharge valve

现代军用飞机升限普遍在 10 000 m 以上,这是因为高空飞行时,气象条件好,风速风向较为稳定,发动机燃油消耗率较低空小,能够有效提升军用飞机的航程航时和作战半径。但高空飞行面临大气压力小、氧气不足、温度低等环境问题又超出了人体的生理极限。因此,现代军用飞机广泛采用座舱环境控制系统(简称环控系统),以保证飞机在外部环境变化的情况下将飞机机舱内的空气压力、温度、湿度等参数控制在规定范围内,为乘员提供安全舒适的座舱环境,提高工作效率和战斗力,同时也为机载电子设备提供稳定工作的环境条件。

第一节　环境控制系统概述

高空飞行给飞行人员带来了低气压、缺氧及低温等一系列生理问题,因此需要将座舱与外界环境相隔绝并向座舱引气增压来调节座舱内的压力、温度等参数,为乘员提供舒适的座舱环境。

一、高空环境对人体生理的影响

人类是在地面大气环境下进化而来的,因此上升到高空的大气稀薄层后,便会产生严重的生理障碍。高空环境对人体生理的影响主要表现在低气压、缺氧、温度和湿度等方面。

(一)大气压力及变化率对人体生理的影响

大气压力随高度的变化规律如图 8-1-1 所示。

由于地球引力的作用,地球大气的分布很不均匀,越远离地球表面,大气压力越小。

从曲线可以看出:高度在 11 km 以下时,大气的绝对压力较大,但大气压力随高度的增加而急剧下降;高度在 11 km 以上时,大气压力随高度的增加而下降的趋势较为平缓,但大气的绝对压力较小。大气压力的这种变化特点,给飞行人员在飞行中带来的问题主要是低压、缺氧和压力变化率。

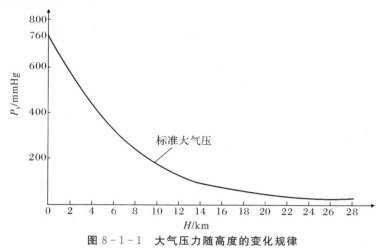

图 8-1-1　大气压力随高度的变化规律

注:1 mmHg＝0.133 KPa。

(1)低压对人体生理的影响。在高空低压条件下,人体会出现一些症状,这些症状统称为低压症。例如,在正常情况下,人的体腔内储存有一定数量的气体。这些气体在高空低压条件下就会膨胀,从而造成肠胃腹部疼痛、呼吸困难等症状,特别是在 7 km 以上,这种症状更为明显,这就是所说的高空胀气。如果压力再降低,血液及肌体内的氧气就会游离出来。如果压力变化速度较快,这些游离出来的气体会迅速形成很多气泡而压迫组织、神经末梢和血管,轻则引起发痒、斑疹、关节和肌肉疼痛。重则会造成短时局部麻痹,这种现象通常称为高空气体栓塞。

如果大气压力过低(例如高度在 19 km 以上时),还会产生皮肤肿胀现象。这是因为,人体中含有 70% 的水分,水的沸点是受压力和温度两个条件制约的。在低压条件下,水的沸点也会降低。高度在 19 km 时,大气压力约为 48 mmHg,此时水的沸点约为 37℃,接近于人的正常体温。在这种情况下,体内水分就会急剧蒸发以致沸腾,造成皮肤肿胀。这就是所说的组织肿胀或体液沸腾,严重时会使得血液循环停滞而死亡。

(2)压力变化率对人体生理的影响。大气压力过小会引起病症,大气压力变化速度过大也会引起不良甚至严重的后果。如果飞机急速上升或下降,周围大气压力变化速度就会过大,飞行人员的耳腔、腹腔内的气压来不及随大气压力的变化而改变,使体腔内外形成压力差。在压力差作用下,上述部位就会引起鼓胀或压缩,使耳膜、腹腔疼痛,甚至使耳膜穿孔。对于不大的负压差,可以通过吞咽或咀嚼动作,来带动咽鼓管开口的打开;捏住鼻子、闭住嘴作呼气动作也是帮助咽鼓管打开的有效方法。

此外,当战时飞机座舱被击毁,压力变化速率骤升,还会出现爆炸减压的问题。爆炸减压是指在飞机高空增压飞行过程中,因机体结构破损等原因导致座舱快速释压。爆炸减压会引起暴发性缺氧、气胀性损伤、机械性损伤等问题,严重危及人员和飞机安全,其危害程度取决于减压时间长短和座舱内、外压差的大小。

(3)缺氧对人体生理的影响。高空缺氧是由于在高空低气压环境下,大气中氧气分压降低导致人体组织得不到正常氧气供应或不能充分利用氧气来进行代谢活动所致。高度越高,人体缺氧反应越剧烈,其症状包括头昏、头痛、反应迟钝、视力减退、心跳加速、嘴唇和指甲发紫等,长时间缺氧可导致昏迷甚至死亡。根据生理试验,在海拔 2 000 m 以下,人体对于氧气分压的降低能够补偿,为无感觉区;在海拔 2 000～4 000m 内,人体有轻度缺氧反应,长时间停留会感觉头痛和疲劳;在海拔 4 000～6 000 m 内,人体有中度缺氧反应,包括嗜睡、头痛、嘴唇和指甲发紫、视力和判断力减弱、气促和心跳加快以及情绪变化;在海拔 6 000 m 以上为严重缺氧高度,人会产生惊厥、丧失意识直至死亡;在海拔 7 000 m 以上,人在 5 min 内便会失去知觉。

(二)大气温度对人体生理的影响

大气温度也是随高度的变化而变化的。特别是在对流层内,高度每上升 1 000 m,气温约下降 6.5℃。也就是说,当海平面附近大气温度 15℃时,到了 11 km 的高空,温度下降到了 -56.5℃。

人体对温度的感觉特别敏感。人体舒适温度一般是 18～22℃,此时,人体皮肤温度约为 34℃,人体内从食物氧化得到的热量与排出的热量相互平衡。如果温度过低,散发的热量多,全身特别是手脚会感到寒冷。这时体内血管收缩,阻止正常血液循环,从而使人体抵抗力减弱,易引起冻伤、鼻炎和肺炎等病症。一般温度在 15℃以下时,手的灵活性、肌力、操纵效率以及触觉都明显下降。

温度过高时,人体热量不易散发,导致血管膨胀,血液循环加剧,皮肤温度增高,散发出大量汗水,造成体内缺水和缺盐,影响血液的代谢机能,甚至会使人昏迷以致死亡。一般温度在 34℃以上时,人会因体力下降、反应迟钝而影响工作。

除气压和气温对人体生理有很大影响外,空气相对湿度、空气流动速度、空气洁净度以及噪声等,对飞行人员的工作和健康也有影响。例如,相对湿度降低时,鼻、咽和眼膜干燥,皮肤变得粗糙而易得传染病。空气流动速度大,人体裸露部分易受凉而影响工作。噪音会使人感到易疲劳、烦躁和不舒适等。

二、座舱环境参数要求

为了避免高空恶劣环境对人体生理造成的不利影响,需要对座舱环境进行有效调节,以使得座舱绝对压力、座舱高度、余压、压力变化率、温度和湿度等参数控制在一定的范围内。

(一)座舱空气绝对压力

座舱空气绝对压力 p_k 是指气密座舱内空气的绝对压力,对应的国际标准大气压高度即为座舱高度，p_k 主要根据人体的生理要求提出。

运输类飞机应保证任何高度机上人员不用氧气设备进行呼吸，座舱高度不超过 2.4 km（570 mmHg）；续航时间超过 4 h 的军用飞机，座舱高度不超过 7 km（308 mmHg）；续航时间低于 4 h 的军用飞机，座舱高度不超过 8 km（267 mmHg）。座舱高度超过 3.5 km 后，飞行员必须使用氧气设备。

（二）座舱剩余压力

座舱剩余压力 Δp_k 是指座舱内空气绝对压力与外界大气压力之差，即座舱余压，主要根据以下因素提出：保证在最大使用高度上座舱有足够的空气绝对压力；作战飞机要考虑爆炸减压（例如座舱被击穿）对人体的损害，生理试验表明该余压约为 220 mmHg（0.03 MPa，最大不超过 243 mmHg（0.033 MPa）；座舱结构重量要轻等。

战斗机的最大余压一般在 220 mmHg 左右，既可保证升限飞行时的座舱绝对压力，又能保证爆炸减压时飞行员的安全。轰炸机一般为 294～368 mmHg，高于爆炸减压所规定的值。为兼顾平时和战时的不同要求，轰炸机和军用运输机通常采用双重压力制度，平时使用较高的压差，战时使用战斗压差（220 mmHg 以下），通常为正常压差的一半。

（三）座舱压力变化率

座舱压力变化率 dp_k/dt 是指单位时间内座舱空气绝对压力的变化速度，受座舱压力制度和飞机升降率的影响。

人体承受压力降低的能力要强于压力增加因此规定：民航飞机压力下降率不超过 0.16～0.32 mmHg/s，压力增长率不超过 0.135～0.18 mmHg/s；续航时间短的轰炸机、战斗机压力下降率不超过 5～10 mmHg/s，压力增长率不超过 3～10 mmHg/s。

（四）座舱温度和温度

我国航医部门确定座舱最适宜的温度 T_k 为 20～22℃。战斗机座舱的强度范围为 15～25℃，民航飞机为 18～30℃，相对湿度保持为 30%～70%。此外，供气量、空气流速、供气洁净度等应满足座舱通风换气的要求。

三、通风式气密座舱

为保证对座舱环境参数的有效控制，高空飞行的现代军用飞机必须采用气密座舱并满足气密性要求。与载人航天器采用的再生式气密座舱（以自身携带的氧气瓶和冷气瓶为增压气源，不与外界大气发生直接联系的一种气密座舱形式）不同，军用飞机普遍采用了半封闭结构的通风式气密座舱。低空飞行的小型飞机（初教-6）则通常采用非气密座舱，不能调压，可具备有限的调温能力。

通风式气密座舱通过气密系统将机舱与大气隔绝，将发动机压气机引气或其他增压装置的压缩空气供入座舱，使舱内形成比舱外大气压高的环境，而舱内空气又不断地经调压装置的排气活门排出机外，座舱空气始终处于不断流通的过程中。这样，既可以保证舱内的余压要求,又可以维持通风,保持空气清新。同时,压缩空气经过调温后,能对座舱进行加温或冷却,也保证了舱内的温度要求。通风式气密座舱的基本形式如图 8-1-2 所示。

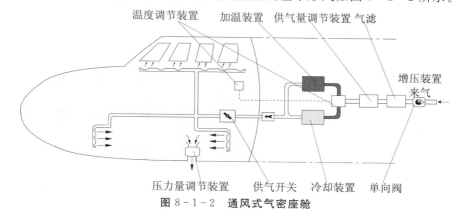

图 8-1-2　通风式气密座舱

四、温度和压力调节基本原理

无论是通风式还是再生式气密座舱,均包含供气、温度调节、压力调节等部分,温度和压力调节的基本原理相同。

(一)调温基本原理

气密座舱外部为大气,内部有飞行人员和仪表设备等,且与增压空气的进气和排气管路相连,因此存在着复杂的热交换过程,主要热条件及加给座舱的热流量如图 8-1-3 所示。假设传入座舱空气的热流量为正值,传出的为负值,根据座舱空气的热平衡关系可得座舱温度的变化率为

$$\frac{\mathrm{d}T_\mathrm{k}}{\mathrm{d}t} = \frac{q_壁 + q_设 + q_阳 + q_人 + q_供 + q_排}{G_\mathrm{k}C_p} \qquad (8-1-1)$$

式中:T_k—— 座舱空气温度;

$\quad q_\mathrm{k}$—— 座舱内部的瞬时热流量;

$\quad q_壁$—— 通过座舱壁由外界环境传递的瞬时热流量;

$\quad q_设$—— 座舱内设备排放的瞬时热流量;

$\quad q_阳$—— 太阳辐射的瞬时热流量;

$\quad q_人$—— 飞行人员排放的瞬时热流量;

$\quad q_供$—— 由增压空气带入的瞬时热流量;

$\quad q_排$—— 由增压空气排出的瞬时热流量;

$\quad G_\mathrm{k}$—— 空气质量;

$\quad C_p$—— 空气定压比热。

当 G_k 一定时,若 $\mathrm{d}T_\mathrm{k}/\mathrm{d}t = 0$,座舱处于热稳定状态;$\mathrm{d}T_\mathrm{k}/\mathrm{d}t > 0$,座舱升温;$\mathrm{d}T_\mathrm{k}/\mathrm{d}t < 0$,座舱降温。可见,改变($q_壁 + q_设 + q_阳 + q_人 + q_供 + q_排$)可调节座舱温度,且改变 $q_供$ 比较方便,而

$$q_供 = G_供 C_p(T_供 - T_排) \qquad (8-1-2)$$

式中:$G_供$ —— 座舱供气量;

$T_供$ —— 座舱供气温度;

$T_排$ —— 座舱排气温度,$T_排 \approx T_k$。

为了不对座舱调压产生大的干扰,座舱调温时,一般不采用改变 $G_供$ 的方法,而采用改变 $T_供$ 的方法,故现代飞机主要通过控制供气温度 $T_供$ 来调节座舱温度 T_k。

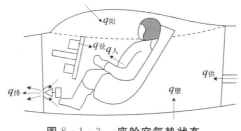

图 8-1-3　座舱空气热状态

(二)调压基本原理

研究座舱调压时,可认为座舱温度 T_k 为常数,这样,座舱压力 p_k 完全取决于座舱容积 V_k 内的空气重量 G_k(见图 8-1-4)。根据座舱空气状态方程,可得压力变化率为

$$\frac{\mathrm{d}p_k}{\mathrm{d}t} = R\frac{T_k}{V_k}(G_供 - G_排 - G_漏) \qquad (8-1-3)$$

式中:$G_供$ —— 进入座舱的瞬时供气量;

$G_排$ —— 经排气活门(座舱压力调节装置)的瞬时排气量;

$G_漏$ —— 经座舱缝隙流出的瞬时泄漏量。

若 $\mathrm{d}p_k/\mathrm{d}t = 0$,座舱压力 p_k 保持不变;$\mathrm{d}p_k/\mathrm{d}t > 0$,座舱压力 p_k 增大;$\mathrm{d}p_k/\mathrm{d}t < 0$,座舱压力 p_k 减小。由此可知,改变($G_供 - G_排 - G_漏$)的大小,可以达到调节 p_k 或 $\mathrm{d}p_k/\mathrm{d}t$ 的目的。

为了不干扰座舱的温度控制,在 $G_漏$ 一定的条件下,改变 $G_排$ 比较方便。故现代飞机调节座舱压力时,通常利用座舱压力调节器自动控制座舱向外的排气量 $G_排$,使 p_k 和 $\mathrm{d}p_k/\mathrm{d}t$ 在各种飞行状态下都在规定的数值范围内。

五、环境控制系统的组成和工作原理

(一)环境控制系统基本组成

通风式气密座舱,通常由座舱供气调温部分和调压部分组成。座舱供气调温部分可将座舱温度自动保持在某范围内任一预调的数值上,必要时也可进行人工调节。座舱增压调温所需要的空气,来自发动机的压缩器,座舱供气调温通过温度调节装置、冷却装置、供气附件共同完成座舱供气调温工作。座舱压力随飞行高度的变化规律按一定规律进行调节,此外,系统还会通过抗荷服接头将增压空气送往抗荷系统中。

环境控制系统的部件按其功能主要可分为冷却装置部件、温度调节装置部件、调压部件和其他部件(见图 8-1-4)。

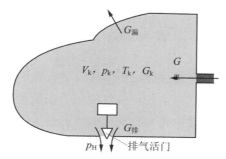

图 8-1-4 典型飞机环境控制系统的基本组成与主要部件

（1）冷却装置部件。它主要是将发动机压缩器引来的增压空气降温至需要温度,如空气散热器、涡轮式冷却器。

（2）温度调节装置部件。感受系统温度、根据座舱温度变化,自动控制冷、热空气比例装置,如感温器、空气分配开关。

（3）供气部件。保证系统正常供气的部件,包括供气开关、单向阀等。

（4）调压部件。调压部件是随高度变化规律由座舱压力调节器自动调节,如座舱压力调节器、放气阀。

（二）环境控制系统工作原理

虽然各型飞机的供气、调温、调压等系统的具体实现方式不同,但环境控制系统整体的工作原理相似,图 8-1-5 给出了环境控制系统的一般性工作原理。

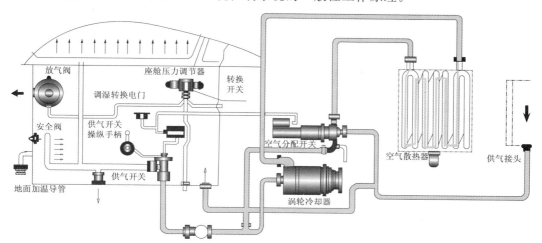

图 8-1-5 环境控制系统的基本原理

环境控制系统的基本工作原理是,从飞机供气系统获得引气,经引气活门、预冷器、组件活门和温度控制活门等进行引气压力、流量和温度调节后,形成空调空气并供入气密座舱,以实现座舱温度调节和增压;利用排气活门控制座舱向外界的排气量,实现座舱压力调节,形成适宜的座舱气压环境;通过不断的供气和排气控制,实现座舱的通风换气、电子电气设备冷却和货舱加温。

第二节　供　气　系　统

供气系统主要用来提供具有一定流量、压力和温度的空气到机上各用气部分,是一个综合增压供气源,又称引气系统或气源系统。供气除用于座舱调温和调压外,还有其他用途,例如液压油箱或燃油箱增压、机翼前缘与发动机前缘的热空气防冰、发动机起动、航空电子设备的增压和冷却、座舱密封、机组人员的抗荷服供压、驱动液压泵、货舱加温等。

一、引气来源

现代军用飞机供气系统的主要来源有发动机压气机引气、辅助动力装置(APU)压气机引气或地面气源车供气。

现代军用飞机多采用燃气涡轮发动机,直接从发动机压气机引气不但可以获得较高的供气压力,同时也省去了一套增压传动附件,因此这种增压供气方式在现代军用飞机上得到了广泛应用。从发动机压气机引气,通常有中压和高压两个引气口(见图 8 - 2 - 1)。中低空高速飞行时,从中压级引气;高空低速飞行从中压级引气压力不足时,自动转为从高压级引气。这样既可保证发动机在各种工作状态下获得足够的空气流量和较高的供气压力,又可减少引气对发动机功率的损耗及对燃油消耗量的影响。

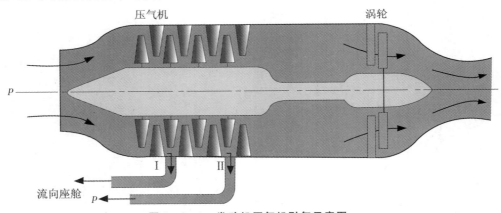

图 8 - 2 - 1　发动机压气机引气示意图

对于安装有辅助动力装置(APU)的军用飞机,在起飞过程中或发动机出现故障时由 APU 向气源系统供气。另外,当飞机在地面进行维护,发动机和 APU 未工作时,还可通过地面气源接头由地面气源车向气源系统供气。

二、组成与工作原理

供气系统均以座舱供气量调节为主要方式。双发飞机的供气系统包括从压气机引气出口至空调组件之前的管路和供气控制附件,还有 APU 引气和地面供气接头及附件(见图 8 - 2 - 2),构成了左右两套独立的子系统,中间由交叉阀(或称隔离阀)隔断,既可独立工作,也可交联工作。发动机压气机和 APU 引气出口处均受各自的引气阀控制,空气净化器对进入空调组件的空气进行净化。供气管路上还装有绝对压力调节装置、温度调节装置,以及产生控制与指示信号的压力传感器和温度传感器。

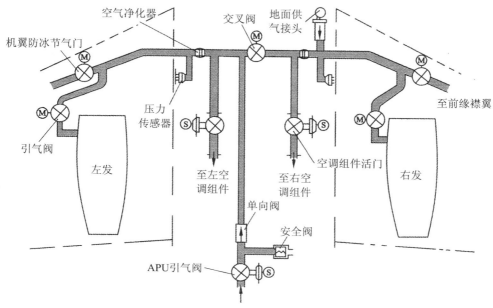

图 8 - 2 - 2 典型运输机供气系统示意图

正常情况下,从压气机某级引出一定压力的空气,经引气阀送到绝对压力调节装置和温度调节装置,经调节后保持出口压力为恒定值,限制供气流量变化范围一定,温度也在一定范围内,尔后经空调组件活门进入空调组件,在组件内进行空气温度、湿度、压力的进一步调节,并分成冷路和热路,最终供往气密舱。

某侧气源供气失效时,打开交叉阀,则由另一侧正常工作的气源向所有用气部分供气。发动机引气失效时,在一定飞行高度下可由 APU 接替供气。地面上可由地面气源、设备供气。

三、供气调节原理

供气调节的基本途径有:直接调节供气流量保持不变,通过控制供气压力来限制流量,在管路上设置限流孔限流。

(一)流量控制供气

按工作原理,流量调节装置有直接式和间接式两类,间接式调节更为稳定和准确。间接式调节器通常由乘法机构、滑块、分流阀、压差膜片、真空感压箱、文氏管、齿条、助力传动装置和套筒等组成(见图 8 - 2 - 3),乘法机构将 $p_d \Delta p$ 的乘积转换为滑块的坐标值,滑块与分流阀连在一起,压差膜片、真空膜盒与乘法机构的滑块有着运动联系,带文氏管的柱体上开有放气孔,助力传动装置通过连杆与齿条相连,齿条带动套筒转动。管道内的绝对压力或流速增加,均使供气量增大。

当 p_d 增加时,真空膜盒被压缩,使乘法机构运动链环节产生位移,分流阀绕其固定轴旋转,滑油进入助力传动装置的上腔(或下腔),使连杆移动,齿条带动套筒转动,使放气孔的通道截面积增大,部分空气从打开的放气孔排掉,减小了供给座舱的空气量。导管内流速增加时,喉管截面处的压差 Δp 增加,使膜片移动,产生与真空膜盒同样的作用,分流阀向同一方向转动,放气孔通道同样增大。p_d 或流速减小时,放气孔减小。

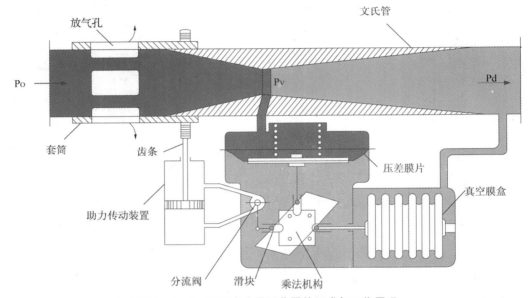

图 8-2-3　间接式流量调节器的组成与工作原理

(二)压力控制供气

压气机出口压力会随飞行高度、速度和发动机工作情况发生较大变化,在引气管路上设有供气压力调节装置,可将供气压力稳定为一定值,方法就是通过改变活门开度来产生压降。若控制活门开度的信号由绝对压力为常值的传感器给出,称为绝对压力调节装置;若由涡轮前后压力比为常值的传感器给出,称为压力比调节装置或膨胀比调节装置;若活门为开度固定的环形片,则称为减压环或限流环。前两种装置可使出口压力保持为某一规定值。

按敏感元件、给定元件对调节机构的控制方式,绝对压力调节装置有直接式和间接式两种。

(1)直接式绝对压力调节装置。敏感元件和给定元件直接控制调节机构,使出口压力保持不变,敏感元件和给定元件之间直接机械连接(见图 8-2-4)。不供气时,感压箱使活门处于打开状态。当出口压力增大且超过规定值时,作用在感压箱上的力随之增大,克服弹簧力压缩感压箱,带动调节活门上移,减小活门流通面积,使出口压力下降,直到作用在感压箱上的力平衡时调节活门才稳定在某个位置。反之感压箱产生与上面相反的作用。该调节装置只用于供气量较小的场合。

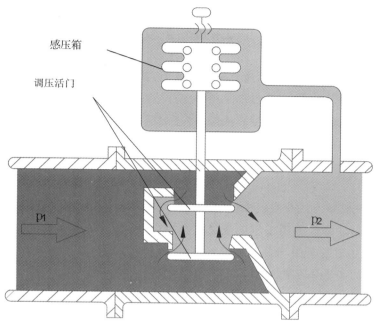

感压箱

调压活门

p1　p2

图 8-2-4　直接式绝对压力调节装置

（2）间接式绝对压力调节装置。敏感元件和给定元件并不直接控制调节机构，而是通过放大机构，借助于外界能源（例如气能或电能）来进行间接控制（见图 8-2-5）。

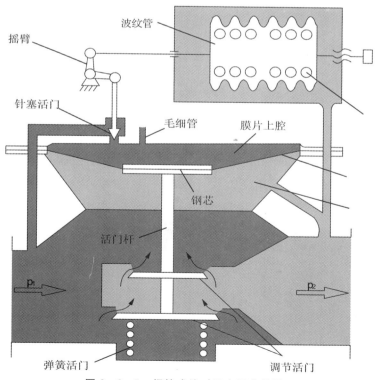

摇臂

波纹管

针塞活门

毛细管

膜片上腔

钢芯

活门杆

p1　p2

弹簧活门　调节活门

图 8-2-5　间接式绝对压力调节装置

第三节　座舱温度调节系统

由于发动机引气温度很高,不能直接进入座舱,需要进行降温、降压、脱水等处理,再由冷、热两路混合后供入座舱,因此冷却是主要工作,一般在空调组件内完成。座舱温度调节系统用来调节去往座舱的空气温度和流量,将座舱温度保持为给定值,包括制冷、温度控制和湿度控制等。

一、引气制冷

按原理,引气制冷方式有空气循环制冷和蒸发循环制冷。空气循环制冷是利用焦耳循环原理,将引气温度降低后用于座舱或设备舱的空气调节,是现代飞机引气制冷的主要方式。蒸发循环制冷在原理上与普通民用冰箱、空调器相同,需要制冷剂,常用在热带地区飞行的飞机上,且与空气循环制冷系统串联使用,以增大制冷量。

(一)制冷原理

按空气循环制冷的工作过程有简单式、升压式和三轮式三种冷却系统。

(1)简单式冷却系统。简单式冷却系统主要由热交换器、涡轮冷却器等组成(见图8-3-1),又称涡轮通风式空气循环制冷系统。系统结构较简单、重量较轻,在战斗机和早期轰运飞机上得到广泛应用。

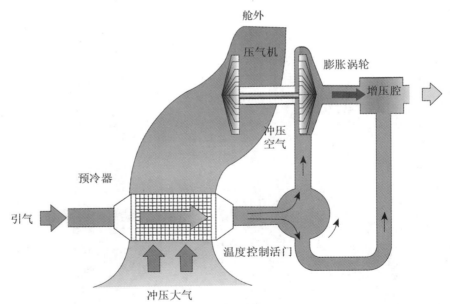

图 8-3-1　简单式冷却系统工作原理

从气源来的高温高压空气经热交换器散热后,直接进入涡轮膨胀做功来进一步冷却。涡轮带动风扇,以抽走热交换器中的冷边空气,加快增压空气的散热。由于涡轮功率没有被充分利用,系统性能系数较低,冷却程度受到限制。

（2）升压式冷却系统。升压式冷却系统主要由初级和次级热交换器、升压式涡轮冷却器等组成（见图8-3-2），又称升压式空气循环制冷系统。

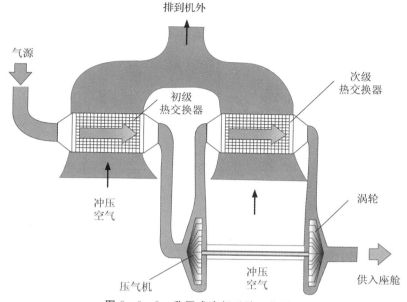

图8-3-2　升压式冷却系统工作原理

从气源来的高温高压空气经初级热交换器预冷后,经过涡轮驱动的压气机增压,压力和温度得以提高,再经次级热交换器冷却,空气温度下降。最后,气压较高的空气进入涡轮充分膨胀降温,供座舱或设备舱使用。

与简单式相比,升压式系统部分解决了高空飞行或慢车下滑时,压气机出口压力低而导致的制冷量不足问题,制冷能力较强,利于高速飞行时的冷却。由于涡轮功率全部用来驱动压气机,相同制冷能力下所需的供气压力较低,飞机性能代偿损失小。飞行高度变化时,涡轮冷却器转速变化不大,工作平稳,寿命较长。但在地面时,由于热交换器效率很低（因缺少冲压空气）,需安装专用风扇来加强冷却。

（3）三轮式冷却系统。在三轮式冷却系统中,涡轮冷却器的涡轮同轴驱动风扇和压气机（见图8-3-3）,它综合了简单式和升压式的优点,又称简单升压式空气循环制冷系统。从气源来的高温高压空气经初级热交换器预冷后进入压气机再次增压,然后经次级热交换器冷却,再经涡轮膨胀做功,空气温度进一步下降后供入座舱。涡轮带动的风扇用来抽吸空气,以改善初、次级热交换器的散热程度。

涡轮的功率被压气机吸收80%～85%,被风扇吸收15%～20%。该系统结构比较复杂,需要较大的安装空间,但冷却系数较高,经济性好。

除以上3种空气循环制冷系外,还有适用于高空高速飞行条件的再生式空气循环制冷系统。在这个系统中座舱增压空气既可以是发动机引气,也可以是冲压空气。座舱空气不再直接排入大气,而是作为再生式热交换器的冷却空气使用,借助于涡轮驱动的压气机或风扇驱使座舱排气流动特别适合小型军用飞机使用。

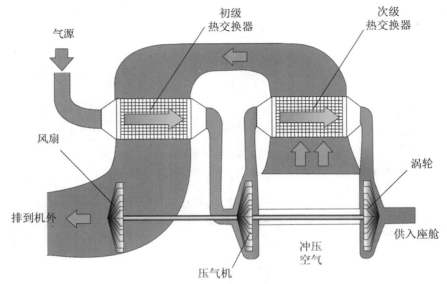

图 8-3-3　三轮式冷却系统的基本组成

(二)主要附件

温度调节的多数附件集中在空调组件内,包括热交换器、涡轮冷却器和控制阀等。

(1)热交换器。热交换器是将热量从一种载热介质传递给另一种载热介质的设备。加热器以加热为主要目的,散热器(冷却器)以冷却为主要目的。按载热介质,热交换器有空气/空气式和空气/液体式,前者的冷却及被冷却流体都是空气,有顺流、逆流、叉流(见图 8-3-4)和复合等流动方式,使用广泛,后者则采用水、燃油、氟利昂等液体作为冷却介质。

叉流式空气/空气散热器由壳体、散热管和波纹板等组成。两种载热介质被金属壁隔开,传热过程中,冷、热介质分别垂直流动,互不接触,热量由热流体通过金属壁传递给冷流体。

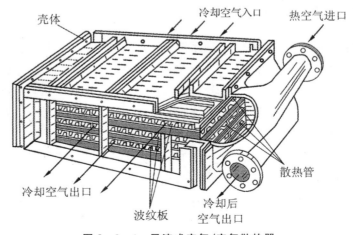

图 8-3-4　叉流式空气/空气散热器

（2）涡轮冷却器。涡轮冷却器是制冷的核心部件,根据空气绝热膨胀做功时温度显著下降的原理工作。按负载不同,有涡轮风扇式、涡轮压气机式和涡轮压气机风扇式,安装在散热器之后的管路上。

涡轮压气机风扇式涡轮冷却器内装有单轴的转动组件,上有压气机、涡轮和风扇,靠空气轴承支撑旋转组件(见图8-3-5)。涡轮安装在转动轴的一端,风扇在轴的另一端,压气机装在涡轮和风扇之间。引气经初级热交换器进入离心式压气机(见图8-3-3),压气机提高了空气的压力和温度,随后经次级热交换器进入涡轮,使其高速旋转,气体在涡轮内膨胀,产生动力驱动压气机和风扇转动。由于气体消耗内能对涡轮做功,空气得到进一步降温,可降至0℃及以下。飞行中,风扇协助冲压空气流动,地面没有冲压空气时,风扇提供热交换器所需的冷却气流。

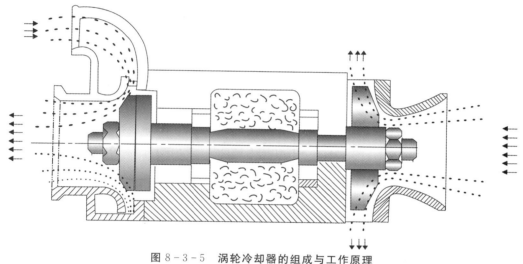

图8-3-5　涡轮冷却器的组成与工作原理

二、座舱温度控制

座舱温度控制是指将座舱温度保持在预定范围的常见方法是调节冷、热路空气的混合比例。

(一)控制原理

控制原理如图8-3-6所示,从流量控制阀出来一定流量的空气,经温度控制阀分成两路,一路到制冷组件使其降温为冷路,另一路为热路,混合后进入座舱。温度控制器接收选定温度和座舱实际温度,进行比较后输出与温度偏差成正比的电信号,驱使温度控制阀改变冷、热路的流量,进行温度调节。为减小温度调节过程的超调量,管路上的温度预感器提供温度变化率反馈信号,实施闭环伺服控制。当供气管路温度过高时,供气极限温度传感器向温度控制器发出信号,驱动温度控制阀向冷路全开方向转动。

当温度控制器发生故障时,飞行员可直接通过温控电门向温度控制阀发送控制信号,控制座舱温度。座舱内装有座舱温度表、供气管路温度表及系统状态信号灯等。也有的系统只控制热路流量来改变冷热空气的比例,多见于三轮式冷却系统。

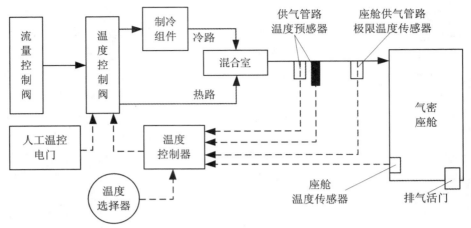

图 8 - 3 - 6　座舱温度调节系统的基本原理

（二）主要附件

温度控制的主要附件有温度传感器、温度选择器、温度控制器和温度控制阀。

温度传感器用来感受座舱或管路内的空气温度,并将温度信号转变为电气、位移、变形等信号,输送给温度控制器。有座舱温度传感器、供气管路极限温度传感器和温度预感器等类型,电传感器、双金属传感器、充气感压箱等比较常用。电传感器一般为热敏电阻式,安装在控制精度要求较高的地方。

温度选择器用来人工预设座舱温度,有的选择器上还集成了手动制冷、手动制热、排烟、空调开关等指令(见图 8 - 3 - 7)。

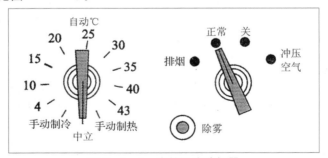

图 8 - 3 - 7　座舱温度选择器

温度控制器用来接收来自座舱温度传感器、座舱供气管路温度传感器、座舱供气管路极限温度传感器及温度选择器信号,经合成放大后向温度控制阀发出指令,控制阀的开度,是座舱温度控制的指挥中心。控制器有电子式、电动式、气动式等,常用的是电子控制器,基于电桥原理工作,一般在控制器内设置有温度电桥、预感电桥和极限温度控制电桥。

温度控制间用来控制冷、热路的空气混合比例,常用的有双活门式和单活门式。双活门式又称混合阀,伺服电机通过连杆机构带动两个蝶形活门(见图 8 - 3 - 8)转动,改变冷路和热路的流量分配,一个活门开大,另一个就关小,以提高温度调节效率。活门在极限位置时,一个全开,另一个关闭。活门上装有位置传感器,用来将活门位置显示在座舱内的温度控制面板上。单活门式又称旁路控制阀,伺服电机驱动一个蝶形活门,只安装在热路上,工作原理是管路中的空气流量按管路阻力分配,由于冷路空气要经过制冷组件,流动阻力大,故只控制热路的阻力就可以改变其流量分配,但无法完全关闭冷路。

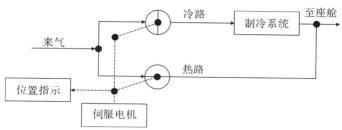

图 8 - 3 - 8　双活门式温度控制间的工作原理

三、座舱湿度控制

低空飞行时,空气中的水汽较大,直接引入会导致座舱湿度过大,玻璃结雾、舱壁凝结水滴或结冰,也会对电子设备产生不良影响;而高空飞行时,空气中的水汽太少,使得座舱湿度过小,还需增大湿度。因此需要控制去往座舱增压空气的温度,常见的以除温功能为主。

空气循环制冷系统一般利用水分离器来除温有运动式和机械式两种。运动式水分离器利用离心式装置以一定速度旋转,在惯性离心力作用下,相当一部分水被甩到边缘而排出,这样就大大减少了空气中的水分,且能过滤和分离空气中的油污杂质,净化空气;机械式水分离器没有运动件,空气流过时凝结水滴,经排水管或水收集器排出。

除水方法有低压和高压两种,基本上与升压式和三轮式冷却系统相对应。高压除水法的基本工作原理如图 8 - 3 - 9 所示。

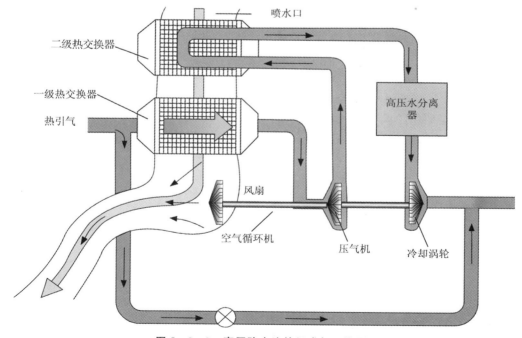

图 8 - 3 - 9　高压除水法的组成与工作原理

　　高压除水系统利用安装在冷却涡轮上游高压段的水分离器,使空气在进入冷却涡轮之前就先进行除水处理,让干燥空气流过涡轮,那就可有效避免涡轮出口结冰情况,同时涡轮出口温度还可以进一步降低,空调系统的制冷能力也可以进一步增强。

　　高压水分离器主要由旋流器、带有许多小孔的内壳体和外壳体组成(见图8-3-10)。旋流器是一个由多个扭转叶片组成的固定导流装置。当湿空气流入高压水分离器时,旋流器使气流在内壳体中旋转,在离心力作用下,空气中析出的水滴被甩到内壳体壁上,并通过小孔进入内、外壳体之间的收集室内,然后通过排水管流到冲压空气进口管道的喷水口。

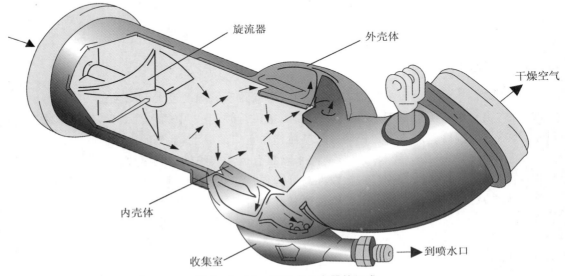

图8-3-10　高压水分离器的组成

　　与低压除水相比,高压除水的优点:①除水效率高,高压除水系统的除水效率一般可达95%~98%。②防冰效果好,由于空气中绝大多数的水分已经在进入涡轮前就被除去,涡轮出口结冰情况可有效避免。③制冷能力强。因为涡轮出口不容易出现结冰情况,涡轮出口温度可进一步降低,空调系统的制冷能力可进一步增强,在满足相同制冷功率要求的前提下,可大大减少空调引气量,有利于节省发动机功率。

第四节　座舱压力调节系统

　　座舱压力调节系统用来在飞行高度范围内自动调节座舱空气的绝对压力,使之按座舱压力制度变化,并限制压力变化率,以满足人体的生理要求。系统主要由座舱调压装置、释压和应急卸压装置、信号设备等组成。

一、座舱压力制度

　　座舱压力制度是指气密舱内空气绝对压力随飞机飞行高度的变化关系,常称为座舱调压规律。飞机不同,座舱压力制度也不同。

(一)战斗机座舱压力制度

研究认为,座舱压力 p_k 按图 8 - 4 - 1 中的曲线 ae 变化较为理想,特点是:座舱压力变化均匀,在高、低空做垂直机动飞行时,不会产生压力变化过快现象。25 km 以下高度的座舱绝对压力不低于 267 mmHg,22 km 高度的余压为 0.033 MPa,14 km 以下高度的余压不超过 0.03 MPa。但要实现此规律,需要复杂的调压装置。

实际上,战斗机座舱压力制度均采用图中曲线 abcd 的三段式调压规律:低空通风不增压;中空保持一定的绝对压力(或稍有降低),按绝对压力调节;高空保持一定的剩余压力,按余压调节。

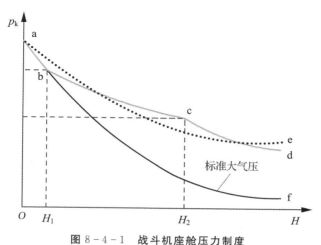

图 8 - 4 - 1　战斗机座舱压力制度

(1)自由通风阶段。在 $0\sim H_1$ 的高度范围内,大气压力较大,直接用大气对座舱进行通风,$p_k\approx p_H$。

(2)绝对压力调节阶段。在 $H_1\sim H_2$ 的高度范围内,座舱压力按下式变化:

$$p_k = p_H + \frac{p_{H1} - p_H}{m} \qquad (9-4-1)$$

式中:p_H——H 高度上的大气压力;

p_{H1}——H_1 高度上的大气压力;

m——调节系数。

m 不同,p_k 就不同,其随高度 H、时间 t 的变化率也不同,且 $\mathrm{d}p_k/\mathrm{d}t$ 与飞机升降速度 V_y 成正比。$m=1$ 时,$p_k = p_{H1}$;$m>1$ 时,$p_H<p_k<p_{H1}$;$m\rightarrow\infty$ 时,$p_H = p_k$。不同类型的飞机可选择不同的 m 值,使绝对压力调节区适应飞行性能的变化,且座舱余压 Δp_k 在不断增加。

在 $H_1\sim H_2$ 高度范围内,为使 $\mathrm{d}p_k/\mathrm{d}t$ 不超过规定,V_y 比较大的飞机应取小些的 m 值,V_y 较小的飞机应取大些的 m 值。

(3)余压调节阶段。在风到升限的高度范围内,座舱余压 Δp_k 始终保持规定值不变 p_k 随 H 增大而降低,且 $\mathrm{d}p_k/\mathrm{d}H$ 与 $\mathrm{d}p_H/\mathrm{d}H$ 相同。Δp_k 的规定值可满足 p_k 在最大飞行高度上的要求。

例如二代机的 H_1 一般为 2 km,H_2 为 9 km 时的 $m=1.9$,$\Delta p_k=0.03$ MPa。

（二）轰炸机座舱压力制度

轰炸机压力制度也分为类似的三段式，H_1、H_2 的取值因具体机型而不同（见图 8-4-2）。

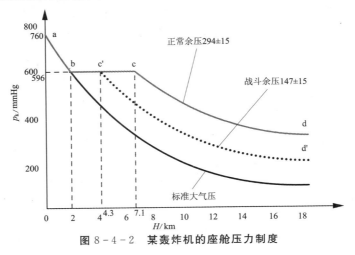

图 8-4-2　某轰炸机的座舱压力制度

（三）运输机座舱压力制度

根据飞行任务，运输机压力制度既可为三段式（与轰炸机的类似），也可为两段式，H_1、H_2 的取值因具体机型而不同，国家军用标准规定 $\Delta p_k = 0.06$ MPa。如果采取两段式，飞机从零高度就开始增压，没有自由通风阶段，直接进入绝对压力调节阶段，Δp_k 达到规定值后，转而保持余压不变，直至升限。某型运输机的座舱压力制度如图 8-4-3 所示。

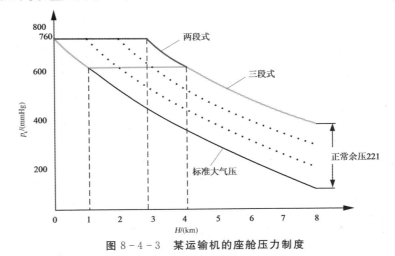

图 8-4-3　某运输机的座舱压力制度

实际飞行时，由于起降机场标高通常并不为零，场压也有一定差异，为避免起飞着陆时座舱压力发生突然变化，飞行员设置的座舱起始增压压力通常比场压略低一点（例如0.006 MPa），飞机起降时仍有 0.5～1 km 的自由通风阶段，压力制度实际上仍为三段式。

军用运输机的压力制度也有平时和战时两种状态。

二、座舱调压装置

座舱调压装置由座舱压力调节器和排气活门等组成,改变排气活门的开度,就可以调节座舱压力。按控制信号的产生及排气活门的开关动力座舱调压装置有气动式、电子气功式和电子电动式。

(一)气动式调压装置

气动式调压装置主要由座舱压力调节器、排气活门等组成。座舱压力调节器用来按预定压力制度发送相应的控制信号给排气活门自动调节座舱压力,是调压系统的核心控制附件。排气活门用来接收座舱压力调节器的控制信号,以气压驱动来改变活门的开度,也就改变了座舱的排气量实现压力调节,是调压系统的执行附件。

按控制部件和执行部件的安装形式,有两种调压装置:直接作用式,调节器与排气活门安装在一起,调节器直接控制排气活门;间接作用式,调节器通过传压导管与排气活门相连,调节器间接控制排气活门。间接作用式调压装置应用较广。

(1)组成。间接作用式座舱调压装置主要由座舱压力调节器和排气活门组成(见图 8 - 4 - 4)。

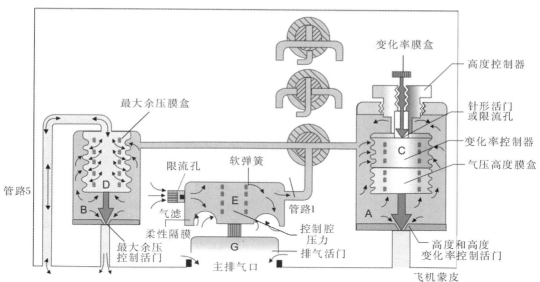

图 8 - 4 - 4　间接作用式座舱调压装置的组成与工作原理

1)座舱压力调节器。座舱压力调节器通常由壳体、绝对压力调节机构、余压调节机构和转换开关等组成,有的调节器内还设有压力变化率调节机构。

绝对压力调节机构由真空膜盒、调压弹簧、薄膜、活门等组成。薄膜将其内腔分隔为 A、C 室,A 室经管路 2、转换开关、管路 1 与排气活门的 E 室相通,活门打开时还经管路 4 与大气相通,C 室经管路 5 与全静压管的静压室相通。

余压调节机构由薄膜、活门、定压弹簧等组成。薄膜将其内腔分隔成 B、D 室,B 室经管路 3、转换开关、管路 1 与排气活门的 E 室相通,活门打开时还经管路 4 与大气相通,D 室经管路 5 与全静压管的静压室相通。

转换开关由开关和手柄组成,手柄有接通(位置Ⅰ)、检查(位置Ⅱ)和断开(位置Ⅲ)三个位置。平时和飞行中,手柄均在接通位置,调节器处于正常工作状态;手柄扳至检查位置,B 室与 E 室相通,座舱压力只由定压活门来调节,用于在地面检查座舱余压。手柄置于断开位置时,调节器不工作,排气活门关闭,用于在地面检查座舱的密封性。

2)排气活门。排气活门主要由壳体薄膜、弹簧、活门、限流孔和活门座等组成。

薄膜与活门相连,与壳体之间形成 E 室(又称基准腔),E 室通过限流孔与座舱相通,并通过管路 1、2(或 3)与 A(或 B)室相通。薄膜上室压力 p_E 主要取决于 A(或 B)室压力 p_A(或 p_B);薄膜下室直接感受座舱压力 p_k,由于活门弹簧力很小,可认为 $p_k = p_A$(或 p_B)。因此,p_k 主要根据 p_A(或 p_B)的变化而定,只需调节 p_A(或 p_B)即可使 p_k 按压力制度变化。

限流孔主要用来限制 p_k 的变化速度(即座舱压力变化率 $\mathrm{d}p_k/\mathrm{d}t$)。飞机快速爬升和下降、发动机油门变化等因素会引起外界环境压力、引气流量的急剧变化,而限流孔调节作用的响应速度存在一定限度,一旦超出其响应速度范围就可能会导致座舱压力的急剧变化。座舱压力变化过快首先对中耳造成影响。当压力迅速变化时,耳膜两边的压力不能迅速平衡,耳膜两侧就会产生压力差,进而会使人产生"压耳"等不适感。此时,飞行员可以通过吞咽、咀嚼等方法来缓解不适感,同时,座舱压力调节系统也会自动进行调节,使座舱压力趋于平稳。

此外,有些型号的排气活门上还装有最大余压控制活门和负压活门。最大余压控制活门在座舱余压达到最大值时自动打开释压;负压活门在外界压力超过座舱压力时(例如飞机以较大的垂直速率下降)打开,使舱内外压力迅速平衡,以防机身结构受损。

(2)工作原理。调节器相当于一个微型的气密座舱,在其内部的绝对压力调节机构、余压调节机构及压力变化率调节机构的作用下,内腔压力能按预定的压力制度变化,压力变化率控制在规定的范围内。这样,内腔压力输给排气活门的基准腔后,就能使排气活门改变相应的开度,自动保证座舱压力按压力制度变化。

将手柄放在接通位置,座舱密封后,空气由供气系统进入座舱。调压过程也分为三个阶段,具体如下:

1)自由通风阶段。在高度 H_1 以下,余压调节机构不起作用,大气压力压缩绝对压力调节机构的气压高度膜盒,使调压活门开度最大。从座舱进入 A 室的空气经管路 4 排入大气,活门处的流动阻力很小。因此,A 室气压 p_A 近似等于大气压力 p_H,E 室压力 p_E 也近似为 p_H,座舱压力 p_k 按 p_H 变化。当座舱供气增压时,p_k 稍高于 p_H,排气活门即打开,使 p_k 接近 p_H。高度升高,p_H 下降,p_k 也随着下降。

2)绝对压力调节阶段。随着 p_H 的下降,真空膜盒开始膨胀,到高度 H_1 时膨胀的膜盒将调压活门关小到具有节流作用的状态,A 腔空气从管路 4 通大气受阻,p_A 和 p_E 开始逐渐增大。在 A 室和 C 室气压一同下降的情况下,p_A 的下降速度要慢于 p_H(C 室),故排气活门的开度减小,座舱内外开始形成压力差,且随着飞行高度的增加而逐渐增大。达到高度 H_2 时,座舱余压达到规定值,A 腔与管路 4 不再相遇,调压活门退出工作。

3)余压调节阶段。高度超过 H_2 时,p_B 和 p_H(D 室)作用在薄膜上的压差力开始超过定压弹簧力,定压弹簧被压缩,最大余压控制活门打开。E 室经打开的最大余压控制活门与大气相通,p_E 减小,排气活门随之开大,使得 p_k 下降。当 p_k 与 p_H 之差小于规定的余压值时,定压活门关闭,排气活门关小,p_k 则升高。这样,座舱余压就始终保持为规定值不变。

4)座舱压力变化率限制。压力增长率一般通过排气活门上限流孔的节流作用来进行限制,压力下降率则通过定压活门座上节流孔的节流作用来进行限制。在限制过程中,p_k 的变化不再与座舱压力制度相符。

(3)使用方法。装有座舱压力调节器面板的飞机(主要是运输机)在起飞前,飞行员可根据飞行任务设定各压力值:在密封开始刻度盘上设定机场场压或某一起始增压压力值,在余压刻度盘上设定压差值,在压力变化率刻度盘上设定变化率值,上述值均通过转动各自旋钮来给定。通常设定的是起始增压用力值。

战斗机的座舱压力调节器通常不需飞行员设定压力值。

(二)电子气动式调压装置

电子气动式调压装置的调压方式与气动间接式类似,主要区别在于座舱压力产生的控制信号为电信号,通过电磁阀分别控制排气活门基准腔的正压源与负压源的通断,使基准腔压力按需增大或减小,从而使排气活门在气动压差作用下改变开度。正压源一般来自座舱供气管路,负压源由真空系统产生。

此调压装置应用在一些中、小型飞机上。

(三)电子电动式调压装置

电子电动式调压装置由增压控制面板、可编程的电子式压力控制器、电动排气活门等组成(见图 8-4-5),是实现直线式压力制度必须的调节装置,目前在民航飞机上应用较多,但在军用飞机上应用较少。

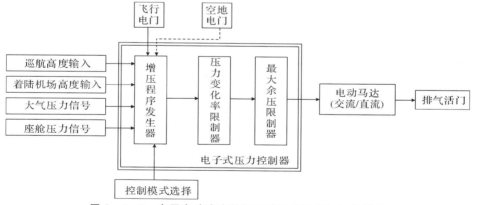

图 8-4-5　电子电动式座舱调压装置的组成与工作原理

压力控制器是系统的控制部件由增压程序发生器、压力变化率限制器和最大余压限制器组成,根据起飞前飞行员输入的本次飞行巡航高度、着陆机场高度、座舱内压力及外界环境压力等参数,在飞行电门、空地电门的控制下,为调压系统提供自动和非自动(人工)增压程序。排气活门是系统的执行部件,通过接收压力控制器的控制指令,靠交流/直流电动马达驱动其改变开度来实现座舱压力制度。

通过增压控制面板上的方式选择按钮飞行员可手动选择自动、备用、人工直流、人工交流等增压方式,正常情况下使用自动方式。

三、释压装置与信号设备

一般而言,释压和应急卸压装置包括排气活门和安全阀,运输机上还有专门的应急卸压活门;压力信号装置有座舱高度压差表、告警灯等。

(一)安全阀

安全阀在座舱正常增压过程中不起作用,当座舱余压超过规定值(例如压力调节器故障、排气活门的余压控制器失效)时打开,应急释放座舱压力,防止损坏机身结构。气密舱容积较大的飞机为保证足够的排气量,通常安装两个安全阀,安全阀上也装有最大余压限制活门和负压活门。

(二)座舱高度压差表

座舱高度压差表用来指示座舱高度和座舱内外压力差(见图8-4-6),通常装在座舱前仪表板上。表盘上设有座舱高度值和座舱内外压差值等刻度,座舱内外压差值的正数表示座舱压力高于座舱外的压力值,负数表示座舱内压力低于座舱外的压力值。

 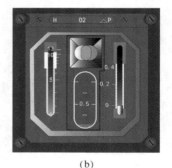

(a)   (b)

图8-4-6 座舱高度压差表

本 章 小 结

本章主要介绍环境控制系统的相关知识。环境控制系统用来为机组人员和机上乘员创造正常的生活条件。现代军用飞机高空飞行一般采用密闭座舱,通过从发动机引气,对座舱的压力和温度进行调节,确保在高空飞行时舱内的温度和压力处于合适的范围。环境控制系统主要包括供气系统、座舱温度调节系统、座舱压力调节系统、设备舱冷却与增压系统等。

▶拓展阅读

"大飞机之肺"——C919座舱环境控制系统

作为中国首款按照最新国际适航标准研制的干线民用飞机,C919的新型空气分配系统让空气"更清新":经过优化设计使得C919座舱内空气新鲜度提高20%,乘客的"热舒适满意度"从70%左右提升至近90%。这套座舱环境控制系统,即飞机的"呼吸系统",包括空气分配设计方案的数值仿真和优化设计,是由天津大学科研团队完成的。

环境控制系统是大飞机九大关键系统之一,也是涉及机密的关键技术。整机可以购买,而关键技术国外公司却不会提供,需要依靠自己的力量设计、研发。为破解这些关键技术难题,自 2009 年起,天津大学陈清焰教授就带领团队投入到 C919 大型客机的座舱环境数据仿真和优化设计工作。经过长期攻关和反复测试,终于打破西方技术垄断,研制出领先世界的"大飞机之肺"。

团队成员刘俊杰教授说:"创造高能效的座舱空气环境是保障乘客和机组人员生命安全、健康和舒适的关键,是通过国际适航认证的瓶颈,也是在激烈的国际竞争中获得优势的突破口。虽然中国大飞机起步晚,但是我们只要抓住关键共性基础问题进行研究、突破,就一定能在世界竞争中走在前列。"

思 考 题

1.查阅资料,试总结发动机引气在具体机型上的实际用途。

2.根据座舱环境控制系统的工作原理,结合座舱压力制度,试分析作战飞机转场到高原机场(假定此机场标准大气压高度超过 2 500 m)降落时,座舱应如何释压。

3.试分析飞行中出现供气中断、座舱温度失调、舱压低现象的可能原因。

第九章 生命保障系统

▶学习重点
　　(1)氧气系统的组成、供氧制度及工作原理。
　　(2)抗荷系统的组成及工作原理。
　　(3)弹射救生系统的结构组成及其功用。
　　(4)弹射救生系统的操纵要领及主要过程。

▶关键词
生命保障系统 life support system　　　　氧气系统 oxygen system
座舱高度 cabin height　　　　　　　　　供氧制度 oxygen supply rule
抗荷系统 anti-G system　　　　　　　　　抗荷服 anti-G suit
弹射救生系统 ejection rescue system　　　弹射座椅 ejection seat

　　为充分发挥作战飞机的高性能,同时保证飞行员的正常生理活动和生命安全,机上除设有环境控制系统外,还设置了氧气系统、抗荷系统和弹射救生系统。

第一节　氧气系统

　　随着飞行高度的增加,大气压力不断下降,虽然空气中的含氧百分比没有变化(90 km以下高度均为 20.95%),但氧气部分的压力(简称氧气分压)也随之而逐渐降低。人体肺部小支气管的末端有许多漏斗状的气泡称为肺泡,充满于肺泡等处的气体称为肺泡气,对人体生理活动起直接作用的就是肺泡气的氧气分压。大气高度增加时,肺泡气压随大气压力的减小而减小,肺泡气的氧气分压也随之减小。其下降到一定程度后,飞行员就会感到氧气不足,例如,超过 4 km 出现呼吸困难、疲乏无力和头昏,8 km 以上开始有生命危险。
　　氧气系统是为防止高空缺氧和低压效应对飞行员的危害,以充分发挥人-机功效而设计的个人供氧装备,用来为飞行员提供正常生理活动所需的氧气,以满足正常飞行或因机身损伤、座舱意外减压和弹射跳伞时飞行员对氧气的需求,常称为氧气设备。

一、供氧制度

　　供氧制度是指为了满足人体生理需要,氧气设备供吸用气体的压力、含氧百分比等随座舱高度的变化关系,又称为供氧规律。人体对氧气设备供吸用气体的基本要求是:气体的力相当于人体外表面所受的压力,气体的含氧百分比应能使肺泡气的氧气分压达到 100~110

mmHg(相当于海平面标准气压所对应肺泡气的氧气分压)。

(一)根据压舱高度自动调节吸用气体的含氧百分比

座舱高度升高时,座舱压力和供吸用气体压力均相应下降,为满足肺泡气的氧气分压为规定值,氧气设备供给的吸用气体必须随座舱高度的升高而自动地提高含氧百分比(称为增氧,见表9-1-1)。座舱高度超过10 km时,氧气设备供给的是纯氧(含氧100%)。

表9-1-1　混合气的含氧百分比、氧气分压与座舱高度的关系

座舱高度/km	0	1	2	3	4	5	6	7	8	9	10	11	12
混合气中含氧/(%)	21	23.8	27.2	31	36	42	49	57	68	81	100	100	100
混合气中含氧气分压/mmHg	159	160	162	163	166	170	173	176	182	187	198	170	145

高度在10 km以下,如果飞行员感到呼吸困难、身体不舒服,或飞机通过有毒气体空域时,可手动操纵氧气设备,只吸用纯氧。

(二)根据压舱高度自动调节吸用气体的压力

飞行员体外的座舱压力由环境控制系统自动调节,吸用气体的压力则由氧气设备根据座舱压力和人体用氧的需要来自动调节。在不同的座舱高度范围氧气设备提供吸用气体压力的基本规律是:低空时等压供氧,中空时小余压供氧,高空时大余压供氧。

1.低空时等压供氧

座舱高度4 km以下的低空范围内是用氧的安全高度一般采用等压供氧。氧气设备提供吸用气体的压力等于飞行员体外的座舱压力这样既可满足飞行员的正常用氧需要,又可使飞行员感觉更加舒适。

2.中空时小余压供氧

座舱高度在4~12 km的"中空"范围内,采用小余压供氧。氧气设备提供吸用气体的压力稍大于座舱压力其差值一般不超过40 mmHg。即使在空中较长时间地采用小余压供氧,也不会损害飞行员的生理健康,故小余压也称为安全余压。

采用小余压供氧的好处是,如果供氧低压管路或面罩有漏气现象,也只能由管路或面罩内漏往座舱,而不会降低吸用气体的含氧百分比,另外还能减小飞行员的吸气阻力。

3.高空时大余压供氧

座舱高度超过12 km时,由于座舱压力过低,即使采用小余压供纯氧,肺泡气的氧气分压仍比正常量偏低过多,只能采用大余压供纯氧。氧气设备提供吸用的氧气压力明显大于座舱压力,这个大余压值还要随着高度的升高而增大,故称为增压供氧。

由于人体内外的压力差过大时,会严重危害人体健康,因此在大余压供氧的同时,飞行员还应穿戴加压供氧面罩、密闭头盔、代偿服等配套的高空装具来给人体外部施加相应的机械压力,保持体内外的压力基本相同。

只有在座舱失去密封的情况下,才可能出现座舱高度超过12 km的大余压供氧情况。一旦出现这种情况,飞行时间不能太长,飞行员应该迅速操纵飞机下降到安全高度。

（三）根据座舱高度自动进行断续供氧或连续供氧

断续供氧是指飞行员吸气时氧气设备供氧、呼气时氧气设备不供氧，可以节省氧气，也称为肺式供氧方式。连续供氧是指不论飞行员吸气还是呼气均供氧，此方式既会大量浪费氧气，还给呼气造成一定困难，只有在增压供氧等应急情况下才使用。

座舱高度在12 km以下时，氧气设备能自动进行断续供氧，12 km以上时能自动进行连续供氧。在任意座舱高度上，只要飞行员认为有必要（例如呼吸困难、身体不适等），都可以通过操纵氧气设备的有关手柄或开关，使氧气设备进行短时间的连续应急供氧。

以上为供氧的一般性规律。飞机种类不同座舱压力不同其等压供氧、小余压供氧和供纯氧所对应的座舱高度也不一样，例如教-9飞机在座舱高度为5～7.5 km时小余压供氧，8 km时开始供纯氧，12 km时进行5～10 min增压供氧。

二、供氧系统的组成与分类

（一）组成

供氧系统由机上氧源、供氧设备、系统指示仪表和氧气附件四大部分构成，如图9-1-1所示为某双座型飞机氧气系统的组成。

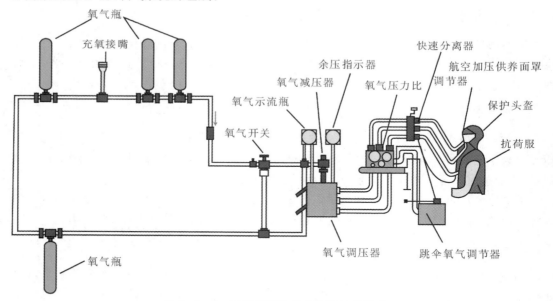

图9-1-1 某双座型飞机氧气系统的组成

供氧设备包括氧气开关、氧气减压器、氧气调节器、氧气断接器和氧气压力比调节器。氧气系统指示仪表包括氧气示流器和氧气余压指示器。氧气示流器在前、后座舱的仪表板上，是由压力表和示流器组成的组合仪表，压力表用来指示氧气压力，示流唇片指示呼吸情况，吸气时唇片张开，呼气时唇片合拢。氧气余压指示器在前、后座舱的仪表板上，用来指示氧气系统产生小余压及加压供氧时吸气线路的余压值。氧气附件包括管接头、单向活门、导管等,用于连接各有关的氧气设备,形成完整的供氧系统。

(二)分类

按用途,作战飞机氧气设备分为飞机氧气设备和跳伞氧气设备。飞机氧气设备供飞行员在机上使用;跳伞氧气设备装在救生伞伞包内,供飞行员跳伞或飞机氧气设备不能工作时,进行短时间(例如 3~5 min,与具体飞机有关)的供氧。

按供氧压力,氧气设备有三类:①无余压式氧气设备,供氧压力等于座舱压力,最大使用座舱高度为 12 km;②余压式氧气设备 4~5 km 以下高度的供氧压力等于座舱压力,此高度以上则产生小余压(例如最大余压为 40 mmHg,最大使用座舱高度为 12 km);③增压式氧气设备,12 km 以下高度的供氧压力与余压式相同,12 km 以上高度采用增压供氧(即大余压供氧),必须佩戴密闭头盔或加压供氧面罩、穿着高空代偿服。

余压式氧气设备一般由氧气瓶、氧气开关、减压器、氧气压力表、示流器、氧气调节器和面罩等组成(见图 9-1-2)。飞行中供氧,打开用氧开关后,氧气一路进入压力表指示氧气瓶压力,另一路经减压器将压力减小到一定值(例如 0.8~1 MPa)后,分别去往应急开关和氧气调节器。

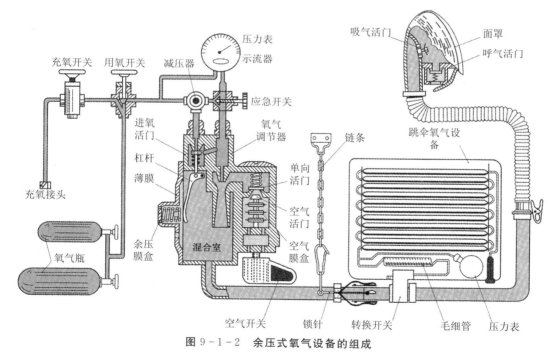

图 9-1-2 余压式氧气设备的组成

氧气调节器用来在飞行员吸气时供气并随飞行高度的变化自动调节供气压力和含氧百分比,由进氧活门、杠杆、薄膜、余压膜盒、空气开关、空气膜盒和单向活门等组成。薄膜内侧是混合室,与氧气面罩相通,薄膜外侧通座舱。

(三)氧源

氧源主要有三种：①气氧系统主要用于紧急系统，也用于对空间或重量限制不是特别严格的中、大型飞机，氧以气态形式储存在高压(例如 12～15 MPa)或低压(例如 3～4 MPa)气瓶内；②液氧系统，常用于对空间、重量和工效等限制极为严格的飞机(例如战斗机)，液氧储存在 $-147℃$、0.1 MPa 的容器内，使用时转换为气氧；③机载制氧系统，直接从飞机供气系统引出的空气中分离产生氧气，有电化浓缩、氟石化学吸附、渗透膜和分子筛等制氧方法，因保障负担小、用氧时间长，是三、四代机氧气系统的发展方向。

(四)分子筛制氧机

分子筛制氧是指在常温下采用分子筛的吸附特性，从空气中分离制取氧气。分子筛制氧机一般采用加压吸附、常压解吸的方法。原料空气由压缩机加压后，经过空气预处理装置除去杂质及水，并冷却至常温，经过处理后的压缩空气由进气阀进入装有分子筛的吸附塔，空气中的氮气、二氧化碳等被吸附，流出的气体即为高纯度的氧气，吸附塔达到一定的饱和度后，进气阀关闭，冲洗阀打开，吸附塔进入冲洗阶段，过后冲洗阀关闭，解吸阀打开进入解吸再生阶段，这样即完成了一个循环。由两个吸附塔分别进行相同的循环过程，从而实现连续供气。装备了分子筛制氧机的飞机，通常将分子筛制氧作为主氧气源，而将氧气瓶作为备用氧源。

三、供氧系统的工作原理

(一)机上供氧

1. 断续供氧

飞行员不吸气时，氧气调节器薄膜因内外压力相等而处于中立位置，进氧活门关闭，氧气不能进入调节器，示流器唇片闭合，表示未供氧。

吸气时，薄膜内的气压下降内外压差作用使薄膜向内弯曲，压动杠杆，打开进氧活门，氧气进入调节器内。一路与从单向活门进入的空气一起进入混合室，供飞行员吸用；另一路到示流器使唇片张开，表示供氧。呼气时，薄膜恢复中立，进氧活门关闭，废气经面罩上的呼气活门排出。随着飞行员的呼吸，混合气断续进入氧气面罩。

2. 随高度变化自动调节混合气的含氧百分比

随着高度增加，作用在空气膜盒上的气压减小，膜盒不断膨胀，空气活门随之关小，进入混合室的空气量也随之减少，混合气中的含氧百分比增大。座舱高度达到 8 km 时，空气活门完全关闭，吸气时氧气调节器供纯氧。8 km 以下高度需要吸用纯氧时，飞行员关闭空气开关，空气就不再进入调节器。

3.产生小余压以减小吸气阻力

随着高度增加,余压膜盒也不断膨胀,向内侧推薄膜。座舱高度 4 km 时,进氧活门被打开,开始进氧,混合室气压稍大于座舱压力,形成小余压,减小了飞行员的吸气阻力,同时阻止外部空气进入面罩,避免降低面罩内气体的含氧百分比,示流器的唇片一直张开一些。高度越高,余压膜盒作用在薄膜上的力越大,余压值也越大。到 12 km 高度时,余压值可达 40 mmHg。

4.应急供氧

在吸气阻力过大、供氧量不足或调节器不能自动供氧等情况下飞行员可打开应急开关进行应急供氧。这时,氧气经减压器从应急开关连续流出,一路到示流器使唇片一直张开,一路经调节器进入面罩,同时单向活门关闭,飞行员连续吸用纯氧。

(二)应急跳伞时供氧

飞行员跳伞时,靠跳伞氧气设备供给氧气。氧气设备可安装在伞包上的方盒内,由氧气瓶、压力表和毛细管等组成(见图 9-1-2。氧气瓶的充氧压力一般为 15 MPa,可通过方盒边缘窗孔内的小压力表查看。机上氧气设备和跳伞氧气设备通过转换开关连接起来,然后通向氧气面罩,转换开关由活门、活门弹簧、杠杆和杠杆弹簧等组成(见图 9-1-3)。

飞行前,连接好机上氧气设备后,将氧气调节器出口导管和转换开关用锁针锁上,锁针放置在座舱侧壁或座椅一侧。飞行中,调节器的出口导管顶开活门 1,并推动杠杆逆转,压缩杠杆弹簧,活门 2 被关闭,面罩就只能与调节器相通,如图 9-1-3(a)所示。如果跳伞或机上氧气设备发生故障,需要使用伞上氧气时,由链条或用手拔掉锁针,调节器出口导管即脱开转换开关,在杠杆弹簧力作用下,杠杆打开活门 2、关闭活门 1,伞上氧气瓶的氧气经毛细管限流降压后,经转换开关进入面罩,如图 9-1-3(b)所示。

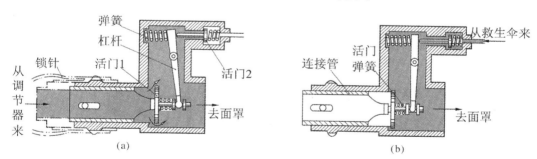

图 9-1-3　氧气转换开关的组成与工作原理

(a)飞机氧气设备供氧;(b)跳伞氧气设备供氧

(三)应急分离

应急分离包括地面机上应急分离、水上应急解脱及弹射跳伞应急分离三种情况。

1.地面机上应急分离

飞行员在地面机上需要快速离机时,可通过拔出快速分离器上的红色手柄,将通向头盔、代偿服等连接管路切断,同时,手动拔出电缆插头,便能立刻离机。

2.水上应急解脱

当飞行员应急弹射跳伞坠落水上时,为了抛脱跳伞氧气调节器、氧气压力比调节器和氧气断接器的上插座,仍采用拔出快速分离器上红色手柄的方法达到迅速解脱的目的。

3.弹射跳伞应急分离

当飞行员在地面或空中弹射离机时,飞行员同机上供氧管路的分离是随着座椅弹射时,氧气断接器自动开锁分离来完成的。当飞行员弹射时,与飞机机身结构相连的弹射分离钢索将断接器的锁打开,氧气断接器便分成三部分:被弹射分离钢索拉住的下插座留在飞机上;中支臂留在座椅上;上插座在人椅分离后跟飞行员离去。在断接器分离的同时,下插座上的挂钩拉住跳伞氧气调节器的耳座,接通跳伞氧气调节器。此时,固定在上插座上的氧气压力比调节器的进氧、对抗压和代偿压单向活门关闭,使压力比调节器内腔与外界大气隔绝,调节器仍按连续供氧调节规律给飞行员供氧。

第二节　抗荷系统

抗荷系统用来为飞行员体表制造与飞行过载成正比的压力,以提高飞行员承受过载的能力。常用的抗荷设备是抗荷服,高性能飞机还配有可随飞行过载变化而自动倾斜不同角度的高过载座椅。

一、组成与工作原理

抗荷系统通常由气滤、抗荷调压器和抗荷服(或高空代偿服)等组成(见图9-2-1)。

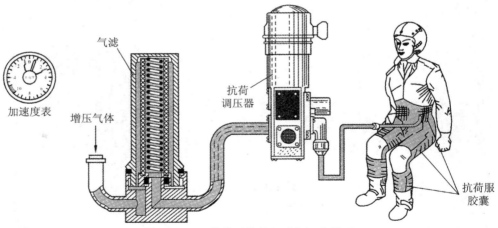

图9-2-1　抗荷系统的组成与工作原理

抗荷系统利用从发动机压气机引出的增压空气进行工作。传输增压空气的导管在座舱内分为两路,分别与前、后舱过滤器入口连接。空气经过滤器进入抗荷调压器,然后进入代偿服(或抗荷服)的抗荷装置,从而减轻飞机飞行时产生的正向过载对飞行员的不良影响,如图9-2-2所示。

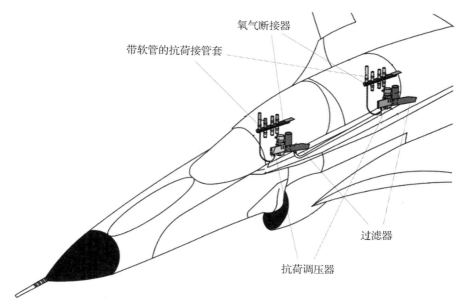

图 9-2-2　某双座型飞机抗荷系统组成及工作原理图

当正向过载 n 超过一定值(例如 $n>2$)时,抗荷调压器的活门打开,由气源来的增压气体经气滤和抗荷调压器进入抗荷服的胶囊,胶囊气压由调压器按过载的大小自动调节。当过载低于一定值时,调压器关闭来气,放出胶囊中的增压气体。

二、主要附件

(一)抗荷调压器

抗荷调压器通常由壳体、主配重、副配重、柱塞、调压旋钮锥形锁、安全阀、弹簧等组成(见图 9-2-3),安装在座舱左水平操纵台后部。壳体外部装有进气接头、出气接头、安全阀、调压钉及调压旋钮内腔装有主配重、副配重、柱塞及弹簧。各连接处均有滤网,以防尘土进入。

当 $n<2$ 时,主配重在弹簧力作用下处在上端,堵住进气接头处的环形通道,出气接头与座舱相通,来气被切断,经主配重与壳体间渗漏的气体可经 B 腔和 A 腔排入座舱。

当 $n>2$ 时,主配重在惯性力作用下克服弹簧力下移,首先断开 A 腔与座舱的通路,然后打开进气接头处的环形通道。来气经气滤进入抗荷调压器,从出气接头进入抗荷服内。与此同时,来气还从主配重凹槽上的小孔进入柱塞腔内,向上顶主配重。随着抗荷服内气压的增大,上顶主配重的气压也增大,主配重逐渐上移,进气口逐渐关小。当进气口被完全关闭时,抗荷服内的气压保持一定值。过载越大,配重惯性力就越大,上顶配重到关闭目才的气压力也就越大,抗荷服内的气压也就越大。

调压旋钮有高压、低压两个位置。旋钮在低压位置时,锥形锁将副配重锁住,副配重不参与工作。旋钮在高压位置时,锥形锁退出副配重的锥形槽,主、副配重在惯性力作用下同时参与工作,增大了抗荷服的气压。

当 $n>8$ 时,调压器输出最大气压,此时安全阀打开,超压气体排入座舱,保证抗荷服内的气压不至过大。

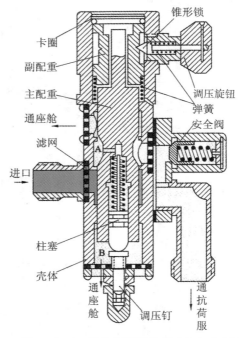

图 9 - 2 - 3　抗荷调压器的组成与工作原理

(二)抗荷服

抗荷服是一种在正向加速度作用时对腹部和下肢加压,从而提高肌体对正加速度耐力的服装,按结构有囊式抗荷服和侧管式抗荷服。工作原理是:当出现大过载时,从气源引来的压缩气体经气滤和调压器进入抗荷服,并鼓起胶囊,压紧飞行员的腹部和腿部,阻止血液远离心脏而向下半身的惯性流动以减缓生理病态的发生,提高人体抵抗过载的"强度"。

抗荷服的适体性对抗荷效果有着决定性的影响。适体的抗荷服应紧贴身体,未充气时又没有压迫感,不妨碍关节活动,穿着时能通过调节获得合适的扣紧程度。

第三节　弹射救生系统

作战和训练飞行中,当飞机损坏确实无法继续驾驶时,飞行人员离机跳伞是保存有生力量的积极的技术行动。弹射救生系统就是保证飞行员应急离机挽救生命的重要装置,通常向座舱盖系统和弹射座椅组成。

一、座舱盖系统

飞机种类不同,空地勤人员出入座舱的方式也不同:战斗机通过顶部座舱盖出入;轰炸机通过侧面登机门或底部通道门出入,通道门一般设置在前起落架舱附近;小型运输机开有座舱侧面门,而中、大型运输机的登机门布置在货舱或客舱内。作战飞机的座舱还应具备供飞行员弹射救生用的抛盖、穿盖或爆破舱盖功能。这里介绍的战斗机座舱盖系统通常由风挡、座舱盖、锁系统、正常操纵系统、气密系统和应急抛放系统组成,如图9-3-1所示。结构部分的主要功能是给飞行员提供良好的视野,并构成密封座舱,在飞行中给飞行员提供良好的工作环境。系统部分的功能是实现舱盖的开锁和上锁,舱盖与机身结合面的气密,座舱盖应急抛放。

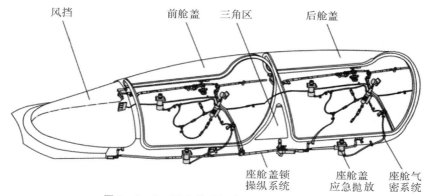

图 9-3-1　双座战斗机座舱盖系统的组成

(一)风挡

风挡位于座舱正前方,用来防止气流吹袭、抵御外来物侵袭、保护座舱与空勤人员,为飞行员提供清晰视野,通常为平板形或圆弧形。

(二)座舱盖

座舱盖设在风挡后的座舱上方,或与风挡一起组成整体式座舱盖,可开启和应急和抛放。正常开启时供人员进出座舱,应急时为弹射救生系统提供开畅的通道。座舱盖通常为水滴形或气泡形,一般可绕其后铰链折翻打开,舱盖骨架上装有开关作动筒。

(三)锁系统

锁系统是座舱盖与机身活动连接的一套装置(见图9-3-2),座舱盖关闭时可将其可靠锁紧于关闭位置,正常开启或应急抛放时能按规定程序解除座舱盖与机身的约束。

(四)气密系统

气密系统是指供可开启的座舱盖与风挡、座舱口框分合面间进行密封的系统,通常采用冷气加压使气密胶带充气、封闭分合面缝隙的方式(见图9-3-3)。一般而言,气密系统和锁系统之间存在着联动关系,即:扳动手柄到开的位置,先放气解除密封,后开锁,再打开座舱盖;扳动手柄到关的位置,先关闭座舱盖,后上锁,再充气密封。座舱内装有密封(供气)开关,有的飞机还装有解除密封开关。

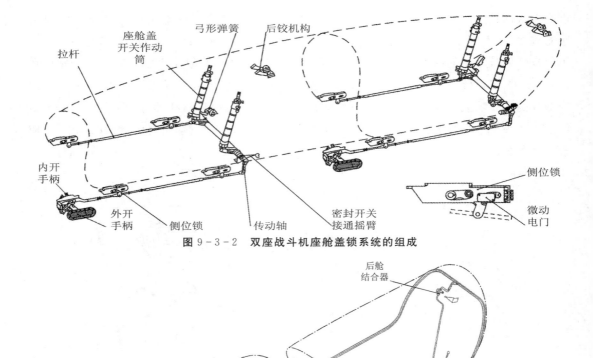

图 9-3-2　双座战斗机座舱盖锁系统的组成

图 9-3-3　双座战斗机座舱气密系统的组成

(五)正常操纵系统

正常操纵系统是指正常情况下操纵和驱动座舱盖开启或关闭的系统,可以靠人力或动力(例如液压、气压或电力)开关座舱盖,舱盖上装有开关作动筒(兼具抛放功能)。舱内装有内开手柄,相应地,舱外装有外开手柄(见图9-3-3),两者通常装在座舱的同一侧,通过传动机构连接起来。三代及以后飞机的舱外开盖以电门操纵为主,外开手柄为备用方式。舱内外装有止动、指示或告警装置。

(六)应急抛放系统

应急抛放系统是指在紧急情况下抛掉座舱盖清除弹射通道障碍的系统,它与正常操纵系统共用一部分机构或装置,例如抛盖动力源和开关作动筒、舱盖锁系统。飞行中,座舱且与机身锁在一起,座舱处于密封状态。座椅弹射(抛盖)时,首先要解除座舱盖的密封和连接,然后利用抛盖动力、空气动力以及座舱增压压力,将座舱盖迅速抛离弹射区。

二、弹射座椅

(一)组成

弹射座椅通常由座椅本体、座高调节机构、约束系统、弹射动力系统、弹射操纵系统、稳定减速系统、射伞分离系统、降落救生系统等组成(见图9－3－4),双座飞机还装有程序控制装置,不同型号的弹射座椅有各自的安全弹射包线。

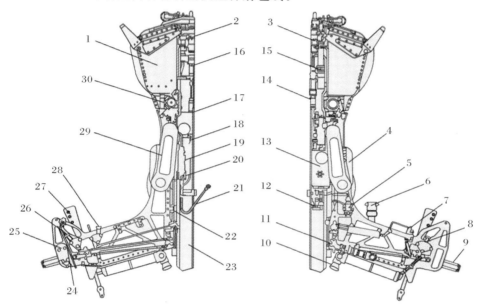

1—伞箱;2—稳定伞射伞枪;3—破盖枪;4—椅盆;5—椅盆升降电源插座;6—单点释放带;

7—应急分离手柄;8—火箭包调节手柄;9—限腿带;10—火箭包;11—下块分离机构;12—发散火箭;

13—双态控制器;14—燃爆机构;15—救生伞射伞枪;16—燃爆机构;17—自动开锁器;18—拔销绳;

19—快卸接头;20—远距离点火器;21—软管组件;22—安全阀门;23—骨架;24—坐姿调节控制阀门;

25—椅盆升降开关;26—限腿带、腰带操纵手柄;27—中央拉环;28—肩带操纵手柄;

29—限臂装置;30—肩带拉紧机构

图9－3－4　某型火箭弹射座椅的组成

安全弹射包线又称救生包线,是指弹射座椅能为飞行员提供安全救生的最大范围,包括飞行高度、飞行速度、飞行姿态和下沉率等参数,是衡量弹射座椅性能的重要指标。例如教－9飞机弹射座椅在飞机平飞速度0到1 000 km/h、高度0 m到升限的条件下能够安全弹射救生,同时具有较好的不利姿态条件下安全弹射救生能力。

弹射前,飞行员应保持正确的弹射姿态,双手紧握中央弹射拉环用力向上拉,一次拉动就可以完成抛掉活动盖、弹出座椅、人椅分离、自动开伞等过程。

(二)座椅本体

座椅本体是座椅的承力构件,也是安装各系统和机构的母体,由座椅骨架、椅盆、头靠伞箱等组成。座椅骨架由左、右滑轨和上、下横梁组成，上横梁的中部安装弹射筒的内筒，椅盆内存放救生包，伞箱内盛放救生伞和稳定减速伞。座椅是通过弹射筒和滑轨固定在座舱内的。弹射筒通过两个接头固定在座舱内，座椅骨架上横梁上的锁闭机构锁住弹射筒的内、外筒，并与其固定在一起，限制座椅的纵向运动；座椅的两条滑轨套在弹射筒的三对滑轮上，限制座椅的横向运动。

(三)坐高调节机构

坐高调节机构用来调整椅盆在座舱内的相对高度，保证不同坐高飞行员均具有良好的操纵舒适性和最佳视野，一般采用电动调节方式。

(四)约束系统

约束系统用来将飞行员固定在座椅上。飞行中，防止飞行员承受过载时与座舱、座舱盖相碰或由于身体上浮量过大而影响操纵；迫降时，固定好飞行员躯干，防止着陆时的高过载损伤飞行员脊椎；弹射时，固定好飞行员躯干和四肢，防止弹射过载和高速气流对飞行员造成伤害。该系统由安全带、肩带操纵系统、腰带锁组件、限腿带系统、负过载限动机构和限臂机构等组成，座椅型号不同，系统的组成和实现方式也不同。

(五)弹射动力系统

为使人椅弹射离机并达到足够的弹射高度，保证救生伞开伞并有足够的稳定降落时间，弹射座椅采用了弹射筒和弹射火箭两级弹射动力。弹射时，弹射筒先工作，推人椅上升到一定高度(例如 1.45 m)时，弹射火箭接替工作，继续推座椅加速上升。弹射动力系统由弹射筒、弹射火箭、远距点火机构、偏心距调节机构等组成。

1. 弹射筒

弹射筒是座椅弹射的第 1 级动力，同时也是座椅与座舱的纵向连接，由弹射筒、击发机构和闭锁机构组成(见图 9 - 3 - 5)。

弹射筒将座椅固定在机体上，由内、中、外筒组成，平时内、外筒靠钢珠锁锁在一起。弹射时，燃气作用解除弹射筒的闭锁，使内筒和中筒升起，内筒带着人椅向上运动。当中筒的限制凸缘与外筒的内凸缘接触时，中筒停止运动，内筒在中筒内继续向上将人椅弹离飞机。击发机构用来击发弹射弹，按控制方式分为机械击发式、燃气击发式和电控击发式。弹射时，弹射操纵系统操纵其工作，击发装在弹射筒内的弹射弹。

闭锁机构用来将内筒(为活动套筒)与外筒(为固定套筒)锁在一起，由于外筒固定在飞机上，内筒连接在座椅上，因而能限制座椅在座舱内的纵向运动。弹射时，闭锁机构开锁，解除对座椅的限制。闭锁机构按闭锁方式分为钢珠闭锁机构、锁销闭锁机构等。

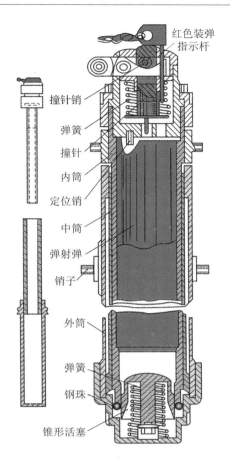

图 9-3-5　弹射筒的组成

2.弹射火箭

弹射火箭是座椅弹射的第 2 级动力,为离机的人椅加速以提高弹射精度。按燃烧室结构有包式火箭、筒式火箭等,按功能有定向推力火箭、变向推力火箭和发散火箭等。

3.远距点火机构

远距点火机构用来控制弹射火箭的点火时机,保证第 2 级动力与第 1 级工作相协调,防止弹射过程中的过载急剧变化,安装在座椅上。座椅上升时,固定在飞机上的钢索从钢索盒内被向下拉出,钢索拉直后,撞针在弹簧作用下击发点火管,启动弹射火箭。

4.偏心距调节机构

偏心距调节机构用来改变弹射火箭的俯仰角,在火箭工作时使不同身材飞行员获得最佳偏心距(为人椅重心到火箭推力线之间的距离,见图 9-3-6),保证弹射动力、空气动力等对人椅重心的合力矩减到最小,从而保证座椅弹射时不会旋转,使人椅保持良好的弹射姿态。由于飞行员身高、体重及着装是影响人椅系统重心的关键性因素,调节偏心距时,应先根据这些因素查表确定合适档位,再进行调节。

双座飞机的弹射座椅上还装有发散火箭,弹射时其推力使座椅的弹射轨迹分别向左、右发散,能有效地避免双座弹射时前、后舱座椅的相互干扰。

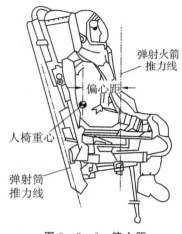

图 9-3-6 偏心距

(六)弹射操纵系统

弹射操纵系统用来在弹射时向约束系统、抛(穿)盖系统、第1级弹射动力等发出指令信号,启动弹射座椅和机上有关系统,使之按一定程序工作,将人椅系统弹出座舱。虽然结构原理各异,但一般由操纵部件、传动部件、控制部件、联锁部件等组成。

操纵部件用来直接操纵传动部件工作,多采用双余度设计。弹射拉环(即中央拉环)是座椅常用的操纵部件,设在椅盆前方中央(见图9-3-4)。上拉中央拉环,传动部件工作。

传动部件用来传动各控制部件依次工作,有机械传动、燃气动力传动、电信号传递等方式。机械传动式一般采用钢索、摇臂、连杆(传动杆)、滑轮、偏心凸轮、扇形轮、程序活门、作动筒等结构。通过不同的作用时机或工作行程控制弹射操纵系统的工作程序;燃气动力传动式通过中央拉环直接操纵火药机构(中央燃爆机构),使约束系统、抛盖动力机构(抛盖作动筒)和弹簧机构工作;电信号传递式用来向约束系统、弹射机构、抛盖系统、面罩扣合电路、飞参记录系统、防气流吹袭保护系统等输出电信号。

控制部件用来直接使约束系统、抛(穿)盖系统、第1级弹射动力机构和飞行员防护系统工作,是弹射操纵系统的执行部件。

联锁部件用来保证在没有打开弹射通道(抛盖)前,第1级弹射动力机构不会工作,以确保弹射安全,并起到第1级弹射动力机构空中保险作用,有机械联锁和机电联锁方式。

(七)稳定减速系统

稳定减速系统用来在人椅弹出座舱或弹射动力消失后,对人椅系统进行稳定和减速,为迅速可靠地完成人椅分离和救生伞开伞创造条件,通常有稳定板、稳定伞、伸缩杆、绳索等稳定装置。

按功能稳定板分为防转、减速、稳航等类型,按安装位置分为头部、侧向、后体等稳定板。稳定板多为折叠式以组合形式安装在座椅上,弹射离机后打开,起到对座椅的稳定、减速和稳航作用。在大飞行速度弹射时,稳定减速性能相对较差。

稳定伞一般由稳定减速伞、稳定伞射伞枪、稳定伞释放机构等组成(见图9-3-7),是目前普遍采用的稳定减速装置。稳定伞装在伞衣套内,并放置在稳定伞箱内。控制稳定减速伞一端通过连接带与射伞枪弹头相连,主稳定减速伞一端与控制稳定减速伞连接,另一端通过伞椅连接绳与座椅上的伞椅连接件相连。弹射火箭动力消失时,射伞枪的弹头将控制稳定减速伞从伞箱内拉出。伞椅连接绳被拉直后,弹头动力拉断伞衣套的定力连接绳,拉脱伞衣套,主稳定减速伞迎风充气张满,对人椅进行稳定减速。人椅分离时,释放机构在动力(例如高压燃气)作用下释放稳定减速伞。

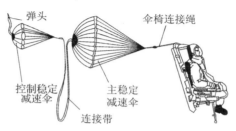

图9-3-7　稳定伞的组成

伸缩杆由稳定伞及套管组、燃爆机构及导管、传动装置等组成。伸缩杆装在头靠两侧,其套管组由多个套管组成,稳定伞装在最里层套管内。燃爆机构为伸缩杆伸出提供动力,受自动开伞器控制。座椅上升时,启动自动开伞器,继而操纵击发机构工作,燃爆弹产生的燃气推套管伸出,稳定伞从套管中冲出,在气流中展开,产生稳定力矩。

此外,先进飞机的弹射座椅将采用姿态控制系统。例如:利用惯性陀螺来调整火箭的推力方向,产生稳定力矩,对座椅进行稳定;利用大自然电磁辐射差异判断座椅姿态,控制火箭推力方向,使人椅系统获得最佳的弹射姿态和弹射轨迹。

(八)射伞分离系统

射伞分离系统用于在人椅弹射出舱后,根据弹射时的高度和速度,按预先设定的程序释放稳定减速伞,射出救生伞,解除人椅之间的连接点,并借助救生伞充气的阻力完成人椅分离。系统一般由控制机构、动力机构、传动机构和解脱机构等组成。

控制机构用来控制射伞分离的时机,适时使动力机构工作,包括双态控制器、自动开锁器和应急分离手柄及联锁装置。双态控制器是主控制机构,能够感受座椅弹射离机时的飞机速度(表速)与高度,并根据不同的速度与高度选择相应的工作程序,使对应的燃爆机构工作。自动开锁器是辅助控制机构,能感受座椅弹射离机时飞机的高度,并按照预先设定的高度和延迟时间,使对应的燃爆机构工作,完成射伞和人椅分离。应急分离手柄用于当射伞分离系统自动工作失效后,飞行员下压后拉应急分离手柄,传动对应的燃爆机构,完成射伞和人椅分离,安装在椅盆右侧,由手柄、保险机构和连杆等组成。联锁装置用于防止在弹射前误启动应急分离手柄。

动力机构用来为人椅分离传动机构提供工作动力,一般采用燃气动力装置、弹簧动力装置和射伞动力装置等。

传动机构用来传动约束系统各固定装置、连接锁的开锁,一般包括以下动作:抛掉稳定减速伞;启动救生伞射伞枪,射出救生伞;打开腿带锁、肩带锁、腰带锁和救生盒盖锁,解除人椅的固定。

解脱机构用来解脱人椅之间的连接和限制,有定力释放机构、切割分离机构等类型。

（九）降落救生系统

降落救生系统是指弹射离机后保证飞行员安全着陆及救生待援的装备,包括救生伞、救生包、跳伞氧气设备和水上漂浮设备等。

救生伞用来保证飞行员安全着陆,其工作过程一般分为自由坠落、伞衣绳拉直、救生伞充气、稳定降落、安全着陆等阶段。

救生包一般包括跳伞氧气设备、救生物品袋、救生船等物品、自动无线电信标等。

跳伞氧气设备用来在高空缺氧、低压条件下,保障飞行员的氧气供给,飞行员离机时能够实现供氧的自动转换。

水上漂浮设备用来在跳伞着水时,使飞行员漂浮在水面上,避免淹亡,包括救生船、救生背心、腋下救生器、救生颈套等。

当然,飞行服和头盔等既为正常飞行用装备,也是弹射离机后或座舱密封性下降、环境控制系统性能不良等情况下保证飞行员生命安全的必需装备。

三、指令弹射系统及弹射救生过程

针对前后舱双座飞机,在弹射过程中要求规定前、后舱的弹射顺序。指令弹射系统是双座飞机对乘员应急弹射离机的顺序和时间进行自动控制的系统。通过指令弹射系统将前、后弹射座椅的弹射操纵系统联系起来。

弹射过程主要是弹射启动、座椅出舱、人-椅分离和飞行员乘救生伞下降着陆(水)。

（一）指令弹射系统

指令弹射系统能够保证乘员按预定程序弹射,以使前、后乘员在最短的时间内弹离飞机,且在空中不发生干扰。该系统安装在前、后座舱之间,连接前、后椅。

1. 组成

指令弹射系统是由程序选择机构、延期机构、双向传爆机构、减压阀、软管组件、钢索组件及燃气导管组成。

2.指令弹射系统的工作状态

（1）双态：前椅起爆，后椅先弹射，前椅延时 0.35～0.55 s 后弹射。

（2）双态：后椅起爆，后椅先弹射，前椅延时 0.35～0.55 s 后弹射。

（3）单态：前椅起爆，前椅弹射。

（4）单态：后椅起爆，后椅弹射。

（二）弹射救生过程

早期弹射座椅进行弹射前，要先做好准备工作（例如操纵背带拉紧、收腿），再操纵弹射，才能实现安全救生。现代弹射座椅一般不需要做准备下作，只要启动弹射操纵系统，就能自动地按预定程序完成弹射救生任务。弹射救生过程可分为 6 个主要阶段（见图 9－3－8）。

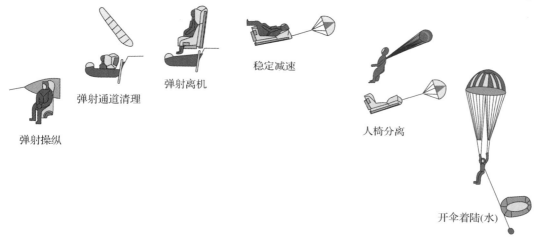

图 9－3－8　弹射救生的过程

（1）弹射操纵。由飞行员操纵弹射操纵部件启动弹射操纵系统，使背带拉紧、腿脚约束、防护、座舱盖清除、弹射动力等系统工作，保证飞行员具有良好的弹射姿势，并迅速、安全地离开飞机。

以双态前椅起爆为例，如图 9－3－9 所示。前舱飞行员拉启中央拉环后，击发中央燃爆机构的燃爆弹，产生高压燃气经燃气导管进入弹射操纵系统，分别作动限臂装置、肩带拉紧机构，使限臂器下放，对飞行员上肢进行约束；肩带拉紧机构强制将飞行员拉到正确的弹射姿态。然后燃气分为两路：一路经指令弹射系统进入后舱弹射操纵系统，分别作动限臂装置、肩带拉紧机构，使限臂器下放，对飞行员上肢进行约束；肩带拉紧机构强制将飞行员拉到正确的弹射姿态；座椅两侧骨架上部的破盖枪破碎座舱盖，然后装在伞箱两侧的穿盖器为座椅离舱清除弹射通道；燃气击发弹射弹，使弹射筒工作，后椅出舱。一路经指令弹射系统延期机构的延时，进入前椅，破盖枪破碎座舱盖，且燃气击发弹射弹，使弹射筒工作，前椅出舱。

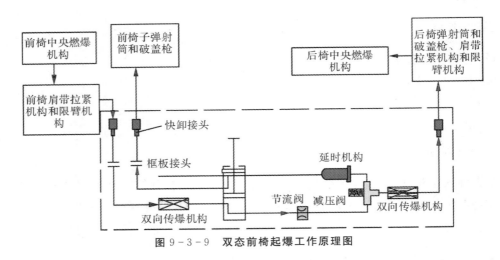

图 9-3-9　双态前椅起爆工作原理图

（2）清除弹射通道。座舱盖清除系统工作,保证先清除弹射通道,再人椅离机,以防止飞行员离机时与座舱盖碰撞受伤。

（3）弹射离机。弹射动力系统工作,人椅在弹射动力作用下弹离座舱,获得一定的弹射高度（例如人椅系统必须越过飞机垂尾）和轨迹姿态。

座椅在弹射筒的推动下,沿滑轮上升,自动完成下列工作:

1）拔下双态控制器的下块,使其进入工作状态。

2）拔下自动开锁器的软销针,使其进入工作状态;延期 0.4 s 后,射出减速稳定伞。

3）断开机上氧源,接通椅上氧源。

4）断开机上电源。

5）断开快卸接头,使座椅和指令弹射系统分开。

6）座椅上升约 600 mm,限腿带拉紧,并剪断连接在座舱地板上剪切销。

7）座椅继续上升,远距点火器工作,击发点火具,产生的高压燃气一路推动火箭包的击发机构,火箭包点火具击发,点燃火箭包的火药柱,其推力使座椅继续上升达到必要的弹射高度;另一路击发发散火箭,使座椅侧向发散。

（4）稳定减速。稳定减速系统工作防止人椅弹离飞机后高速旋转,并减小人椅的平动速度,为人椅及时分离和安全开伞提供条件,保证救生伞开伞时动力载荷不会过大。

（5）人椅分离。人椅分离系统工作,解除人椅之间的约束,迅速完成人椅分离。

（6）开伞着陆（或着水）。救生伞打开,飞行员乘伞缓慢下降,安全着陆（或着水）,并根据需要使用救生物品。

上述阶段是连续发生的:有的阶段非常短,例如抛盖和弹射甚至可在 0.1 s 内迅速脱离弹射区;有的则较长,例如,乘主伞下降过程。弹射座椅不同,救生过程会有区别,例如,为节省救生时间,有的省去抛盖程序,而在座椅上设置穿盖器,直接穿盖弹射。

本 章 小 结

　　本章主要介绍生命保障系统有关知识。生命保障系统为充分发挥作战飞机的高性能，同时保证飞行员的正常生理活动和生命安全提供基本条件。生命保障系统主要包括氧气系统、抗荷系统和弹射救生系统。氧气系统用来为飞行员提供正常生理活动所需的氧气，抗荷系统用来为飞行员体表制造与飞行过载成正比的压力，以提高飞行员承受过载的能力，弹射救生系统用于保证飞行员紧急情况下应急离机。

▶ **拓展阅读**

卡-52 直升机的"独门绝技"

　　2022 年 2 月 24 日，俄罗斯开始对乌克兰采取特别军事行动。在行动的前两天，大批俄军装备的卡-52 共轴双旋翼武装直升机参与执行了对基辅重要机场的突袭作战任务，在飞行任务途中，遭遇了乌克兰地面防空部队的攻击，其中，1 架卡-52 武装直升机被"毒刺"单兵防空导弹击中，一侧发动机损坏严重，依靠另外一台发动机，稳定迫降在地面上，另外一架被击中时，正在河面飞行，飞行员选择了弹射救生，成功伞降在河面。尽管俄乌冲突中，卡-52 直升机多次出现被击落的画面，但是其在被击中后仍然能够安全降落或是选择弹射救生来挽救飞行员的宝贵生命，所表现的优异性能，再一次引起了世界关注。

　　由于直升机独特的旋翼系统设计，使得其在空中遇到紧急特情时，不能够像固定翼飞机一样进行弹射救生。目前，绝大部分直升机都没有安装弹射救生装置。

　　军用直升机都主要工作飞行在低空和超低空，当空中遇到特情时，即使发动机停车，直升机的旋翼系统也可以在下降过程中产生的上洗气流作用下自转，从而为直升机在低空提供一定的向上拉力，减缓直升机的下降速率，这一缓冲作用可以极大地提高直升机的成功迫降概率。另外，为了进一步提高直升机迫降成功率以及保障乘员安全，现代直升机都采用了先进的抗坠毁设计，机体主体结构和抗坠毁座椅均能在保证较小的形变下，吸收较大的坠毁冲击能量，其油箱也是专门的"抗坠毁油箱"，保证坠地后油箱里燃油不会爆炸或爆燃。因此，现代军用直升机由于本身迫降难度较小，抗坠毁能力较强，极少会选择使用技术复杂的直升机弹射救生系统。

　　共轴双旋翼直升机，在发动机停车、旋翼自转状态下，由于上下翼面的气流干扰，下旋翼的转速和升力大于上旋翼，在机械联动的情况下，下旋翼需带动上旋翼转动，以保持转速相等，进而使得共轴双旋翼直升机在无动力状态下不易进入稳定自转，因此，共轴双旋翼直升机在无动力自转状态下的滑行下降速率要略高于单旋翼直升机。

　　卡-52 直升机为了提高安全性，在设计上不仅采用了先进的抗坠毁设计，还装备了弹射救生系统。紧急情况下，飞行员通过拉动弹射手柄，直升机首先启动爆炸螺栓将 6 片旋翼桨叶从根部炸断,叶片向四周飞散出去,然后座舱盖玻璃被内置的微型爆炸索炸碎,清理出弹射通道,接着弹射座椅背后的自旋火箭点火后将飞行员拉出座舱,可以同时朝不同方向分别弹射 2 名飞行员,爬升到一定高度后火箭脱落,飞行员开伞着陆。

该型直升机对于驾驶员飞行安全的考虑极为重视,提高了驾驶员安全逃生的概率,让卡–52直升机成为全球第一款拥有弹射救生能力的横向双座武装直升机。

思 考 题

1.飞行中飞行员根据哪些现象判断座舱失去密封?

2.试分析,为什么三代机采用机载制氧系统,但同时还保留了氧气瓶。

3.查阅资料,抗荷服和高空代偿服有什么区别。

4.试分析,如果飞行员在高空弹射跳伞,会面临哪些问题?

5.根据氧气系统、抗荷系统、弹射救生系统的功用和基本工作原理,以思维导图、流程图或框图形式,分别归纳出每个系统知识点的脉络。

第十章　防冰与防火系统

▶学习重点

　(1)飞机易结冰的主要条件和部位。

　(2)飞机结冰的探测设备及除冰的方法。

　(3)飞机易失火的区域。

　(4)飞机防灭火系统的组成及防灭火方法。

▶关键词

　防冰系统 anti-icesystem　　　　　　防火系统 anti-firesystem

　灭火瓶 fire extinguisher bottle

　防冰系统、防火系统都是保证飞机飞行安全的机上系统。防冰系统用来防止飞行中飞机结冰或将已结成的冰除去以保证飞行安全。防火系统用来防止飞机在飞行中或迫降时失火,及时扑灭发动机、燃油箱、座舱等处发生的火灾。

第一节　防冰系统

　飞机在温度较低的云层中飞行时,外表就可能结冰,结冰会使飞机重量增加,气动特性发生变化,严重影响飞行安全。飞机防冰系统的组成如图 10-1-1 所示。

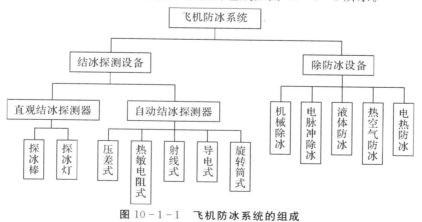

图 10-1-1　飞机防冰系统的组成

一、飞机易结冰的部位

结冰通常发生在风挡玻璃、机翼和尾翼前缘、螺旋桨、发动机进气道前缘、雷达罩、天线、污水排放口、各种传感器探头等位置(见图 10－1－2)。上述迎风部位遇上冰晶云时产生干结冰,遇上水蒸气则产生凝华结冰(霜淞冰),遇上过冷水滴则产生滴状结冰(雨淞冰),冻雨会导致严重的滴状结冰。

滴状结冰对飞机的飞行性能影响较大,尤其在起飞着陆阶段遇到结冰时,一旦处置不当就会引发飞行事故。据统计,飞行速度在 600 km/h 以下发生结冰的概率最大,超过这一速度则减少。实际飞行当外界大气温度低于10℃、且有可见水汽(例如云、雾、雨、雪、雨夹雪、冰晶),就认为飞机处于结冰区。

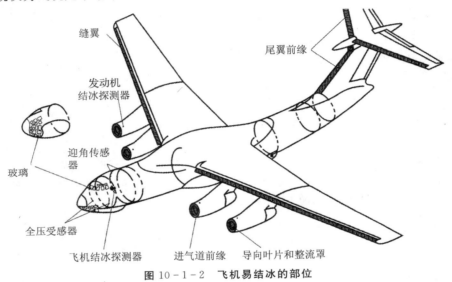

图 10－1－2　飞机易结冰的部位

二、飞机结冰探测设备

飞机结冰探测设备用来探测和显示飞机的结冰情况,通常包括直观式和自动结冰探测器两大类,座舱内的防冰操纵面板用来显示和控制防冰系统的工作。

(一)直观结冰探测器

直观结冰探测器包括探冰棒和探冰灯。

探冰棒是最简单的直观式结冰指示器,安装在飞行员容易看到的位置(例如机头前方、驾驶舱风挡之间),一般为很小的薄翼型(见图 10－1－3)或圆柱形,在轻微结冰状态下便会结冰。探冰棒附近或内部设有聚光灯,以便于夜间观察。棒内还装有电加热器,用来去除自身的结冰,保证再次进入结冰时能够继续工作。

探冰灯可作为探测结冰的辅助设备,是一种专用的聚光灯,接通后用来照射机翼前缘及其他部位。飞行员看见结冰后,手动接通防冰系统。

(二)自动结冰探测器

自动结冰探测器用来监控结冰状态,提供结冰信号指示,并输送探冰棒结冰信号到机翼前缘、发动机进气道等部位的除防冰设备。通常安装在机头左右两侧,有的飞机在发动机上单独安装了发动机结冰探测器。

按工作原理,自动结冰探测器有压差式、热敏电阻式、射线式、导电式与旋转筒式等类型。导电式结冰探测器由受感器(见图 10-1-4)和随动器组成,利用受感器表面凝结冰层的导电性来控制电路的通断,应用较多。

无冰时,内外套筒之间空气绝缘,电路不通;当过冷水滴凝结在受感器上时,内外套筒之间被冰层导通,随动器中的继电器动作,28 V 电压加到热能电阻及信号灯上,此时灯亮,表示处于结冰状态。热能电阻将受感器上的结冰融化,断开电路,停止加热。在延时电路的作用下信号灯仍燃亮 1 min 左右。之后,受感器开始冷却,当其表面温度降到 0℃时,两套筒之间重新产生冰层,又引发上述过程,信号灯在结冰过程中断续发出信号。防冰电门在自动位置时结冰信号会自动接通防冰系统进行除冰。

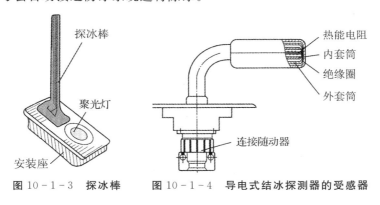

图 10-1-3　探冰棒　　图 10-1-4　导电式结冰探测器的受感器

(三)防冰操纵面板

战斗机等飞机座舱内一般为防冰电门和信号灯(牌),中、大型飞机座舱内装有防冰操纵面板。

三、除冰设备

飞机通常有机械(又称气动)除冰、液体(又称防冰液)防冰、热空气(又称气热)防冰、电热防冰和电脉冲除冰等多种方法和设备。

(一)机械除冰

机械除冰的原理是利用气动力使冰破碎,再借助高速气流将冰吹掉,典型设备为膨胀管除冰装/置(又称除冰带、除冰套)。在需防冰表面设置多根膨胀胶管,结冰时胶管充气膨胀而使冰破碎,再被气流吹走。除冰后胶管放气收缩,重新保持正常的气动外形。胶管可沿机翼展向或弦向布置,除冰气源可来自发动机驱动的气泵或压气机引气。以压气机引气作为气源的除冰设备由调压关断阀、分配阀、膨胀管、释压阀、吸力释压阀及引射泵组成(见图10-1-5)。其中,调压关断阀用来调节压力,并起到关断作用;分配阀用来控制膨胀管的除冰程序;释压阀用来防止来气压力过大;吸力释压阀用来调节膨胀管的真空度;引射泵为膨胀管放气提供必需的抽吸力。该方法一般应用在低速飞机上。

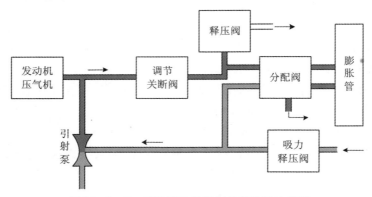

图 10-1-5　使用发动机引气的气动除冰原理

(二)液体防冰

液体防冰是一种物理方法,借助防冰液减小冰与飞机表面的附着力或降低水在飞机表面的冻结速度。防冰动力有防冰液泵和压缩气体两种,需要防冰时可将防冰液连续或周期地喷射到需要防冰的飞机表面。常用的防冰液有甲醇、乙醇、乙烯乙二醇等,多为精馏酒精或酒精与甘油的混合液等,冰点很低。

以压缩气体为动力的液体防冰系统是战斗机风挡采用的主要防冰方法,由防冰液箱、电磁阀、活门组件、喷管和防冰开关等组成(见图10-1-6),活门组件包括减压器、单向活门和定压阀。按下防冰开关后,电磁阀通电打开,在气压作用下,防冰液从喷口喷出,对风挡进行防冰,松开防冰开关时自动停止工作。

使用时,每次按压防冰开关的时间应持续3~5 s。冰层较厚需多喷些防冰液时应分几次按压防冰按钮。

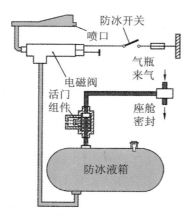

图 10-1-6　液体防冰的工作原理

（三）热空气防冰

由于热源充足、能量大，通常将热空气用于机翼、尾翼、发动机进气道等部位的大面积防冰。热空气可来自热交换器供气、燃烧加温器供气和发动机引气等。热交换器供气的热气流来自于发动机的废燃气，冷气流来向于外界大气，大气经热交换器被加热后送入防冰系统作为加温热空气，多用于活塞式飞机上；燃烧加温器供气的热气流来自于燃油的燃烧，外界空气流过加温器后被加热，再被输送到防冰系统，通常用在早期低速飞机上；从发动机引气是现代运输机热空气防冰设备的主要气源，高温空气对机翼、尾翼、发动机进气道和导向器叶片前缘、动力装置滑油组件等处进行防冰和除冰。

典型的前缘缝翼热空气防冰设备由集气管、导管、活动接头、节气门和电阻式温度计等组成（见图 10-1-7），发动机引气经导管送至集气管，集气管管壁上有开孔，热空气经小孔散至防冰室对缝翼加温，同时限制供气量，集气管之间用短管对接。节气门有 4 个，控制中外翼、外翼两部分防冰热空气的通断，是电动机构带动的转动式开关。节气门（防冰）电门、信号灯和温度计安装在防冰操纵面板上。

尾翼、发动机进气道等部位的热空气防冰设备与缝翼相似。

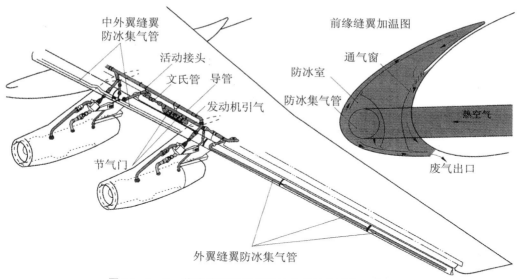

图 10-1-7　前缘缝翼热空气防冰设备的组成与工作原理

（四）电热防冰

电热防冰是指通过向加热元件通电产生热量来实现加温的设备，曾用于尾翼、螺旋桨等部位，现多用于小部件、小面积的防冰，例如空速管、迎角传感器、探头、风挡玻璃等，通常由电源部分、控制部分、加热元件和信号装置等组成。

加温电源通常来自机上直流电或交流电；控制部分包括防冰电门、程序控制机构等；加热元件是指固定于基底材料或沉积（喷涂）在基底上的电子元件、电阻等（见图 10-1-8），包上绝缘层后安装在加温部位的蒙皮内、全静压管头部的内腔或风挡两层玻璃之间；信号装置包括结冰信号器和工作灯等。为达到既要充分加热、又要避免烧坏电阻丝的目的,通过程序机构来自动控制加温段各部分的通电时机。

　　一般而言,飞机在地面时不能接通加热元件(例如尾翼前缘),有的可通过空地开关进行功率转换,地面可进行小功率加温,空中可进行正常加温(例如风挡玻璃)。

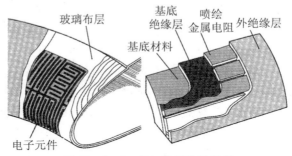

图 10 - 1 - 8　电加热元件的组成

(五)电脉冲除冰

　　电脉冲除冰是一种高效节能的除冰方法,由供电装置、脉冲发生器、程序器和感应器等组成。电热冰刀首先将冰分割成小的冰块,脉冲发生器产生的电脉冲作用在感应器上,使蒙皮产生作用时间很短的脉冲,并产生小振幅高频率的振动使其很快脱落,程序器控制各感应器的接通次序及接通时间。由于设备工作温度适应范围大所需能量小(耗能仅为电热除冰的 1/110～1/160),可能成为新一代飞机的除冰设备。

　　飞机结冰部位及常用的除防冰设备见表 10 - 1 - 1。

表 10 - 1 - 1　飞机结冰部位及常用的除防冰设备

结冰部位	除防冰设备
机翼前缘	气动法、气热法、电热法、防冰液
垂尾和平尾前缘	气动法、气热法、电热法
风挡玻璃、窗和雷达罩	电热法、防冰液
加热器和发动机进气道	气热法、电热法
迎角、温度等传感器	电热法
皮托管	电热法
静压孔	电热法
天线	气热法、电热法
舵面	气动法、气热法
螺旋桨桨叶前缘	电热法、防冰液
活塞式发动机气化器	气热法、防冰液
污水排放口	电热法

四、座舱风挡排雨设备

为保证座舱风挡具有良好的视线通透效果,除在玻璃之间装有加温电阻丝外,还可将环境控制系统的热空气吹向玻璃内表面,防止玻璃蒙上水汽。中、大型飞机装有风挡排雨设备,以除去风挡玻璃外表面的雨水或积雪。常用的排雨方式有风挡刮水刷、化学排雨剂、永久性防水涂层及气动排雨设备,既可单独使用,也可共同使用。

风挡刮水刷是指以电力或液压为动力源、驱动雨刷在玻璃表面来回运动而刷掉雨水的设备,电动式更为普遍些。现代飞机通常有两个风挡刷,各向单独由飞行员操纵控制,包括雨刷的起动、停止、往复摆动速度等。风挡刷不能在干的风挡上使用,而且必须保持清洁,不沾任何污物,以免划伤风挡玻璃。如果需要工作,必须先给风挡洒上洁净水,以保持风挡刷的湿润。

化学排雨剂通常在大雨、高速飞行时使用,多安装在民航飞机上。雨天飞行使用时,飞行员接通电门,储存在增压罐中的排雨剂沿导管从喷嘴喷出,将排雨剂喷洒在风挡上,借助雨水及风挡雨刷的冲刷在风挡玻璃上形成一层薄膜,雨水落上后变成水滴而不是水膜,仅覆盖部分风挡。迎面高速滑流连续吹去水滴,使大片风挡保持干燥。由于排雨剂膜被连续雨水冲击会慢慢消失,故需反复使用。

由于风挡排雨剂的维护性能不佳,有的飞机将永久性防水涂层与风挡刷配合使用,以达到有效排雨的目的。在风挡最外层涂上防水层,当雨水落在涂层上时,形成水滴,不会覆盖整个风挡。防水涂层的寿命与风挡刷的使用次数及作用在风挡上的压力有关,风挡刷压力越大,涂层越易磨损。

气动排雨是指利用发动机引气进行排雨的设备,将发动机引气吹过风挡,喷气形成一层空气屏障,阻止雨滴落在风挡表面。

第二节　防火系统

所有飞机上都有可燃物、高温区及易起火点,也就存在着失火的可能。飞机失火会烧坏发动机、引爆油箱,座舱失火产生的烟雾会导致机上人员窒息,故现代飞机通常装有防火系统。防火系统通常由火警探测设备、灭火设备、防火设备等组成(见图 10-2-1),有时也称为防灭火系统。

飞机上的失火区域包括座舱、客舱、货舱、起落架舱、电子设备舱、燃油箱和发动机舱等,常用的灭火剂有卤代烃(即氟利昂)和惰性气体(例如二氧化碳、氮气)。灭火的基本原理是:尽快散失热量,降低温度到燃点以下;阻止热量传递,防止火势蔓延;隔绝空气断氧。

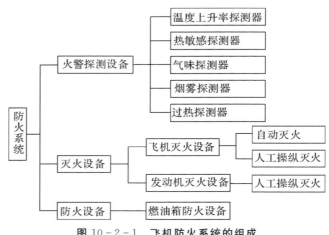

图 10-2-1 飞机防火系统的组成

一、火警探测设备

当失火区域内发生火灾时，火警探测设备用来及时发出火警信号（例如灯光、音响），以便机组人员采取灭火措施。有的探测设备可同时自动接通灭火电路，使灭火瓶释放灭火液。

（一）组成

火警探测设备通常由火警传感器或探测器、火警控制组件、火警信号装置和连接导线等组成。常用的火警传感器有温度上升率探测器、热敏感探测器、气体探测器、烟雾探测器、过热探测器及目视观察装置等类型；火警控制组件用来监控火警传感器的参数变化，输出火警信号；火警信号装置用来指示发生火警，通常为红色指示灯（牌），装在防火操纵面板上，同时还伴有音响装置（例如振铃、耳机或扬声器），电子显示的飞机上还有文字信息。

通常情况下，一个灭火区可安装多套火警探测设备，一套设备有多个火警传感器。先进飞机已将不同探测原理的多重火警探测装置与计算机交联，提高了报警的准确性和可靠性。

（二）探测原理

火警探测装置的工作原理如图 10-2-2 所示。

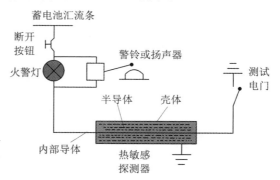

图 10-2-2 火警探测装置的工作原理

蓄电池汇流条供电,当探测器感受的温度超过一定值而导电时,内部导体通过金属壳体接地,告警电路被接通,火警灯亮、警铃响。按下断开按钮时,主火警灯灭、警铃停响,但由探测器接通的失火部位火警灯仍然亮。测试电门闭合时,火警信号由内部导体或测试电路接通。温度上升率探测器采用热电偶敏感元件感受的火区(一般为发动机区域)、温度上升率超过一定值时,发出火警信号。当发动机正常工作缓慢超温时,电流很小,不发出告警;当发动机失火温度急剧上升,上升率超过一定值使电流大于某一值(例如 4 mA)时,发出火警信号。

热敏感探测器采用电阻敏感元件,感受的火区温度达到告警温度时,电阻值突然减小,使信号电路电流突然增大到一定值而接通火警信号。

一氧化碳探测器用来探测一氧化碳气体浓度,安装在座舱和客舱壁易见处。有两种工作形式:一是当一氧化碳含量正常时,指示器感受剂为绿色,其深浅与浓度成正比;二是感受剂正常为棕黄色,随浓度增大逐渐变为深灰色与黑色,以此显示可能存在不完全燃烧的情况。

烟雾探测装置用来监测货舱等位置是否存在失火征兆的烟雾,并发出火警信号,主要有光电烟雾探测器等类型。

过热探测器又称热敏开关或感温器,多个敏感元件安装在火区的不同位置,元件的变形量对温度变化最敏感。失火时温度升高,当变形量超过一定值就会接通火警信号。

目视烟雾探测器是少数飞机进行烟雾探测的唯一方法,主要通过烟雾吸入装置使烟雾进入指示器,当观察窗口红灯亮时,可直接看到烟雾。

(三)防火操纵面板

防火操纵面板用来发出火警信号,并指明具体失火位置,还可自动或手动接通灭火设备,向失火部位提供灭火剂。有的战斗机上只装有火警探测设备但没有安装灭火设备,故只在座舱仪表板上设置火警灯;装有灭火设备的战斗机可将防火操纵面板布置在侧面操纵台上;运输机的防火操纵面板一般安装在座舱顶部或中央操纵台上。

防火操纵面板上装有灭火电门(平时被红色保险盖盖住),面板上或其附近通常装有火警探测设备和灭火瓶传爆管的测试按钮或电门,以检查其是否处于良好状态。另外,在座舱中央仪表板上装有 1 个红色的失火总(主)信号牌,用来提醒机组人员机上出现失火,但不能指明火区。

二、灭火设备

灭火设备通常用于中、大型飞机的灭火,分为飞机灭火设备(可包含发动机灭火设备)和单独的发动机灭火设备,灭火工作既可自动进行,也可人工操控。除手提式灭火瓶外,其他灭火区域共用一套(有的飞机为两套)固定在机上的灭火设备,通过分区灭火,来扑灭发动机、燃油箱等区域发生的火灾。单发战斗机一般只设有发动机舱的火警探测设备,双发战斗机多装有发动机灭火设备。

(一)飞机灭火设备

1.组成

某运输机的灭火设备由火警探测设备、3个固定式灭火瓶、单向阀、分配开关组、喷射环(或喷射管)等组成(见图10-2-3),单独或同时向发动机短舱、左机翼、右机翼、辅助动力装置舱、右整流罩舱这8个火区施放灭火剂。座舱和货舱使用单独配备的手提式灭火瓶。

2.固定式灭火瓶

固定式灭火瓶用来储存灭火剂,一般由瓶体、爆炸帽、转接座、虹吸管、充填保险装置和压力表等组成(见图10-2-4)。瓶体由钢制半球和周柱部分焊接而成,虹吸管用来引灭火剂喷出。瓶颈上通过转接座安装有压力表、充填接头和爆炸帽,根据该灭火瓶负责的灭火区域来确定爆炸帽的安装数量,转接座背面还有保险膜片的安装孔。

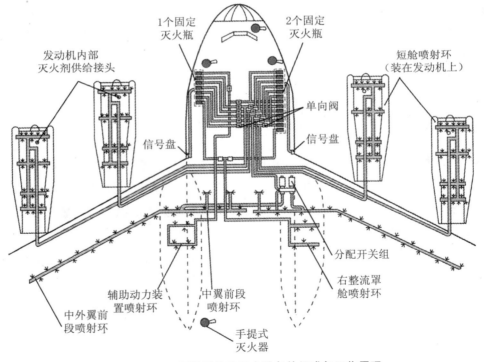

图10-2-3 四发运输机灭火设备的组成与工作原理

爆炸帽用来接通去往灭火区域的管路,其内装有活门、弹性锁和点火器,并装有保险销,活门在关闭状态时被弹性锁卡住,堵死灭火剂出口。保险销用来防止弹性锁的意外打开,安装点火器内的传爆管时插上保险销,装好后拆下,保险销上有红色小旗,上有"安装传爆管后拆下"字样。点火器用来固定传爆管,并将电信号送给传爆管,使其燃爆。当有电信号送给爆炸帽点火器时,传爆管爆炸,高压气体经爆炸帽内孔进入打开弹性锁。在气压作用下活门上移,打开灭火瓶的一个通道,灭火剂经虹吸管后进入管路,去火区灭火。灭火剂喷完、压力降为零时,活门被其弹簧复位关闭,以免在下一个灭火瓶工作时,灭火剂注入已用过的灭火瓶。灭火瓶一般可承受 15 MPa 以上的压力。

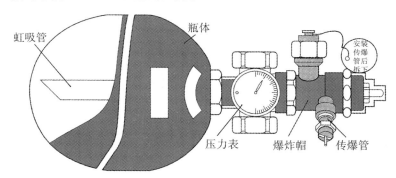

图 10 - 2 - 4 固定式灭火瓶

3. 控制工作

某个区域失火时,该区的火警传感器就会接通有关电路,机组人员通过中央仪表板上的红色失火总信号牌、防火操纵面板上的具体失火位置红色信号牌、耳机中听到的"失火! 注意! 失火!"的语音告警得知飞机失火,飞行参数记录系统记录失火信息。同时,灭火设备自动接通第 1 个灭火瓶的传爆管电路,爆炸帽工作,释放灭火液,经导管从失火区的喷管喷出实施灭火。若火警牌灭,表示已消除火情。如有必要,手动接通第 2、3 个灭火瓶电门。

当起落架出现故障、飞机以起落架收上状态着陆时,灭火设备可自动接通,所有灭火瓶向飞机易失火部位喷放灭火剂。灭火剂释放信号盘用来指示灭火瓶内的灭火剂是否自行放出。

(二)发动机灭火设备

发动机灭火设备主要用来实施发动机舱的失火探测、告警和灭火,由火警探测设备和灭火设备组成,常用在战斗机上。左、右发动机各有一套火警探测设备,操纵面板上对应有红色失火告警灯,在应急信号盘上有 1 个共用的红色失火总告警灯(失火时闪亮),如图 10 - 2 - 5 所示。在某一火警灯亮时,总告警灯闪亮,同时伴有语音告警,并向飞行参数记录系统输送火警信号。面板上还有断油电门和灭火按钮。

每套火警探测设备装有若干个热敏感探测器,分别设置在压气机区域(环境温度超过180℃时接通电路)、涡轮区域(环境温度超过 300℃时接通电路)和加力燃烧室区域(当环境温度超过 500℃时接通电路),当某个区域的温度达到门限值时,传感器接通火警电路。

机上装有 1 个容积为 6 L 的灭火瓶,上有 4 个爆炸帽分别受面板上的左、右发灭火按钮控制。按下左发灭火按钮,左边的2个爆炸帽工作,灭火液从左发动机压气机、涡轮和加力燃烧室区域的喷环喷出,消除这些区域的火情;按下右发灭火按钮,右边的2个爆炸帽工作,对右发动机灭火。

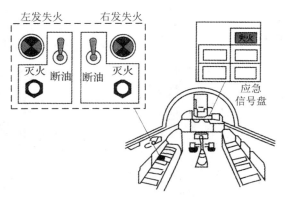

图 10 - 2 - 5　双发战斗机防火操纵面板

三、防火设备

防火设备用来防止燃油箱中弹时燃油的挥发气体失火,一般在战斗起飞时才准使用。防火的基本方法是:将网状泡沫或氮气等既不自燃也不助燃的气体充入油箱内油面上的空间,将燃料与空气隔开,故又称为中性气体系统、油箱防爆系统。当飞机灭火设备的全部灭火剂用完但火灾仍未扑灭的情况下,防火设备也可用于灭火。

与灭火设备相比,防火设备的管路上装有减压器(见图 10 - 2 - 6),以减小防火瓶输出的气体压力,使之保持为某一值,并与节流器配合限制气体的消耗量,延长供气时间。防火瓶及其他附件的结构与灭火设备的相似。

氮气、二氧化碳等阻燃灭火剂由机载的固定式防火瓶储存和提供,在先进飞机上可由机载惰性气体发生系统(OBIGGS)提供。

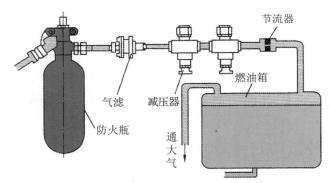

图 10 - 2 - 6　防火设备的组成

本 章 小 结

本章主要介绍防冰与防火系统相关知识。防冰系统用来防止飞行中飞机结冰或将已结成的冰除去,以保证飞机飞行安全。防火系统用来防止飞机在飞行中或迫降时失火,及时扑灭发动机、燃油箱、座舱等处发生的火灾。

▶ 拓展阅读

“四上高原、四进高寒”

——邓景辉团队攻克直-20旋翼防除冰关键技术

说起直-20,就不得不提到航空工业直升机设计研究院总设计师邓景辉。作为技术负责人,邓景辉和团队共同研制出我国国产第四代直升机——直-20。

2008年,汶川特大地震,执行抗震救灾的直升机都是国外的直升机,我们没有可以执行高原飞行的国产直升机,邓景辉看到了这一状况,让他痛下决心,一定要研制出中国人自己的战术通用直升机。也正是在这样的背景下,战术通用直升机的立项和研制工作启动了。

想要研制出高原直升机,就必须要攻克一项关键技术——旋翼防除冰,这是一项世界性的难题。在7 000 m高度以下,当直升机穿越含水量较大的低空云层时,往往会因为低温、大湿度导致旋翼结冰,影响飞行性能,甚至无法正常工作。

在研制之初,邓景辉和团队也曾想过通过对外合作的方式实现技术突破,但被外方拒绝了。他意识到核心的关键技术一定要掌握在自己手里,并且暗下决心,一定要把旋翼防除冰技术攻克。

在直-20立项之前的10年里,邓景辉和团队就已经开始了旋翼防除冰的先期关键技术攻关,加上型号立项后的正式研制,前后整整20年,他不是带领团队在设计现场研究实验参数,就是分赴高原、雪野,在极寒、高温、湿热等外场追着试飞的直升机奔跑。

他和团队“四上高原、四进高寒”,并且通过了南方湿热环境的考虑,试飞足迹覆盖了我国整个国土疆域。2018年2月,邓景辉和科研团队在海拔5 000多米的雪域高原成功完成最后一次试飞验证,这是直-20首次进入真实恶劣环境下验证旋翼防除冰技术,风险极高。为了拿到宝贵的数据,跟随邓景辉多年的试飞团队一次又一次冲进结冰云层,成功完成了科研试飞任务。

从那天起,中国成为世界上第四个攻克直升机旋翼防除冰技术的国家。在我国广袤的土地上,直-20可以全天候、全疆域飞行,代表了我国直升机目前最高水平。

34年的航空生涯,邓景辉见证了中国直升机走向世界先进水平。两鬓已添华发,但他依旧怀着一颗航空报国的初心。

思 考 题

1.如何判断飞机结冰？试分析处置方法。

2.归纳飞机容易结冰的条件和结冰的区域。

3.如何判断飞机失火？试分析处置方法。

4.归纳飞机容易失火的区域。

5.以思维导图、流程图或框图形式,分别归纳出防冰、防火系统知识点的脉络。

附录 直升机结构与系统

一、概述

直升机是一种依靠动力驱动旋翼作为主要升力来源的、能够垂直起降的重于空气的航空器，是旋翼航空器的一种。与固定翼飞机相比，直升机具有非常独特的性能：一是能够垂直起降，所以起飞、着陆所需的场地面积小，对场地的质量要求不高；二是可以在空中悬停。直升机所具有的独特性能，使它成为唯一能够抵达任何地形区域的运输工具，因此在军用和民用的各个领域得到日益广泛的应用。海军的舰载直升机能够执行反潜、反舰、扫雷、侦察、搜索救援、垂直补给、两栖突击、空中预警以及电子战等多种任务。随着现代海战向立体化、多层面发展，舰载直升机的作用日益突出。

（一）直升机的构型

1.旋翼带尾桨直升机

旋翼带尾桨直升机装有一副旋翼和一个尾桨，如图 F－1(a)所示。采取这种方式，尾桨上产生的拉力相对于直升机重心就会构成偏转力矩，就可能平衡旋翼上的反作用力矩。虽然尾桨要消耗一部分能量，但是这种类型的直升机构造简单，操纵灵便，因此是目前应用得最为广泛的类型。

2.旋翼共轴式直升机

旋翼共轴式直升机在同一轴线上装有两个旋转方向相反的旋翼，如图 F－1(b)所示。这种形式外廓尺寸小，但操纵机构复杂，而且两个旋翼干扰大，容易发生振动。目前比较成功的有俄罗斯的卡系列直升机，比如卡-27、卡-50 等。

3.双旋翼纵列式直升机

双旋翼纵列式直升机有两个旋转方向相反的旋翼，一前一后安装在机身上部，反作用力矩能保持平衡，如图 F－1(c)所示。为了避开前旋翼的气流，后旋翼安装位置要高一些。这种直升机的操纵机构复杂，后旋翼的气动性能较差，但是机身宽敞，重心移动范围大，主要应用于一些大型运输直升机,比如美国的"支奴干"。

4. 旋翼横列式直升机

旋翼横列式直升机有两个旋转方向相反的旋翼,在横方向上安装,对称安装在机身两侧的短翼上,如图 F-1(d)所示。这种直升机操纵机构很复杂,由于具有短翼,增加了结构重量和迎面阻力,但两个旋翼的有害干扰小,而且短翼在直升机前飞时产生的升力,能够减轻旋翼的负荷,因而能提高飞行速度。这种类型的布局采用比较少,苏联的米-12重型直升机是这种类型。

5. 交叉式双旋翼直升机

交叉式双旋翼直升机装有两副完全一样,但旋转方向相反的旋翼,其明显特点是两旋翼轴不平行,是分别向外侧倾斜的,且横向轴距很小,所以两副旋翼在机体上方呈交叉状,如图 F-1(e)所示。这种直升机的最大优点是稳定性比较好,适宜执行起重、吊挂作业。其最大缺点是因双旋翼横向布置,气动阻力较大。但由于它的两旋翼轴间距较小,所以其气动阻力又要比双旋翼横列式直升机小一些。研制双旋翼交叉式直升机的公司主要是美国的卡曼公司。

6. 单旋翼无尾桨直升机

单旋翼无尾桨直升机这种构型的直升机没有尾桨,尾梁变成了通风管,在尾梁根部装有一个由传动系统驱动的涡轮风扇,将空气吸入并加压之后送入尾梁。尾梁后部一侧开有缝隙,高压空气从缝隙喷出,产生反作用力,起到尾桨的作用。这种形式的直升机实际应用较少。

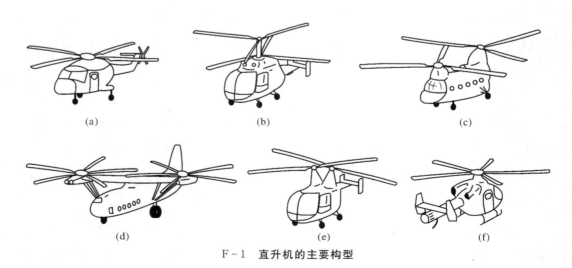

(a)   (b)   (c)

(d)   (e)   (f)

F-1 直升机的主要构型

(a)旋翼带尾桨;(b)旋翼共轴;(c)双旋翼纵列式;(d)旋翼横列式;(e)交叉式双旋翼;(f)单旋翼无尾桨

（二）直升机的基本组成

尽管不同机种的单旋翼带尾桨式直升机的具体布局有所差异，但其组成大体是相同的。

以单旋翼带尾桨直升机为例来说明直升机的基本组成，主要由旋翼和尾桨、动力和传动装置、液压和操纵系统、起落装置、机身、电气和仪表指示设备、机载电子设备和特种设备等部分组成。此外，对于武装直升机，还有武器系统和火控系统，如图 F-2 所示。

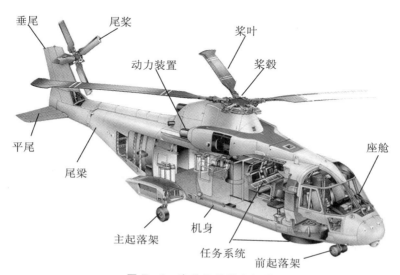

图 F-2　直升机的基本组成

二、旋翼

旋翼是产生升力的部件。它安装在机身上方，由发动机驱动。当升力沿铅垂方向向上时，直升机做垂直升降运动（升、降或悬停）；当旋翼倾斜时，升力产生某一方向的水平分量，使直升机前进、后退、左飞或右飞。

旋翼是直升机的主要部件，由桨叶和桨毂组成。桨叶一般通过销与桨毂相连，桨叶上的力和力矩都将通过根部传到桨毂上。旋翼工作在复杂的气动流场里，受到强烈的周期和非周期的激振力作用，比飞机机翼的工作环境要复杂得多。桨叶细长，刚度较低，且又是主要的升力部件。因此，一副成功的旋翼面临着许多问题：空气动力特性、动力学特性、疲劳强度和气动弹性等。

（一）桨毂

随着直升机的发展桨毂也得到相应的发展，具有代表性的有以下几种。

1.全铰式

全铰式桨毂和桨叶通过水平铰、垂直铰、轴向铰和桨毂相连接（见图 F-3），因桨叶绕水平铰上下挥舞，水平铰又称挥舞铰，桨叶绕垂直铰发生前后摆动，垂直铰又称摆振铰。桨叶在挥舞方向和摆振方向根部铰支,扭转方向由桨叶通过变距摇臂和变距拉杆和自动倾斜器相连,属于根部铰支而又带有一定的弹性约束。

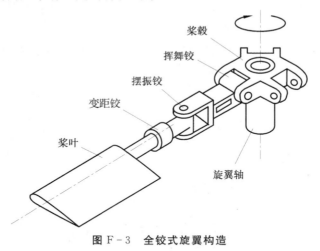

图 F-3　全铰式旋翼构造

2.无铰式

无铰式桨毂取消水平铰和垂直铰,只保留轴向铰,如图 F-4(a)所示。桨叶在挥舞方向和摆振方向相对于桨毂是固定的,其挥舞和摆振将引起桨叶根部的弯曲变形,这是不利的一面。但它使构造简化。从 20 世纪 70 年代以来,由于应用了复合材料和钛合金等疲劳强度高的材料,这种形式的旋翼逐渐增多。

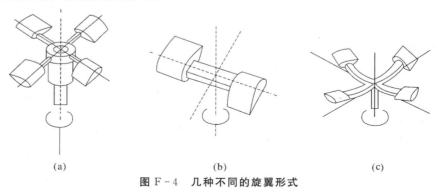

(a)　　　　　　　　　　(b)　　　　　　　　　　(c)

图 F-4　几种不同的旋翼形式

(a)无铰式;(b)半铰接式;(c)无轴承式

3.半铰接式

这种形式以"跷跷板式"为代表,如图 F-4(b)所示。它的特点是旋翼只有两片桨叶,两片桨叶连接成一体,共用一个水平铰,取消了垂直铰,保留了轴向铰。其构造较简单,但操纵性较差。这种形式的旋翼都要带机械增稳装置(稳定杆)。

4.无轴承式

彻底取消了 3 个铰,桨叶变距靠其根部的扭转变形实现,另两种运动则靠桨叶根部的弯曲变形实现,如图 F-4(c)所示。桨叶相对于桨毂成为完全固支悬臂梁。其构造大为简化,但是桨叶根部材料需要具有很高的抗弯强度和较低的抗扭刚度。

(二)桨叶

旋翼系统中,桨叶是提供升力的重要部件。按桨叶发展的先后顺序,可分为木质桨叶、钢木混合式桨叶、金属桨叶和复合材料桨叶。

木质桨叶有构架式和实心式两种。构架式木质桨叶由经过压制的木材制成的大梁、叶肋组、桁条组和层压板蒙皮组成;实心式木质桨叶没有空心部分,后缘部分采用轻质木材,桨叶各部分用胶黏结。

钢木混合式桨叶由承受离心力和弯曲力矩的主受力构件——大梁、木质叶肋、前缘桁条、后缘桁条以及层压板和布制成的蒙皮构成。桨叶大梁一般是一根椭圆形剖面的钢管。

金属桨叶是由挤压的 D 形铝合金大梁和胶接在后缘上的后段件组成。后段件外面包有金属蒙皮,中间垫有泡沫塑料或蜂窝结构。同钢木混合式桨叶相比,这种桨叶的气动效率高、刚度好、加工比较简单、寿命较高。

复合材料桨叶(见图 F-5)的主要承力件一般是 C 形或 D 形大梁。它主要承受离心力,并提供大部分挥舞弯曲刚度,它是由抗拉及抗弯方面比刚度和比强度较高的单向玻璃纤维预浸带构成。在翼型前部和后部各布置了一根 Z 形梁。前后 Z 形梁与蒙皮胶接在一起,使桨叶剖面形成多闭室结构。桨叶采用泡沫塑料作为内部支承件,前缘包有不锈钢片,防止磨蚀。

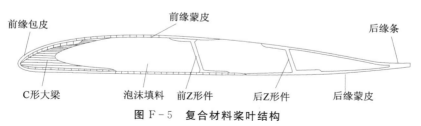

前缘包皮　前缘蒙皮　　　　　　后缘条

C形大梁　　泡沫填料　前Z形件　后Z形件　　后缘蒙皮

图 F-5　复合材料桨叶结构

桨叶平面形状常见的有矩形、梯形和矩形加后掠形桨尖等。近年来,桨尖的形状变化较多,目前已从第一代矩形、第二代简单尖削加后掠、第三代曲线尖削加后掠发展到下反式三维桨尖。这是因为桨叶尖部速度对旋翼性能有着十分重要的影响,前行桨叶尖部的空气压缩性不允许速度过大,其马赫数通常限制在 0.92 以下。后掠桨尖可以使这个临界马赫数增加几个百分点。

桨叶剖面形状与飞机机翼剖面形状相似,旋翼桨叶剖面形状称做翼型(或叶型)。为了具有良好的旋翼性能,往往要把桨叶翼型设计成沿桨时展向变化的,采用成套的翼型族去分别满足桨叶不同半径处在不同方位角的不同要求,使桨叶在不同气动环境中发挥不同翼型的性能。

虽然无扭转的旋翼桨叶在制造上简单,但为了使空气动力沿桨叶的分布比较均匀,减小由于诱导速度分布不均匀导致的功率损失,通常都把桨叶做成具有负的几何扭转,即桨叶安装角从叶根到叶尖逐渐减小。桨叶的扭转可分为线性扭转和非线性扭转。线性扭转桨叶容易制造,非线性理想扭转则是根据空气动力优化设计进行的扭转,但这种桨叶制造较困难。

三、尾桨

(一)功用

尾桨是安装在直升机尾端的小螺旋桨,它产生拉力,用以平衡旋翼旋转时给直升机的反作用扭矩,保持预定的飞行方向;改变尾桨桨叶的安装角,可改变拉力,实现方向操纵;它也起飞机安定面的作用,保证直升机飞行过程的航向稳定。

尾桨的作用主要是平衡旋翼旋转产生的反扭矩。另外,旋转的尾桨相当于一个安定面,能对直升机航向起稳定作用。有的直升机向上偏转一个角度,也能提供一部分升力。

(二)尾桨的形式

尾桨构造形式主要有二叶"跷跷板"式、多叶万向接头式、多叶铰接式、无轴承式和"涵道风扇"式等。

1. 二叶"跷跷板"式

在轻型的直升机上,二叶的尾桨通常采用"跷跷板"式结构。这种结构的桨叶的离心力在桨毂轴套上相平衡,而不传递给挥舞铰,因而大大减轻了挥舞铰轴承的负担,这样就可以选用较小的轴承,而使得桨毂结构更加紧凑、质量更轻。

2. 多叶万向接头式

这种结构的每片桨叶通过各自的变距铰与桨毂壳体相连接,而桨毂壳体又通过万向接头与尾桨轴相连接。当尾桨叶在不对称的气流作用下挥舞时,桨毂外壳既可以相对于万向接头外壳上的一对轴颈线来回偏转,又可以与万向接头外壳一起相对于万向轴上的一对轴颈线来回偏转。

3. 多叶铰接式

三叶以上的尾桨,最常用的是铰接式尾桨,一般它没有摆振铰,所以称为半铰接式。这种尾桨的主要问题是:构造复杂、轴承数目多而工作条件差、旋转面受力严重等。

4. 无轴承式

和无轴承旋翼类似,采用全复合材料,取消了所有的铰,桨叶的变距运动由复合材料大梁的扭转弹性变形来实现。

5. "涵道风扇"式尾桨

"涵道风扇"式尾桨类似一般的风机或压气机的风扇,置于机身尾斜梁的"涵道"之中。当采用这种尾梁时,斜尾梁一般都设计成垂尾形状,以便前飞时产生空气动力,对尾桨起卸载作用;同时,其面积大小又要保证当尾桨失效而被迫自转下滑时的全机气动平衡要求,即在涵道尾桨完全失效的情况下,直升机仍然能以一定的速度继续飞行;涵道口的外形一般都设计成能使流经风扇的气流在此处产生附加的气动力,也能对尾桨起卸载作用。

"涵道风扇"式尾桨的气动性能显著改善,阻力减小,尾桨装在涵道中,直升机的机体设计更加流线型,能使尾桨的噪音降低。试车时,尾桨不会打伤地面工作人员,作超低空飞行或起飞、着陆时,尾桨由于有涵道保护,不会与树枝、障碍物相撞。但是,在悬停和垂直飞行状态下消耗的功率与普通尾桨多。"涵道风扇"式尾桨直升机,如图 F-6 所示。

图 F-6 "涵道风扇"式尾桨直升机

四、直升机的特殊工作系统

直升机的工作系统有的与飞机的工作系统类似,有的系统与飞机差别较大,比如传动系统和操纵系统。

(一)传动系统

传动系统的功用是将发动机产生的动力传给旋翼和尾桨,并且保证它们具有适宜的转速。例如,某直升机的涡轴发动机的转速高达 6 000 r/min,经过主减速器传到旋翼后降到约 200 r/min;尾桨离发动机很远,要通过尾传动轴、换向器和尾减速器传动,其转速约为 1 000 r/min。

对传动系统的基本要求是:工作可靠、扭转与弯曲振动小、传动效率高、结构与制造简单、重量轻、容易安装拆卸和维护、有起动离合器和自转离合器、运转噪声小。

现代直升机的传动装置是由各种附件组成的、用来传递机械能的系统(见图 F-7)。目前大多数直升机的传动系统采用刚性构件,利用齿轮啮合传动原理将发动机输出的功率传递给旋翼、尾桨和其他部件。传动系统的主要部件有主减速器、中间减速器、尾减速器、传动轴、旋翼刹车装置、离合器和联轴节等。

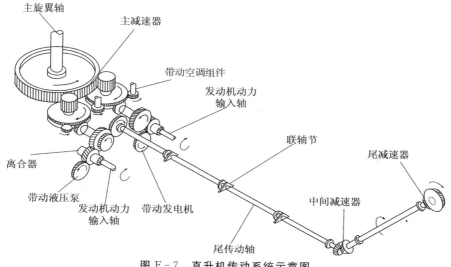

图 F-7 直升机传动系统示意图

1.主减速器

主减速器为齿轮传动式,有发动机的功率输入端和旋翼、尾桨以及附件传动轴相连的功率输出端,是直升机上的主要动部件之一。其功能是减速、转向和并车。它将高转速小扭矩的发动机功率变成低转速大扭矩并传递给旋翼轴,同时按要求的转速和扭矩将功率传递给尾桨和附件等。对主减速器的要求是传递功率大、重量轻、减速比大、传递效率高、寿命长、可靠性高、干运转能力强。

2.中间减速器与尾减速器

中间减速器只用来改变功率传输的方向而不减速。尾减速器将功率传给尾桨,同时降低转速,减速比通常为 2~3。

3.传动轴和联轴节

发动机与主减速器之间、主减速器和中间减速器以及尾减速器之间,还有和附件之间都需要用传动轴和联轴节将它们连接起来,以传递功率。传动轴根据用途可分为主轴、中间轴和尾轴。传动轴的负荷大,使用条件复杂,对它们的平衡振动特性及轴的可靠性要求高。

联轴节是传动轴之间的连接装置,要求以最小的功率损失可靠地传递扭矩并实现传动轴间的角位移和线位移补偿。联轴节大多数都采用柔性结构。

4.离合器

自由行程离合器(或称超转离合器)由星形轮、滚柱、外圈和分离环组成。它的作用是保证在正常情况下将发动机的扭矩传递给主减速器。当发动机一旦停车时,自由行程离合器能保证将发动机和主减速器脱开,不妨碍另一台发动机工作或旋翼自转。对以活塞式发动机和定轴式涡轮轴发动机为动力的直升机来说,还必须增加起动离合器,以确保在发动机起动时能和惯性很大的旋翼系统及传动系统脱开,便于起动,这种离合器采用摩擦离心块,在发动机达到一定转速后再自动接通旋翼。

(二)操纵系统

1.基本组成

直升机操纵系统一般由周期变距操纵杆(又称驾驶杆)、脚蹬、油门变距杆、自动倾斜器液压助力器、加载机构、卸载机构、旋翼刹车以及连杆、摇臂等组成。整个操纵系统分为 3 大部分:油门变距系统、脚操纵系统和周期变距操纵杆操纵系统。操纵油门变距杆,可以使直升机垂直升降;操纵脚蹬,可以使直升机转弯;操纵周期变距操纵杆,可以使直升机向任意方向飞行(见图 F-8)。

在飞行中,直升机必须有垂直位移操纵性及对三个空间轴线(即横轴、纵轴和垂直轴)的角位移操纵性。垂直位移的操纵通过改变旋翼桨叶总距和发动机油门的方法进行。在大多数现代直升机上,总距的操纵是与油门的操纵联动的。当发动机停车,旋翼转变到自转状态时,总距必须改变。直升机通过自动倾斜器周期地改变旋翼桨叶的桨距,使旋翼旋转平面倾斜,从而产生所需的俯仰力矩或横滚力矩。单旋翼带尾桨直升机用尾桨进行方向操纵。飞行员在驾驶舱中用脚蹬就可以改变尾桨桨距,从而改变尾桨拉力,于是产生所需的相对垂直轴的力矩。在双旋翼和多旋翼直升机上,用旋翼进行方向操纵。飞行员用脚蹬可以相应地改变旋翼桨叶桨距。

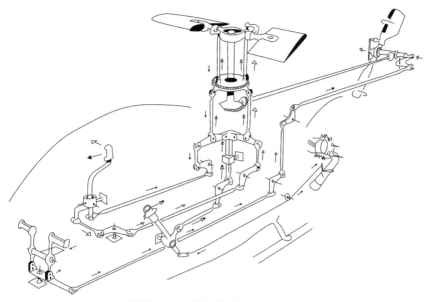

图 F-8　直升机操纵系统示意图

2.自动倾斜器

直升机操纵系统中一个独特的部件是自动倾斜器,它是操纵系统中最复杂的部件(见图 F-9)。直升机是利用自动倾斜器改变旋翼桨叶总距和周期变距来实现操纵的。它装在旋翼桨毂之内或桨毂附近,用来将周期变距操纵杆和总距操纵杆的动作由不旋转的操纵传动杆传给旋转的桨叶。自动倾斜器的构造有很多种,但它们的工作原理是基本相同的。

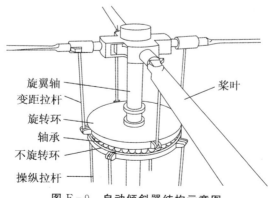

旋翼轴
变距拉杆
旋转环
轴承
不旋转环
操纵拉杆
桨叶

图 F-9　自动倾斜器结构示意图

自动倾斜器一般由旋转环、不旋转环、轴承(球铰)、操纵拉杆、变距拉杆等组成,旋转环和不旋转环通过轴承(球铰)结合在一起,不旋转环与操纵拉杆相连,旋转环与旋翼轴一起转动,通过变距拉杆与桨叶的变距摇臂相连。

　　总距操纵时,总距杆的动作通过操纵线系传递到伺服机构,伺服机构带动操纵拉杆使不旋转环和旋转环上下平行移动,如图 F - 10(a)所示,旋转环通过变距拉杆使所有的桨叶产生相同的总距角变化。

　　周期变距操纵时,驾驶杆的动作通过操纵线系传递到伺服机构,伺服机构带动操纵拉杆使不旋转环和旋转环产生倾斜,如图 F - 10(b)所示,当旋转环转到不同位置时,变距拉杆移动的位移是不同的,因此桨叶在不同位置的总距角是周期性变化的。

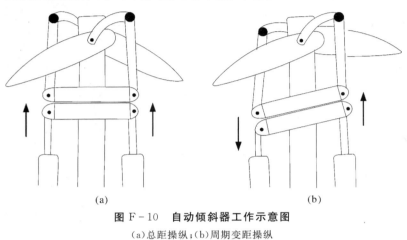

(a)　　　　　　　　　　　　　　　　　　　　　　(b)

图 F - 10　自动倾斜器工作示意图

(a)总距操纵;(b)周期变距操纵

参考文献

[1] 庆锋.飞机机体与系统[M].北京:中国民航出版社,2016.

[2] 王志刚.飞机构造[M].北京:航空工业出版社,2016.

[3] 龙江.现代飞机结构与系统[M].西安:西北工业大学出版社,2016.

[4] 魏建.飞机系统[M].北京:清华大学出版社,2016.

[5] 张铁纯.涡轮发动机飞机结构与系统[M].北京:清华大学出版社,2017.

[6] 郝劲松.活塞发动机飞机结构与系统[M].北京:清华大学出版社,2015.

[7] 王远达.飞机结构与系统[Z].长春:空军航空大学,2018.